战略性新兴领域"十四五"高等教育系列教材

纳米材料与技术系列教材　　　总主编　张跃

纳米材料制备方法

赵　璇　廖庆亮　张　跃　司浩楠　衣　芳　编

梁齐杰　张　茜　张光杰　廖新勤　李　琪

U0367097

机械工业出版社

纳米结构是以纳米尺度的物质单元为基础、按一定规律构筑的一种材料体系，其展现出了一系列优异的性能，在信息、能源、环境、生命科学等领域显现出广阔的应用前景。本书分别介绍了纳米材料及其制备策略、纳米材料制备的基础理论、纳米材料的气相法制备、纳米材料的液相法制备、纳米材料的固相法制备、纳米材料的表面改性技术、纳米材料的加工技术。本书内容丰富，包含了纳米材料制备领域的最新研究进展和应用前景，叙述深入浅出，可作为纳米材料专业的教学用书，也适合作为不同专业背景从事纳米材料制备工作人员的参考书。

图书在版编目（CIP）数据

纳米材料制备方法 / 赵璇等编. -- 北京：机械工业出版社，2024. 12. --(战略性新兴领域"十四五"高等教育系列教材) (纳米材料与技术系列教材).
ISBN 978-7-111-77491-4

Ⅰ. TB383

中国国家版本馆CIP数据核字第2024GT7522号

机械工业出版社（北京市百万庄大街22号　邮政编码100037）
策划编辑：丁昕祯　　　　　责任编辑：丁昕祯　王效青
责任校对：刘雅娜　李　婷　封面设计：王　旭
责任印制：刘　媛
北京中科印刷有限公司印刷
2024年12月第1版第1次印刷
184mm×260mm・12印张・292千字
标准书号：ISBN 978-7-111-77491-4
定价：45.00元

电话服务　　　　　　　　　　网络服务
客服电话：010-88361066　　机　工　官　网：www.cmpbook.com
　　　　　010-88379833　　机　工　官　博：weibo.com/cmp1952
　　　　　010-68326294　　金　书　网：www.golden-book.com
封底无防伪标均为盗版　　机工教育服务网：www.cmpedu.com

编 委 会

序

人才是衡量一个国家综合国力的重要指标。习近平总书记在党的二十大报告中强调："教育、科技、人才是全面建设社会主义现代化国家的基础性、战略性支撑。"在"两个一百年"交汇的关键历史时期，坚持"四个面向"，深入实施新时代人才强国战略，优化高等学校学科设置，创新人才培养模式，提高人才自主培养水平和质量，加快建设世界重要人才中心和创新高地，为2035年基本实现社会主义现代化提供人才支撑，为2050年全面建成社会主义现代化强国打好人才基础是新时期党和国家赋予高等教育的重要使命。

当前，世界百年未有之大变局加速演进，新一轮科技革命和产业变革深入推进，要在激烈的国际竞争中抢占主动权和制高点，实现科技自立自强，关键在于聚焦国际科技前沿、服务国家战略需求，培养"向极宏观拓展、向极微观深入、向极端条件迈进、向极综合交叉发力"的交叉型、复合型、创新型人才。纳米科学与工程学科具有典型的学科交叉属性，与材料科学、物理学、化学、生物学、信息科学、集成电路、能源环境等多个学科深入交叉融合，不断探索各个领域的四"极"认知边界，产生对人类发展具有重大影响的科技创新成果。

经过数十年的建设和发展，我国在纳米科学与工程领域的科学研究和人才培养方面积累了丰富的经验，产出了一批国际领先的科技成果，形成了一支国际知名的高质量人才队伍。为了全面推进我国纳米科学与工程学科的发展，2010年，教育部将"纳米材料与技术"本科专业纳入战略性新兴产业专业；2022年，国务院学位委员会把"纳米科学与工程"作为一级学科列入交叉学科门类；2023年，在教育部战略性新兴领域"十四五"高等教育教材体系建设任务指引下，北京科技大学牵头组织，清华大学、北京大学、浙江大学、北京航空航天大学、国家纳米科学中心等二十余家单位共同参与，编写了我国首套纳米材料与技术系列教材。该系列教材锚定国家重大需求，聚焦世界科技前沿，坚持以战略导向培养学生的体系化思维、以前沿导向鼓励学生探索"无人区"、以市场导向引导学生解决工程应用难题，建立基础研究、应用基础研究、前沿技术融通发展的新体系，为纳米科学与工程领域的人才培养、教育赋能和科技进步提供坚实有力的支撑与保障。

纳米材料与技术系列教材主要包括基础理论课程模块与功能应用课程模块。基础理论课程与功能应用课程循序渐进、紧密关联、环环相扣，培育扎实的专业基础与严谨的科学思维，培养构建多学科交叉的知识体系和解决实际问题的能力。

在基础理论课程模块中，《材料科学基础》深入剖析材料的构成与特性，助力学生掌握材料科学的基本原理；《材料物理性能》聚焦纳米材料物理性能的变化，培养学生对新兴材料物理性质的理解与分析能力；《材料表征基础》与《先进表征方法与技术》详细介绍传统与前沿的材料表征技术，帮助学生掌握材料微观结构与性质的分析方法；《纳米材料制备方法》引入前沿制备技术，让学生了解材料制备的新手段；《纳米材料物理基础》和《纳米材料化学基础》从物理、化学的角度深入探讨纳米材料的前沿问题，启发学生进行深度思考；《材料服役损伤微观机理》结合新兴技术，探究材料在服役过程中的损伤机制。功能应用课程模块涵盖了信息领域的《磁性材料与功能器件》《光电信息功能材料与半导体器件》《纳米功能薄膜》，能源领域的《电化学储能电源及应用》《氢能与燃料电池》《纳米催化材料与电化学应用》《纳米半导体材料与太阳能电池》，生物领域的《生物医用纳米材料》。将前沿科技成果纳入教材内容，学生能够及时接触到学科领域的最前沿知识，激发创新思维与探索欲望，搭建起通往纳米材料与技术领域的知识体系，真正实现学以致用。

希望本系列教材能够助力每一位读者在知识的道路上迈出坚实步伐，为我国纳米科学与工程领域引领国际科技前沿发展、建设创新国家、实现科技强国使命贡献力量。

北京科技大学
中国科学院院士

前　言

自 20 世纪 80 年代以来，科学家们发现和制备出了一系列具有独特结构和优异性质的纳米材料，其中富勒烯和石墨烯这两种纳米材料的发现者分别获得了 1996 年诺贝尔化学奖和 2010 年诺贝尔物理学奖。相关基础研究和应用技术的发展受到了全世界各国政府、学术界、工业界的高度重视。纳米材料是当前世界科技研究前沿，涉及材料科学、软物质科学、物理、化学、工程等学科的交叉，覆盖面广，包含了很多基础科学问题和关键技术问题，尤其在结构上的多样性、制备上的多尺度性、应用上的广泛性等使该领域具有很强的生命力，其研究和应用前景极为广阔。

我国是纳米材料研究、生产和应用开发的大国，每年在该领域发表的学术论文和授权专利的数量已经位居世界第一，相关器件应用的研究与开发也在蓬勃发展，急需大量纳米材料领域的高水平人才。在这种大背景和环境下，面向相关领域本科生和研究生教学，及时编写出版一本高水平、全面、系统介绍纳米材料制备基础科学原理与实践案例的教材，对于形成新的完整的知识体系、培养一批纳米材料人才、推动纳米科学与技术的发展具有重要意义。过去的纳米材料制备相关书籍，一部分由于成书时间较早，难以反映纳米材料制备领域日新月异的变化，另一部分虽成书时间较晚，但主要针对相关领域的研究人员，并不适合作为相关专业本科生或研究生的教学用书。本书分别介绍了纳米材料及其制备策略、纳米材料制备的基础理论、纳米材料的气相法制备、纳米材料的液相法制备、纳米材料的固相法制备、纳米材料的表面改性技术、纳米材料的加工技术。本书内容丰富，包含了纳米材料制备领域的最新研究进展和应用前景，叙述深入浅出，可作为纳米材料专业的教学用书，也适合作为不同专业背景从事纳米材料制备工作人员的参考书。

编　者

目　录

第 **1** 章

纳米材料及其制备策略

1.1 纳米材料概述

材料是人类生产生活的必需品，是推动现代文明发展的动力。随着科学技术的发展，对材料质量的要求越来越高，纳米材料也随之产生。纳米材料是指其结构单元尺寸介于 1~100nm 之间的一类材料。这种尺度大致相当于 10~1000 个原子紧密排列在一起的尺寸。纳米材料由尺寸介于原子、分子和宏观体系之间的纳米粒子所组成，因此展现出一系列独特的物理和化学性质，例如，突出的表面与界面效应、量子尺寸效应、宏观量子隧穿效应和介电约束效应，这些性质引起了研究人员的关注。

纳米材料按照不同的分类方法可以分为不同的种类。

按照维数可分为零维（0D）的纳米颗粒和原子团簇，一维（1D）的纳米线、纳米棒和纳米管，二维（2D）的纳米膜、纳米涂层和超晶格等。零维纳米材料在三个空间维度上都是纳米尺度，表现为点状的颗粒或原子团簇，它们通常具有高的比表面积和表面能，这使得它们具有独特的电学、光学、磁学和催化性质。一维纳米材料在两个维度上保持纳米尺度，而在第三个维度上可能较长，表现为线状或管状结构，它们通常具有优异的导电和导热性能，以及独特的力学性质。二维纳米材料在一个维度上保持纳米尺度，而在其他两个维度上可能较大，表现为片状或薄膜状结构，它们通常具有优异的阻隔性能、光学透明性和力学强度。三维纳米材料在三个维度上都在几个纳米范围内，具有特殊的结构，其界面原子数量比例极大，一般占总原子数的50%左右。这种高比例的表面原子数导致三维纳米材料具有量子尺寸效应和其他一些特殊的物理性质。表1-1列出了不同维度的纳米材料。

按化学成分可分为纳米金属，纳米晶体，纳米陶瓷，纳米玻璃以及纳米高分子等。不同的纳米材料有不同的性质。纳米金属具有优异的导电性、导热性和延展性，广泛用于电子器件、催化剂、磁记录材料等领域。纳米晶体结构完整，具有优异的力学性能和稳定性，在激光技术、光学器件、传感器等领域有广泛应用。纳米陶瓷具有高硬度、高熔点、耐腐蚀和良好的化学稳定性，适合在高温、高压、强腐蚀等极端环境中的应用。纳米玻璃具有优异的透光性、热稳定性和化学稳定性，在光学器件、太阳能电池、建筑材料等领域有广泛应用。纳米高分子具有优良的可加工性、力学性能和化学稳定性，广泛用于包装材料、生物医用材料、电子器件等领域。

按材料物性可分为纳米半导体材料，纳米磁性材料，纳米非线性光学材料，纳米铁磁体

表 1-1　不同维度的纳米材料

0D	1D	2D	3D
碳洋葱	单壁碳纳米管	石墨烯	柱状石墨烯
纳米粒子	多壁碳纳米管	多元素二维化合物	金属有机框架
量子点	纳米线	纳米片	气凝胶

材料，纳米超导体材料，以及纳米热电材料等。纳米半导体材料具有独特的电子结构和能带特性，能够表现出优异的光电转换性能。纳米磁性材料，具有高矫顽力、高磁能积和低磁损耗等优点，展现出良好的磁学性能。纳米非线性光学材料具有显著的非线性光学效应，如光致变色、光折变等。纳米铁磁体材料，具有高饱和磁化强度、低矫顽力和良好的磁稳定性，是制造高性能磁器件的理想材料。纳米超导体材料在低温下表现出零电阻和完全抗磁性的特性，为能源传输和信息处理提供了新的途径。纳米热电材料利用温差产生电能或将电能转化为热能，实现热电转换的高效性。

最后，按应用可分为纳米电子材料，纳米光电子材料，纳米生物医用材料，纳米敏感材料，以及纳米储能材料等。纳米材料的研究和应用正在逐步商业化。然而，纳米材料的应用仍面临着一些挑战，例如，如何确保纳米材料的安全性、如何有效地合成和加工纳米材料、如何理解并控制纳米材料的性能等。因此，纳米材料的研究仍然是一个活跃且充满挑战的领域。

总的来说，纳米材料是一种具有独特性质的新型材料，其应用前景广阔，但同时也面临着一些挑战。随着科学技术的不断进步，相信纳米材料将会在更多领域发挥出其独特的优势。

1.1.1　纳米材料的发展历程

纳米材料的发展历程是一个跨越多个学科和领域的探索过程，它始于 20 世纪后半叶，并随着科学技术的进步而不断发展壮大。在 20 世纪 50 年代，物理学家们开始设想并探索纳米尺度的物质可能展现出的新性质。例如，1959 年，著名的物理学家理查德·费曼预言，人类可以通过制造更小的机器，最终逐个地排列原子来制造产品。这一设想被视为纳米技术的最初梦想。20 世纪 70 年代至 80 年代，纳米技术正式被提出并进行了初步研究。1974 年，科学家唐尼古奇首次提出了"纳米技术"一词，并用其来描述精密机械加工。1981 年，G. Binnig 和 H. Rohrer 在瑞士苏黎世 IBM 研究实验室中研制成了扫描隧道显微镜（STM），这一发明为研究物质的表面提供了全新的手段，为纳米材料的研究开辟了新的途径。在同一时期，德国物理学家格莱特开始致力于纳米材料的研究，他基于晶体材料的晶粒大小对材料性能影响的长期研究，提出了如果将晶体的晶粒尺寸细化到纳米级别，材料可能会展现出全新的性质。1984 年，格莱特成功地制备出了只有几纳米大小的超细粉末，包括各种金属、无机化合物和有机化合物的超细粉末。进入 20 世纪 90 年代后，纳米材料的研究进入了更加深入和系统化的阶段。按照发展阶段划分，这一时期可以分为三个阶段。第一阶段（1990年以前）：这一阶段主要是在实验室探索制备各种纳米材料的方法，研究评估其表征方法，并探索纳米材料不同于常规材料的性能；第二阶段（1990—1994 年）：研究的重点转向了如何利用纳米材料已挖掘出的奇特物理、化学和力学性能，设计纳米复合材料；第三阶段（1994 年至今）：重点在于纳米组装体系的研究。纳米组装体系、人工组装合成的纳米结构材料体系或称为纳米尺度的图案材料受到了越来越多的关注。这一阶段的基本内涵是以纳米颗粒、纳米丝和纳米管为基本单元，在一维、二维和三维空间进行组装排列，形成具有纳米结构的体系。图 1-1 所示为三种典型碳纳米材料的分子结构。

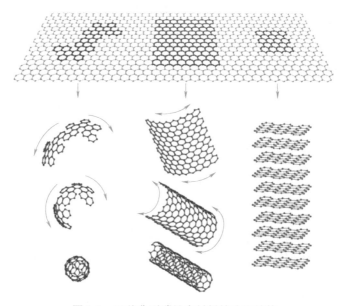

图 1-1 三种典型碳纳米材料的分子结构
（零维富勒烯、一维碳纳米管和二维石墨烯）

此外，在 1991 年被发现的碳纳米管，由于其独特的物理和化学性质，迅速成为纳米技术研究的热点。随着纳米技术的不断发展，科学家们开始尝试将纳米材料应用于各种领域，如电子、生物医学、能源、环境等。

目前，纳米材料的研究已经取得了显著的进展，不仅在理论上有所突破，而且在应用上也取得了重要的成果。例如，纳米材料在生物医学领域被广泛应用于药物传递、疾病诊断和治疗等方面。在能源领域，纳米材料被用于提高太阳能电池的效率、开发高效储能材料等。然而，纳米材料的研究和应用仍然面临着一些挑战。此外，纳米材料的商业化和产业化也面临着许多挑战，如生产成本、市场接受度等。

总的来说，纳米材料的发展历程是一个不断探索、发展和挑战的过程。随着科学技术的不断进步，相信纳米材料将会在更多领域展现出其独特的优势和应用价值。

1.1.2 纳米材料的结构与物性特性

纳米材料的结构特点主要表现为晶粒小、比表面积大，且晶粒表面存在大量无序排列的原子。这种特殊的结构使得纳米材料具有既不同于微观的原子、分子，也有别于宏观物体的物理和化学性质。例如，其具有突出的表面与界面效应、量子尺寸效应、宏观量子隧穿效应和介电约束效应。

首先，纳米材料具有显著的表面与界面效应。当纳米粒子的尺寸逐渐减小时，表面原子数与总原子数之比会急剧增大。这导致纳米粒子的表面具有很高的活性，如金属纳米颗粒在空气中会迅速氧化并燃烧。为了防止这种情况发生，科学家们采用表面包覆或控制氧化速率的方法，使其缓慢氧化生成一层极薄而致密的氧化层，从而确保表面的稳定性。这种高表面活性的特性使得金属超微颗粒有望成为新一代的高效催化剂、储气材料和低熔点材料。

其次，纳米材料展现出量子尺寸效应。当纳米微粒的尺寸与光波波长、传导电子的德布罗意波长及超导态的相干长度、透射深度等物理特征尺寸相当或比它们更小时，其周期性边界条件将被破坏，从而使其声、光、电、磁以及热力学等性能呈现出与宏观物质截然不同的"新奇"现象。例如，所有金属在超微颗粒状态下都呈现为黑色，且尺寸越小颜色越黑，这种特性使得金属超微颗粒对光的反射率极低，通常低于1%，使得几微米的厚度就能完全消光。利用这一特性，可以制造高效率的光热、光电转换材料，以很高的效率将太阳能转变为热能、电能。此外，纳米材料还可能应用于红外敏感元件、红外隐身技术等领域。

再次，纳米材料展现出宏观量子隧穿效应。这是一种独特的物理现象，它指的是一些宏观物理量，如量子器件中的磁通量、电荷以及微粒的磁化强度等，可以穿越宏观系统的势垒而产生变化。这一效应是量子力学在纳米尺度上的重要体现，与量子尺寸效应一起，对于确定微电子器件进一步微型化的极限具有重要意义。宏观量子隧穿效应在纳米材料中的存在，源于纳米尺度下物质波动性的显著增强。在纳米尺度下，物质的粒子性逐渐减弱，而波动性则逐渐增强。这种波动性的增强使得纳米粒子在遇到势垒时，能够以一定的概率"穿越"势垒，而不是像宏观物体那样被势垒所阻挡。这种宏观量子隧穿效应在纳米材料的应用中具有重要的影响。例如，在纳米电子器件中，利用这种效应可以实现电子在纳米尺度下的高效传输，从而提高器件的性能。此外，宏观量子隧穿效应还为纳米材料在磁学、光学等领域的应用提供了新的可能性。然而，需要指出的是，宏观量子隧穿效应在纳米材料中的实现和控制仍然面临着一些挑战。例如，如何精确地设计和制备具有特定势垒结构的纳米材料，以及如何有效地控制和调节宏观物理量的隧穿过程等，都是当前纳米材料研究领域的重要课题。

最后，纳米材料还有一个非常重要的物理现象，这就是介电约束效应。它源于纳米尺度材料内部电荷分布的显著变化。当材料的尺寸减小到纳米级别时，其内部的电荷分布将受到强烈的约束，导致介电性质发生显著变化。介电性质也被称为介电性，是一种电场诱导的物理效应。它描述的是在外加电场作用下，不导电的物体（即电介质）表现出的物理性质。在电场的作用下，电介质中的正、负电荷中心会发生分离，产生电偶极矩，这种现象被称为极化。极化后的电介质会在紧靠带电体的一端出现异号的过剩电荷，另一端则出现同号的过剩电荷。介电性质与导电性质有很大的不同，电介质中的电子不易移动，因此这些材料中电阻性质很强。

介电性质的主要参数包括介电常数和介质损耗。介电常数（又称诱电率、介质常数、介电系数或电容率）是表示绝缘能力特性的一个系数，以字母 ε 表示，单位为 F/m。介电常数反映了电介质在外加电场下产生感应电荷削弱电场的能力。如果有高介电常数的材料放在电场中，则场的强度会在电介质内有可观的下降。介质损耗则描述了电介质在电场作用下对静电能的损耗情况。在宏观尺度下，材料的介电性质通常由材料的原子结构和电子分布决定。然而，在纳米尺度下，由于材料尺寸的减小和表面效应的影响，电荷分布将受到强烈的约束，导致介电性质发生显著变化，这是因为当材料尺寸减小到纳米级别时，其表面积与体积之比急剧增加，导致表面原子数量相对增多。这些表面原子由于配位不全，具有较高的活性和不稳定性，从而改变了电荷在材料中的分布状态。而表面效应则导致了纳米材料表面原子与内部原子在结构和能量上存在差异，这种差异导致了电荷在表面和内部的分布不均匀，使得电荷在纳米材料中的运动受到限制。

除了上述特殊的性质外，纳米材料还有高的化学反应活性，催化性质和光催化性质。例如，纳米级的金属材料在空气中可以发生氧化反应，并伴随有剧烈的发光燃烧。纳米粒子由于比表面积大、表面原子配位不足等特性，增加了其表面的活性中心，从而表现出催化活性。纳米粒子催化剂的表面比较粗糙，可以扩大反应面积、提高催化效率。纳米材料可以吸收光能，增强其氧化还原能力，从而有利于催化反应。粒径越小，光催化性越强，反应速度越快。

纳米材料还具有比热大、塑性好、硬度高、导电率高和磁化率高等优异的特性。这些特性使得纳米材料在电子、生物医学、能源、环境等领域具有较高的应用价值。

总之，纳米材料独特的结构特点和物性特性使其在多个领域具有广泛的应用前景。随着科学技术的不断进步，相信纳米材料将会在更多领域展现出其独特的优势和应用价值。同时，也需要关注纳米材料的安全性和环境影响，以实现可持续发展。

1.2　纳米材料的制备策略

纳米材料因其独特的结构和性质，在材料加工、结构设计、生物医学、电子信息、环境保护等领域具有广泛的应用前景。纳米材料的研究和发展不仅可以推动相关技术的进步，也为人类社会的可持续发展提供了新的可能。在纳米科技持续发展和广泛应用的大时代下，关于纳米材料制备策略的研究显得十分重要。因此，研究和开发高效、环保、可控的纳米材料制备策略显得尤为重要。关于纳米材料制备策略的研究主要有以下几点：

（1）优化性能　通过优化制备策略，实现对纳米材料尺寸、形状、结构和组成的精确控制，从而改善其物理、化学和生物性能，满足特定应用的需求。

（2）推广应用　研究新的制备策略，可以开发出具有特定功能的纳米材料，为纳米材料在能源、生物医学、电子信息等领域的应用提供更多可能性。

（3）促进发展　纳米材料制备策略的研究是纳米科技的重要组成部分。通过对制备策略的不断优化和创新，可以推动纳米科技的进步，为相关领域的发展提供有力支持。

（4）回馈社会　纳米材料作为一种新兴材料，其制备策略的研究对于推动产业升级、提高经济效益、促进社会发展具有重要意义。

简而言之，研究纳米材料制备策略是基于对纳米材料性能和应用潜力的深入理解，以及对纳米科技发展趋势的准确把握。通过不断优化和创新制备策略，可以为纳米材料在各领域的应用提供更坚实的基础，进而推动纳米科技的持续发展和应用。

1.2.1 纳米材料制备简介

纳米材料的合理制备策略是其在各种场景下应用的前提。高效且清洁的制备方法可以促进纳米科技领域的可持续发展，为各行业的革新提供有力支撑。

纳米材料的制备方法有很多种，根据制备所需的原始材料和制备过程的不同可以分为两大类：自上而下法和自下而上法。

自上而下法通常是对大尺寸的材料（如微米级材料或大于 1mm 的块状材料）进行一系列加工步骤，如刻蚀、研磨、切片等方法，实现物理降维和细化来生产纳米材料，这是一个降维和缩小尺寸的过程。这种方法所制备的纳米材料可能保留原始材料的一些特性，也有可能受制备过程的影响而产生新特性。

自下而上法是基于原子、离子或分子等基本单元（小于 1nm）的连接和积累来构建低维（L-D）纳米材料方法，是一个尺寸和尺寸控制的过程，主要通过弱相互作用或自组装等方式进行制备，当材料的尺寸超出了簇的范围，即可以在不同的维度（0D、1D、2D、3D）上进行调节和构建纳米级材料。这种方法可以更精确地控制材料的尺寸、形貌和组成，更有利于制备具有特定功能和性能的纳米材料。

纳米材料的制备方法有很多，只用自上而下法和自下而上法来进行区分很难将每种方法的特点进行更详细的比较和说明。因此，根据反应介质的差异，纳米材料的制备策略又可以分为气相法、液相法和固相法，这三种制备方法在原理、特点和应用上都有所不同。此外还有一些特殊的纳米材料制备策略，如表面改性技术和微纳加工技术，这些策略作为重要补充为纳米科学技术的发展提供了有力支撑。

1. 气相法

纳米材料的气相法可以根据反应原理划分为化学气相沉积和物理气相沉积。化学气相沉积是近几十年来发展起来的一种制备无机材料的新技术，利用加热、等离子体激发或光辐射等多种能量源，使气态或汽化的化学物质在反应器的气相或气固界面上发生化学反应，形成固体沉积的一种技术。简而言之，化学气相沉积是将两种或两种以上的气态原料引入反应室，在那里它们相互反应形成沉积在基材表面的新材料。化学气相沉积技术可按反应类型或反应压力进行分类，包括常压化学气相沉积技术、低压化学气相沉积技术、热化学气相沉积技术、激光化学气相沉积技术、等离子增强化学气相沉积技术和金属有机化合物化学气相沉积技术。

由于反应在气体状态下进行，所以制备产物具有纯度高、粒度分布均匀和表面清洁的优点。然而，气相法具有产量低的缺点，而且通常需要复杂的设备以及巨大的能耗支持，这限制了它在大规模纳米材料生产领域的应用。

2. 液相法

液相法是以均相的溶液作为反应介质来合成纳米材料的。这种方法的优点是可以较容易地控制成核过程，可以添加微量成分且成分均匀，从而得到高纯度的纳米复合氧化物。此外，液相法的原料来源广泛、成本较低、设备投资小、粉体产量大，因此在降低纳米粉体成本方面具有优势。

常见的液相法包括沉淀法、溶剂热法、溶胶-凝胶法、水解法和静电纺丝法等。

沉淀法通常是将含有不同化学成分的物质在溶液状态下混合，在混合溶液中加入适当的沉淀剂制备沉淀物，然后将沉淀物干燥或煅烧以制备相应的粉末颗粒。

溶剂热法是一种重要的可控低温液相合成纳米材料的方法。溶剂热法是以含水溶剂（或有机溶剂）为反应介质，在专用的密闭反应容器（一般以聚四氟乙烯为衬里，不锈钢为保护壳）中，通过加热反应容器，创造出高温度（100~300℃）或高压力（1~50MPa）的反应环境，使通常不溶性或惰性物质溶解，进一步参与液相反应，并结晶生长出相应的产物。

溶胶-凝胶法是制备纳米材料的一种常用方法，已引起学术界和工业界的广泛关注。溶胶-凝胶法通常以含有高化学活性成分的化合物为前驱体，以水或有机溶剂为介质分散这些原料。在此基础上，经过水解和化学反应，溶液可以形成稳定的透明溶胶体系。该溶胶体系经冷冻干燥和长期风干，除去溶剂后可成为一种具有多孔结构的干凝胶。最后，通过高温固化和烧结制备具有多孔结构的粉末或气凝胶纳米材料。

水解法也是制备纳米材料的一种重要策略，通常分为无机盐水解法和金属醇盐水解法两种。无机盐水解法可以利用水合物与氢氧化物，选用各类无机盐作为水溶液的原料，制备出超微粒子。此外，金属醇盐水解法通过金属醇盐与水进行反应，可以生产水合物、氢氧化物和氧化物的沉淀，从而制备出氧化物陶瓷纳米粒子。通过水解法制备的纳米材料通常具有纯度高、颗粒超细、团聚程度轻、粒径分布窄、流动性好、晶体发育完整等优点，因此在多个领域具有广泛的应用前景。

静电纺丝法是一种简单、高效且可量产的制备纳米材料的优良策略，被广泛应用于纺织、医疗、能源存储等领域的纤维材料制备中。通过静电纺丝法制备纳米材料首先需要先配制含有目标材料的高分子溶液。其次，电场设置是静电纺丝技术中的一个关键步骤，需要一个高压电场来对高分子溶液进行拉伸。纺丝过程中通过注射泵控制高分子溶液的流出速度，在电场力的作用下，溶液加速运动和分裂，形成一个细流群。这个过程中，气流可以作为支撑力和拉伸力的来源，帮助控制纤维的直径、形态和排列方式。随着纺丝过程的进行，纤维在电场中逐渐细化并最终沉降在接收装置上。静电纺丝法得到的纳米纤维可能需要进行进一步的处理，如煅烧等，以改善其性能或满足特定的应用需求。

液相法制备纳米材料所需的化学反应通常在液态介质中进行，因此具有工艺简单、成本低、粒径均匀且可控、污染少和应用对象丰富的优点。液相反应中通常具有多种反应物，因此产物在组分上难以实现均匀。由于纳米颗粒具有较高的表面能，所以液相法制备过程中通常依赖于有效的分散措施才能避免产物团聚。相较于气相法，液相法在实际操作过程中受较多的因素影响，如反应物纯度和反应条件的稳定性，容易产生微粒直径分布较宽的结果。

3. 固相法

固相法通过反应物在固态条件下的反应来合成所需的产物。这种方法具有反应速率较慢、产物纯度较高、易于控制反应过程等特点。固相法还可以避免一些在液相条件下容易发生的副反应，提高反应的选择性。常见的固相法包括球磨法和固相反应法。

球磨法制备策略主要基于机械力对材料进行粉碎，从而制备纳米级颗粒。球磨媒介是制备工艺中的关键因素，常用的球磨媒介包括金属球、陶瓷球和砂磨颗粒等。这些球磨媒介的选择将直接影响研磨的效果，因此在制备过程中需要根据所需纳米材料的性质和要求进行选择。此外，球磨参数对于产物的影响也很关键，球磨参数包括球磨时间、球磨速度和球磨频率等。不同的材料需要不同的球磨参数进行加工，以达到理想的纳米级颗粒尺寸和均匀度。

固相反应法是指固态反应物之间经过界面接触、分子扩散、化学反应、晶体成核、晶体生长五个阶段形成固相产物的方法，如碳基材料、金属基材料、复合氧化物材料等。狭义的固相反应法通常是指固体之间发生化学反应以产生新的固体产物的过程。广义地说，凡是涉及固相的化学反应都可称为固相反应。因此固相反应法可以分为纯固相反应、气固相反应、液固相反应和气液固相反应。固相法适用于不同的纳米材料制备需求。在实际应用中，需要根据具体的材料性质、制备要求以及实验条件来选择合适的制备策略。

固相法通常不需要复杂的溶剂系统，步骤相对简单直接，适合大规模生产，还可以通过精确控制反应物的比例和条件实现特定纳米材料的制备，具有工艺简单和低成本的优势。相较于气相法和液相法，固相法受固相反应的限制而具有速率慢和效率低的缺点，且反应条件难以精确控制，可能导致产物性能不稳定。

4. 表面改性技术

纳米材料的表面改性技术是指通过物理、化学或生物等手段，改变纳米材料表面的化学组成、结构、形态以及性质，从而赋予其新的功能或优化其现有性能的技术。这些技术广泛应用于提高纳米材料的稳定性、分散性、生物相容性等方面，以满足不同领域的应用需求。表面改性技术通常可以根据技术原理分为物理改性方法和化学改性方法。

物理改性方法主要利用物理手段对纳米材料进行表面处理，改变其形貌和结构，进一步调控其性质。其中，等离子体改性、高能射线改性、电晕改性、共混改性、超声波改性和紫外线照射改性都是常见的物理改性手段。例如，等离子体改性可以通过等离子体对纳米材料表面进行轰击，使表面原子或分子发生化学反应，从而引入新的官能团或改变其表面形貌。

化学改性方法则主要通过化学反应来改变纳米材料的表面结构和性质。接枝与嵌段共聚改性、共聚改性、化学反应改性、交联改性和表面化学处理改性都是常见的化学改性方法。这些方法可以在纳米材料表面引入特定的官能团或化合物，从而改变其表面化学性质，如亲水性、疏水性、导电性等。

纳米材料的表面改性技术种类繁多，每种方法都有其适用的范围和限制。在实际应用中，需要根据具体的材料性质、应用需求和工艺条件，选择合适的改性方法。同时，纳米材料的表面改性也可能带来一些潜在的风险和挑战，如改性过程中可能产生的有害物质、改性后材料性能可能不稳定等，因此需要在进行改性时充分考虑这些问题。综合来看，纳米材料的表面改性技术十分复杂，其研究和应用对于推动纳米材料的发展具有重要意义。

5. 微纳加工技术

纳米材料的微纳加工技术是指在微米和纳米尺度上对纳米材料进行精确制备、加工和改性的技术。这种技术结合了多种工艺和方法，以实现纳米材料的高精度、高效率加工。常见的纳米材料微纳加工技术有光学曝光技术、电子束曝光技术、激光加工技术和聚焦离子束技术。

光学曝光技术是一种利用特定波长的光进行辐照，将掩模版上的图形转移到涂覆在纳米材料表面的光刻胶上的技术。简单来说，光学曝光就是一个将掩模上的图案“印刷”到光刻胶上的过程，它是微纳加工领域中的一项关键技术。

电子束曝光技术是一种高精度的微纳加工技术，它利用聚焦的电子束在纳米材料表面进行直接曝光，以制造或修改微纳结构。电子束曝光技术的工作原理是：通过电子枪产生的高能电子束，经过电磁透镜聚焦后，精确照射到纳米材料表面的特定区域。

激光加工技术是一种利用激光束对纳米材料进行精细加工的技术。激光束具有高能量密度、高方向性和高单色性等优点，使得激光加工技术成为纳米材料加工领域的一种重要手段。激光加工技术可以应用于纳米材料的切割、打孔、焊接、表面改性等多种加工过程。

聚焦离子束技术是一种利用高能聚焦离子束对纳米材料进行微细加工的技术。该技术利用磁场和电场将离子源中的离子导出，形成离子束。通过电透镜系统，离子束被聚焦成微细的斑点，从而实现对纳米材料的精确照射。在刻蚀过程中，高能聚焦离子束轰击纳米材料表面，并将其动能传递给材料中的原子和分子，产生溅射效应，达到不断蚀刻的效果。

微纳加工技术可以制备高精度微观结构的纳米材料，可以为纳米材料赋予不同应用场景的特殊性能。针对纳米材料，微纳加工技术不具有普适性，这限制了该技术在某些领域的应用。此外，加工过程中的微小变化都会影响加工结果，这种较差的工艺稳定性和重复性增加了纳米材料制备的难度和成本。最重要的是，微纳加工过程可能会产生微小的纳米颗粒和有害物质，对这些物质的处理不当可能会对人体健康产生潜在威胁，同时还会对环境造成破坏。

总的来说，以上策略各有其特点和适用范围，选择哪种方法取决于所需纳米材料的类型、性能、成本以及生产规模等因素。本书将对纳米材料的气相法制备、液相法制备、固相法制备、表面改性技术以及加工技术进行较为详尽的阐述，并针对各种制备技术的适用对象进行深入剖析。通过系统介绍这些制备技术的原理、过程、特点及应用领域，本书旨在为读者提供一本全面且详尽的纳米材料制备技术教材，帮助读者更好地掌握纳米材料制备的核心技术和应用前景，以便读者在实际应用中可以根据具体情况灵活选择或结合使用这些方法，指导产业实现最佳的制备效果。

1.2.2　纳米材料制备前沿

纳米材料的制备技术不仅在实验室研究中得到广泛应用，也在工业生产中展现出巨大的潜力。随着科研投入的不断加大和跨学科合作的加强，纳米材料制备技术更加趋于成熟和多样化，为各个领域的发展提供更多创新和可能性。同时，各种纳米材料制备策略的发展也促进了纳米材料在智能制造、可穿戴设备、新能源等领域的广泛应用，推动全球纳米科技产业的快速发展。

纳米材料的制备策略是一个充满活力和创新的领域，它涵盖了材料科学、化学、物理学以及工程学等多个学科的交叉研究。制备技术的不断更新迭代是纳米材料制备技术改变世界发展的核心驱动力。虽然传统的物理法、化学法以及生物法，如溶胶-凝胶法、气相沉积法、生物合成法等，仍在纳米材料制备技术中占据重要地位，但是领域内的专家也在不断开发新的制备技术，如微波辅助法、超临界流体法、激光烧蚀法等，这些新技术具有更高的制备效率、更低的能耗和更好的环境友好性。

如今的纳米材料制备技术将视野聚焦在材料性能的优化和功能化。通过对制备过程中的各种影响因素进行精细调控，可以实现对纳米材料形貌、尺寸、结构以及表面性质的精确控制，从而赋予材料特定的电学、磁学、光学、力学以及生物医学等性能。此外，通过表面修饰和功能化技术，如表面涂层、掺杂、接枝等，可以进一步拓展纳米材料的应用领域。

交叉领域研究在纳米材料制备前沿技术中发挥着越来越重要的作用。来自不同领域的研究人员开始将物理学、化学、生物学以及工程学等多个学科的知识和方法进行有机融合，共同推动纳米材料制备技术的发展。这种跨学科的研究模式有助于突破单一学科的限制，实现技术创新和突破。最近，纳米材料制备技术的研究人员也开始关注绿色环保和可持续发展。在制备过程中，研究者们致力于减少化学试剂的使用、降低能耗和减少废弃物排放，以实现绿色制备。同时，他们还关注纳米材料在使用过程中的安全性和环境友好性，以确保纳米技术的可持续发展。

1. 准化学气相沉积法

准化学气相沉积法是一种基于气相沉积法衍生的前沿纳米材料制备技术，主要针对三维石墨烯纳米材料的合成而设计，具有低成本和应用广泛的优点。准化学气相沉积技术的基本特点是以固体前驱体为碳源，通过固体前驱体热解释放含碳气体，然后在过渡金属模板表面沉积石墨烯层。固体碳源的选择具有多样性，包括各种生物质和聚合物。不同的碳源可以制备出不同形貌的三维石墨烯产品。热处理方式也可以多样化，既可以在传统的管式炉下进行，也可以在马弗炉下进行。以生物质甘蔗渣为碳源，醋酸镍为催化剂前驱体，通过准化学气相沉积技术可以制备出一种新型三维石墨烯粉末——空心石墨烯纳米笼。这种制备方法将固体碳源（甘蔗渣）放置在坩埚的下层，催化剂前体（醋酸镍）放置在坩埚的上层，在马弗炉（温度为700℃）中进行覆盖热处理15min，经酸处理去除镍模板后可获得空心石墨烯纳米笼。该材料具有超薄纳米壁（0～10nm）的中空特点，具有独特的分层多孔结构，具有多个介孔（$\phi 2.5nm$、$\phi 9.2nm$ 和 $\phi 45nm$），以及广泛的大孔（$\phi 50 \sim \phi 200nm$）。由此可见，准化学气相沉积法为未来大规模制备和设计三维石墨烯提供了一种可行的参考。

2. 溶剂热法

溶剂热法是实现纳米材料杂元素掺杂的有效方法。异质掺杂结构具有丰富的异质界面，可以调节活性位点的内在性质，从而大大提高电化学活性。绿色水热合成法可以作为直接制备高结晶、含有两性离子、碳碳双键连接的共价有机骨架材料（COFs）的有效策略。绿色水热合成法制备的 COFs 材料如图 1-2 所示。该工艺可以使用预先设计好的两性离子单体为构筑基元，选择 4-二甲氨基吡啶为高效催化剂，通过与芳醛的 Knoevenagel（克脑文盖尔）缩合反应可以直接进行溶剂热合成。所合成的 COFs 具有优异的结晶度和较高的比表面积，证明溶剂热法在制备 COFs 类的纳米材料方面也具有广阔的通用性和可扩展性。

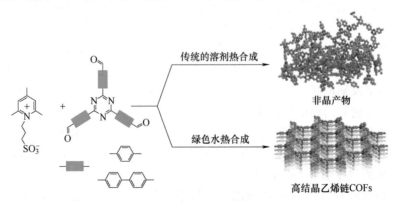

图 1-2　绿色水热合成法制备的 COFs 材料

3. 固相合成法

具有复杂结构和均匀分散度的金属纳米颗粒具有独特的物理化学特性，应用广泛。固相合成法可以精准制备在碳载体上均匀分散的 $CoFe@FeO_x$ 核壳结构纳米颗粒，如图 1-3 所示，采用热气氛处理钴铁合金颗粒，铁原子优先从钴铁合金体相溶出到表面并被碳化为碳化铁壳层，随后碳化铁壳层在室温下被空气钝化为 FeO_x 壳层，从而得到 $CoFe@FeO_x$ 纳米颗粒。固相合成法具有广泛的普适性，这种工艺方法可以拓展到其他类似的金属纳米核壳结构合成策略上，如 $NiFe@FeO_x$ 和 $MnFe@FeO_x$ 等核壳结构纳米颗粒。

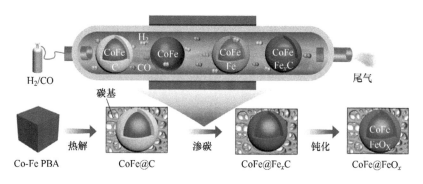

图 1-3　$CoFe@FeO_x$ 核壳结构纳米颗粒

4. 表面改性技术

二维纳米材料以其超低剪切强度而闻名，其结构适用于在宏观和微观尺度上降低摩擦学性能。锌镁铝层状双氢氧化物（ZnMgAl LDH）具有类似石墨的层状结构，很容易在层之间滑动，是典型的二维纳米材料。二维纳米材料以其超低剪切强度而闻名，其结构适用于在宏观和微观尺度上优化摩擦学性能。然而，原始的锌镁铝层状双氢氧化物在润滑油中容易结块和沉淀，导致摩擦副界面磨损。可通过表面改性技术实现锌镁铝层状双氢氧化物表面暴露的—OH 基团与油酸和硬脂酸分子上的—COOH 基团之间的脱水缩合，将油酸和硬脂酸分子支化到锌镁铝层状双氢氧化物纳米片上，进而增强了 ZnMgAl LDH 的分散性和摩擦学性能。这种绿色、工艺简单的表面改性技术在未来工业应用中具有巨大的潜力。

5. 激光 3D 打印技术

激光 3D 打印技术是制备 3D 无机微结构的重要手段之一，但是在制备无机微结构时，其特征尺寸和加工分辨率受到材料和光学衍射极限的限制，难以实现纳米尺度制备。飞秒激光 3D 打印技术是一种突破光学衍射极限，实现纳米结构制备的前沿策略。飞秒激光 3D 打印技术采用波长为 780nm 的飞秒激光作为光源，可以实现 3D 无机纳米结构与器件的飞秒激光微纳 3D 打印，所获得的最小特征尺寸仅为激发光源波长 1/30 的 26nm。该技术通过精确控制飞秒激光加工参数，充分利用多光子吸收过程的阈值效应，将交联反应的区域限制在纳米尺度，从而实现无机纳米结构的精确可控制备。由此可见，微纳加工技术可以结合前沿的科学技术，用于实现高精度且可控的纳米材料制备工艺。

综上所述，虽然纳米材料的制备策略已经呈现出较完善的系统，但是许多策略中仍然有很多值得关注并改善的地方，如提高制备效率、降低成本、优化材料性能等。因此，未来的研究将更加注重技术创新和优化，以开发出更加高效、环保、可控的纳米材料制备技术。值得期待的是，未来的纳米材料制备技术还将在更多领域得到应用。在环保领域，纳米材料的高效吸收和过滤能力将为环境治理提供新的解决方案。在生物医学领域，纳米材料的应用将促进精准医疗和个性化治疗的发展。在电子信息领域，纳米材料制备技术的进步将推动电子器件性能的提升和成本的降低。总之，纳米材料制备是充满挑战和机遇的。未来的研究将更加注重技术创新、材料设计和应用拓展，为各个领域的发展提供更加先进、高效、环保的纳米材料解决方案。同时，我们也需要关注纳米材料制备过程中可能产生的伦理和环境问题，确保纳米技术的健康发展。

第 2 章

纳米材料制备的基础理论

热力学和动力学理论是纳米材料制备的基础，在控制纳米材料各种物理、化学和力学等性质方面起着至关重要的作用。热力学可以准确地预测某个过程不可能发生，但不能预测某个过程在特定条件下一定会发生。而热力学的价值在于指出系统最终往平衡态发展的方向，评估系统偏离平衡态的程度，因为对于大部分系统，都或多或少地偏离热力学平衡态。动力学主要包含化学反应动力学和相变动力学。化学反应动力学研究化学反应中的快慢程度、进行机理和动力学参数。相变动力学着重研究晶体形核、长大和晶相演变过程。所以，在制备纳米材料之前，有必要了解材料热力学和动力学的基础理论，这对合成新的纳米材料，或寻找新的合成方法，都具有指导性意义，在很大程度上可以减少工作的盲目性。本章将探讨纳米材料中热力学和动力学的相关知识。

2.1 热力学基础理论

2.1.1 热力学基本定律

热力学第一定律：一个系统及其环境的总能量在任何过程中保持不变。热力学第一定律体现了能量守恒原则，即能量可以从一种形式转变为另一种形式，但既不能被创造，也不能被消除。

热力学第一定律的数学表达式为

$$\Delta U = Q - W \tag{2-1}$$

其含义是：系统内能的上升 ΔU 来源于其从环境吸收的热量 Q 减去对外做功 W，或者说系统吸收的热量可以用于增加系统内能或用于对外做功。

反过来，外部对系统所做的功也可被转换为系统内能的上升。焦耳曾设计了一种热功转换实验装置。在该装置中，重锤下降牵引搅拌器转动，从而对绝热系统中的液体做功。外部对系统所做的功 W 可根据重锤的重量和位移计算，系统内能变化 ΔU 可通过测量系统中液体温度的上升，根据液体容量和比热容计算得到。焦耳根据这个实验，确定了两种能量表现形式（热、功）之间的单位换算关系，即：$1\mathrm{Cal_{th}} \approx 4.184\mathrm{J}$。体系与环境交换的热量与体系温度变化之比称为"热容量"，即

$$C = \frac{\mathrm{d}Q}{\mathrm{d}T}$$

热容量 C 不是状态函数。凝固时体系放热但温度不变，C 为 $-\infty$；而熔化过程为等温吸

热过程，C 为 $+\infty$。热容量是一个外延量，因此常用单位体系的热容量，如摩尔比热容。在等容或等压条件下的比热容又分别称为等容比热容 C_v 或等压比热容 C_P。任何物体的 C_P 都大于 C_v，这是因为等容时系统所吸收的热量都用于提高温度，而等压时系统所吸收的一部分热量被用于推动系统的体积膨胀。由于物体热胀冷缩的原因，凝聚态物体在温度变化时都会发生体积的变化。所以在材料研究中，通常使用等压热力学函数，如等压比热容 C_P、焓 H、等压自由能 G 等。

热力学第二定律表述为：一个隔离系统的熵值不能减小。因此，热力学第二定律也被称为熵恒增定律。热力学第二定律有一些不同的表述。克劳修斯把热力学第二定律表述为：热不可能自发地从低温区流向高温区。普朗克则将其表述为：如果一个过程的唯一结果只是把热转换为功，则这个过程是不可能实现的。

卡诺在有关热功转换效率方面的贡献，在热力学发展历史上占据一个重要地位。热机从温度 T_H 的热源中获得热量 Q_H，把其中一部分转换为对外输出的功 W，另一部分 Q_C 释放到温度 T_C 的冷阱中，其中 $T_H > T_C$。在这个过程中，热源和冷阱的熵变化量分别为 $\Delta S_H = -Q_H/T_H$ 和 $\Delta S_C = Q_C/T_C$，热机吸收的热量 Q_H 等于输出热量和功之和（$Q_C + W$），所以热机熵变化量为零。根据热力学第二定律，这个热功转换过程中总的熵变化量为

$$\Delta S = \Delta S_H + \Delta S_C = -Q_H/T_H + Q_C/T_C \geq 0$$

即必须有 $Q_C/T_C \geq Q_H/T_H$。因此，热机的热功转换效率为

$$\eta = W/Q_H = (Q_H - Q_C)/Q_H \leq (T_H - T_C)/T_H$$

上述分析表明，热机的最大效率为 $(T_H - T_C)/T_H$。这个效率对应于整个系统熵变化量为零的情况，是由热力学第二定律决定的热功转换最高效率，一般称为卡诺效率，即

$$\eta_{cannot} = \Delta T/T_H$$

由此可以看到，热机吸收的热不可能全部转换为功，必然有一部分从高温热能（来源于温度较高的热源）转变为低温热能（被温度较低的冷阱吸纳）。

热力学第三定律表述为：内部完全平衡的均匀相在绝对零度时的熵值为零。这个定律是能斯特在 1906 年提出来的，因此又被称为能斯特定律。热力学第二定律和第三定律的核心都是熵，反映了熵在热力学中的中心地位。熵的概念由德国物理学家克劳修斯首先提出并定义为一个恒温可逆过程中系统吸收的热量与温度之商。后来奥地利物理学家玻尔兹曼发现熵与系统中的微观状态数有关，并给出了熵的统计热力学表达式，即

$$S = k\ln\Omega \tag{2-2}$$

式中，k 是玻尔兹曼常数，$k = 1.380658 \times 10^{-23}$ J/K。位于奥地利首都维也纳郊区的维也纳中央公墓有一座玻尔兹曼墓，其墓碑上的铭文就是熵的统计热力学表达式，反映了玻尔兹曼这一贡献的学术价值和历史地位。

热力学三大定律相互关联，反映了所有自然过程的本质。热力学第一定律告诉我们，在任何一个过程中，总的能量是守恒的。系统从环境中所获取的热能等于对外做功与系统内能增量之和。而热力学第二定律进一步指出，系统所获取的热能不可能全部转换为对外做功。如果假设冷阱是一个给定容量的储热装置，并将其和热机合并作为考察的系统，则系统从环境（热源）获得的热能，除了一部分用于对外做功以外，另一部分被储存在系统（冷阱）中，增加系统内能。如果不涉及相变过程，则系统内能的上升，在宏观上表现为温度上升，在微观上表现为混乱度的增加，式（2-2）中的微观状态数 Ω 就是这种混乱度的定量描述。

内部完全平衡的均匀相在绝对零度时只有一种可能的微观状态，即 $\Omega = 1$，根据式（2-2），此时系统的熵 $S = 0$。这就是热力学第三定律。

2.1.2　热力学状态函数及其关系式

表征一个系统的主要热力学参数有：温度（T）、压强（p）、体积（V）、内能（U）、焓（H）、熵（S）、等压吉布斯自由能（G）等。各种热力学参数之间可以建立 521631180 个关系式，这为热力学函数的计算提供了很大的便利，当然在数亿个关系式中找到某个合适的公式，显然也是一件令人头痛的事情。幸运的是，通常只需要记忆少数几个关键的热力学公式，而更重要的是理解那些热力学函数的意义。

有关热力学函数的一个重要概念是"状态函数"。状态函数是一类完全由系统所处状态决定，而与到达该状态途径无关的函数。例如，H、S、G 都是状态函数，而系统与环境之间交换的热量不是状态函数。热力学状态函数的这种性质为研究问题提供了许多方便，其中一个典型例子是过冷液体在绝热环境下的凝固行为。

常压下锡的熔点是 505K，假设将温度为 495K 的过冷锡液体放在一个绝热容器内，过冷锡液体发生凝固时放出的潜热将导致系统温度上升。如果全部过冷液体凝固所放出的热量不足以将系统温度上升到熔点 505K 以上，则系统终态为 495~505K 之间某个温度的固态。如果只需一部分液体凝固放出的热量就能将系统温度提高到熔点 505K，则系统终态为 505K 的液固两相。为了求解这个问题，不妨先假设系统发生部分凝固，并设系统有 1mol 原子，其中 $x$mol 发生凝固，系统最终温度为 505K。如果计算结果是 $x = 1$，则再根据热量平衡计算系统的最终温度。

系统由状态 A 在绝热条件下进行到状态 C，其实际过程的途径可能是 A、C 两点之间的某一条复杂路径。但由于问题所涉及的参数，如温度、凝固分数、焓（绝热过程值保持不变）都是状态函数，故可不考虑实际过程的具体途径。由于标准状态（熔点温度）下锡液凝固放出的热量可从相关手册中查到，所以我们假设系统沿 A→B→C 路线进行，即所有过冷液体先升温到熔点 505K（过程 A→B），然后在温度为 505K 的标准状态下凝固 $x$mol（过程 B→C）。由于系统绝热，因此液体升温时（过程 A→B）系统所需吸收的热量应等于 $x$mol 液体在 505K 凝固时（过程 B→C）所放出的热量，即

$$\Delta H_{(A \to B)} = -\Delta H_{(B \to C)}$$

已知锡在熔点 505K 时的熔化热（摩尔热力学能）为 7071J/mol，液态和固态锡的摩尔定压热容分别为 $C_{m,p,l} = 34.7 - 9.2 \times 10^{-3} T$ 和 $C_{m,p,s} = 18.5 + 2.6 \times 10^{-2} T$，单位都是 J/（mol·K）。由于

$$\Delta H_{(A \to B)} = \int_{495}^{505} C_{m,p,l} dT = 301J$$

$$\Delta H_{(B \to C)} = -7071x J$$

因此，$x = 301/7071 \approx 0.0426$，即大约有 0.0426mol 的液态锡将凝固。

也可以假设系统沿 A→D→C 的路径进行，即 $x$mol 的 495K 过冷液体凝固放热量等于 $x$mol 固体和（$1-x$）mol 液体从 495K 升温到 505K 时的吸热量，计算 x 值。但由于我们只知道锡在 505K 时的熔化热，而不同温度下的熔化热是不相等的，因此必须沿 A→B→C→D 的途径计算 495K 时过冷液体凝固的放热量，即

$$\Delta H_{\mathrm{m}}(495\mathrm{K}) = \int_{495}^{505} C_{\mathrm{m},p,1}\mathrm{d}T + \Delta H_{\mathrm{m}}(505\mathrm{K}) + \int_{495}^{505} C_{\mathrm{m},p,\mathrm{s}}\mathrm{d}T$$

但是，热力学研究方法上的这种方便性也为它带来某种局限性，即热力学仅讨论一个过程的进行是否"有可能"，而不考虑实际上是否会进行。假设水槽 A 高于水槽 B，两槽之间由 U 形管连接。"水从 A 槽流向 B 槽"这个过程在热力学上是可能的。但事实上，由于 U 形管最高点 C 高于水槽 A 的水平面，水将不会自动地从 A 槽流向 B 槽，除非水能跨越能垒 h，即一个热力学上可能发生的事件还需要一个"激活"过程。这通常是通过局部的能量起伏来实现的。例如，假设我们在 A 槽中放置一个搅拌器，使 A 槽中的水产生波浪，一旦涌起的水高于 C 点而越过能垒 h，则以后"水从 A 槽流向 B 槽"这个过程就会自动进行下去了。

在利用热力学研究纳米材料合成问题时，我们常常希望预测一个过程能否自发进行，或者预测一个反应的方向。显然，热力学第一定律和第三定律都不涉及对过程进行的方向的判断，热力学第二定律（熵恒增定律）也只适用于隔离系统。为此需要引进一个适用于和环境之间存在能量交换的普通热力学系统的过程作为判据。

假设在恒温恒压条件下的某个过程中，系统与环境交换的能量为 $\Delta H = \Delta U + p\Delta V$，系统的熵变化为 ΔS，而环境的熵变化量为 $\Delta S_{\mathrm{surr}} = \Delta H_{\mathrm{surr}}/T = -\Delta H/T$。根据热力学第二定律，这个过程能够自发进行的判据是系统和环境熵变化量之和大于零，即

$$\Delta S_{\mathrm{total}} = \Delta S + \Delta S_{\mathrm{surr}} = \Delta S - \Delta H/T > 0$$

也就是要求

$$\Delta H - T\Delta S < 0 \tag{2-3}$$

美国科学家吉布斯定义了一个热力学函数，即吉布斯函数，也称为吉布斯自由能

$$G = H - TS \tag{2-4}$$

在恒温条件下，对式（2-4）两边取微分，得到

$$\Delta G = \Delta H - T\Delta S \tag{2-5}$$

由式（2-3）和式（2-5）可以看到，如果一个恒温恒压过程的 $\Delta G < 0$，则这个过程能够自发进行；如果 $\Delta G > 0$，则这个过程将反向进行；而若 $\Delta G = 0$，则不会有反应发生（系统处于平衡状态）。

由式（2-4）定义的吉布斯自由能 G 和焓 H、熵 S 一样，也是一个状态函数。吉布斯自由能的计算不涉及环境参数，为预测一个恒温恒压过程是否自发进行，或者一个反应自发进行的方向，提供了很大的便利。

在热力学中，除了吉布斯自由能以外，还有用于描述等温等容过程的自由能函数，亥姆霍兹自由能：$A = U - TS$。

2.1.3　相图与相变热力学

在一个系统中成分、结构相同，性能一致的组成部分称为相。同一相内其物理性能和化学性能是均匀的。不同相之间有明显的界面分开，该界面称为相界面。应注意相界面和晶界的区别。若固体材料是由组成与结构均相同的同种晶粒构成的，尽管各晶粒之间由界面（晶界）隔开，但它们仍然属于同一种相。

1. 相图热力学

相图又称平衡图或状态图，是用几何（图解）的方式来描述处于平衡状态下物质的成

分、相和外界条件相互关系的示意图。利用相图，我们可以了解不同成分的材料，在不同温度时的平衡条件下的状态、由哪些相组成、每个相的成分及相对含量等，还能了解材料在加热冷却过程中可能发生的转变。因此，相图是研究材料中各种微观结构及其变化规律的有效工具，也是材料选择和材料制备工艺设计的重要依据。

相图中组元通常是指系统中每一个可以单独分离出来并能独立存在的化学纯物质，在一个给定的系统中，组元就是构成系统的具有特定化学成分的各种单质或化合物。仅含一种组元的系统称为一元系或单元系，含有二种、三种组元的系统分别称为二元系、三元系等。

一个体系的稳定状态及其变化方向，可以根据热力学第二定律来判断：在一定的温度和压力条件下，体系将自发地趋向吉布斯自由能最低的状态。对于二元体系（或多元体系），吉布斯自由能不仅是温度的函数，也是成分的函数，并且往往是不同成分的两种相所组成的混合物具有最低的吉布斯自由能，二元相图中有大量的两相区就充分说明了这一点。相图中所表明的材料状态是热力学上的平衡态，它意味着体系在一定的成分、温度和压力下，各组成相之间的物质转移达到了动态平衡，这时组成相的成分、数量不再变化，这就是相平衡。从热力学的角度来说，如果是两相平衡，则任意一个组元，在 α 相和 β 相中的化学势相等，即

$$\mu_1^\alpha = \mu_1^\beta;\ \mu_2^\alpha = \mu_2^\beta;\ \cdots;\ \mu_i^\alpha = \mu_i^\beta$$

这时整个体系中吉布斯自由能的变化为零，即 $\Delta G = 0$，说明物质迁移的驱动力为零，从而 α 相和 β 相达到平衡。当温度或成分改变时，将打破这种平衡，这时将发生物质在各相之间的迁移，从而引起各相成分和数量的变化，直至达到新的平衡。

相律是描述处于热力学平衡状态的系统中的自由度与组元数和相数之间的关系法则。相律有多种，其中最基本的是吉布斯相律，其通式为

$$f = c - p + 2$$

式中，f 是自由度数；c 是组成材料系统的独立组元数；p 是平衡相的数目；2 是指温度和压力这两个非成分的变量，如果电场、磁场或重力场对平衡状态有影响，则相律中的 "2" 应为 "3" "4" "5"。如果研究的系统为固态物质，可以忽略压力的影响，相律中的 "2" 应为 "1"。所谓自由度数，是指温度、压力、组分浓度等可能影响系统平衡的变量，可以在一定范围内改变而不会引起旧相消失新相产生的独立变量数目。利用相律很容易计算出材料体系中平衡相的最大数目，相律也是相图要遵循的重要原则之一。还可以利用相律结合动力学因素来分析非平衡状态。

从理论上讲，相图可以通过热力学函数计算出来。但是，由于某些物理化学参数尚无法精确测定或计算，因此计算相图尚有很大的困难，只有非常简单的相图才有可能计算出来。迄今为止，绝大多数相图都是由实验测得的。它是利用物质在发生状态变化时出现的各种物理或化学效应，通过热分析、硬度法、膨胀法、磁性法、电阻法、金相法及 X 射线衍射法等实验方法进行测定而得到的。以热分析法为例，它根据系统在冷却过程中温度随时间的变化情况来判断系统中是否发生了相变化。以 Cu-Ni 二元相图（见图 2-1）的建立为例，具体做法是：先将样品加热成液态，然后令其缓慢而均匀地冷却，记录冷却过程中系统在不同时刻的温度数据；以温度为纵坐标、时间为横坐标，绘制成温度-时间曲线，即冷却曲线（步冷曲线），当出现相变时，冷却曲线发生转折，转折点就是相变点。这样测出各种不同成分的样品的相变温度，并把这些数据引入以温度为纵坐标、成分为横坐标的坐标系中，连接相

关点，得到相应的曲线。所得曲线把图分成若干区间，这些必要的组织分析出各相区所含的相，将它们的名称分别标注在相应的相区中，最终形成相图。下面介绍纳米材料中常见的几类相图。

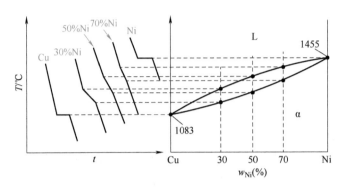

图 2-1　Cu-Ni 二元相图

（1）单元系相图　根据组元的数目，相图可以分为单元系相图（一元相图）、二元相图和三元相图。单元系统中，只有一种组分，不存在浓度问题。影响因素只有温度和压力。由于组元数 c 为 1，根据相律 $f=c-p+2=3-p$。若 $p=1$，则 $f=2$，即单相时有温度和压力两个自由度，所以可以用温度和压力坐标图（p-T 图）来表示系统的相图。以水的相图（见图 2-2）为例，在单相区，由 $p=1$，得到 $f=2$，因而温度和压力可独立变化。在两相共存线上，$p=2$，$f=1$，这时如果温度发生变化，为了维持两相平衡，压力也必须沿相线变化。在三相点，$p=3$，$f=0$，要保持三相平衡，任何变量都不能变化。水的三相点为 4.579mmHg（1mmHg=133.322Pa）蒸气压和 0.0099℃。

在材料化学中，比较关心的是单组分材料的多晶转变，其相图较为复杂。例如，ZrO_2 有三种晶型：单斜 ZrO_2、四方 ZrO_2 和立方 ZrO_2，其转变关系为

$$单斜 ZrO_2 \leftrightarrow 四方 ZrO_2 \leftrightarrow 立方 ZrO_2$$

这些转变可以从 ZrO_2 相图（见图 2-3）中反映出来。

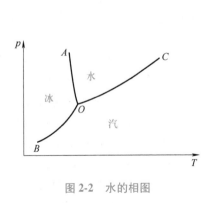

图 2-2　水的相图

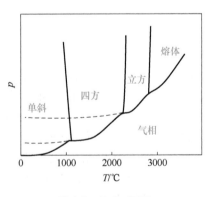

图 2-3　ZrO_2 相图

（2）二元相图　二元系统有两个组元，对于凝聚态体系，压力的影响可以忽略，根据相律 $f=c-p+2=3-p$，若 $p=1$，则 $f=2$，所以二元系统最大的自由度数目 $f=2$，这两个自由度

就是温度和成分。故二元凝固系统的相图，仍然可以采用二维的平面图形来描述。即以温度和任一组元浓度为坐标轴的温度-成分图表示。

1）二元匀晶相图与杠杆规则。当两个组元化学性质相近、晶体结构相同、晶格常数相差不大时，它们不仅可以在液态或熔融态完全互溶，而且在固态也完全互溶，形成成分连续可变的固溶体，称为无限固溶体或连续固溶体，它们形成的相图即为匀晶相图。它是一种最简单的二元相图，仅由两条曲线（液相线和固相线）所分隔开的两个单相区（液相区和固相区）和一个双相区（液相与固相共存区）组成。

以 Cu-Ni 相图为例，如图 2-4 所示，T_A 与 T_B 分别为纯 Cu 与纯 Ni 的熔点。上弧线为液相线，该线以上合金全部为液相（L）。任何合金从液态冷却时，碰到液相线就要结晶出固体。而下弧线为固相线，在该线以下，合金全部转化为固体（固溶体 α）。当合金加热到固相线时，就开始产生液相。在固相线与液相线之间的区域是液相与固相共存的两相平衡区（L+α）。从相律的角度来分析，在该两相平衡区中，只有一个独立变量。假设温度为独立变量，那么 L 和 α 两相平衡时的成分和相对量应是温度的函数。在某一温度（如 T_1）下，L 相与 α 相各自的成分可由该温度水平线（两平衡相成分点间连线）与液、固相线的交点（a 和 c）确定，分别对应图中的 C_L 和 C_α。

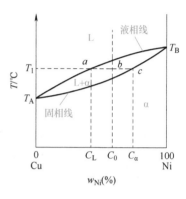

图 2-4 Cu-Ni 相图

在二元合金的两相区中，不仅温度和成分有一定的对应关系，而且两相的相对量也有确定的关系，如图 2-4 所示。成分为 C_0 的合金，在温度 T_1 下处于（L+α）两相平衡状态的成分为 C_L，固溶体的成分为 C_α。设该合金总质量为 W_0，液相和 α 相的质量分别为 W_L 和 W_α。则可以推导，两相的质量 W_L 和 W_α 的关系为

$$\frac{W_L}{W_\alpha} = \frac{C_\alpha - C_0}{C_0 - C_L}$$

这一关系与杠杆作用中力与力臂的关系相似，故称为杠杆规则。它说明在二元相图的两相区中，在某一确定的温度下，两平衡相的相对量由合金成分及平衡两相成分来确定。由于在二元系相图的两相区中，只有一个温度独立变量，一旦温度确定，两平衡相的成分便可从相图上求得，而且两相的相对量也可根据杠杆规则确定。

在匀晶相图中，有时会有极大点或极小点处，如图 2-5 所示，不符合相律的规则，这时应把 C 合金看成是一个特殊的组元，整个相图看成是 AC 和 CB 两个匀晶相图的组合。

2）二元共晶相图。两组元（A 和 B）在液态可无限互溶、固态只能部分互溶发生共晶反应时形成的相图，称为共晶相图。如图 2-6 所示。

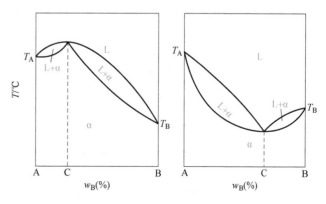

图 2-5 具有极大点或极小点的匀晶相图

在二元共晶相图中有液相 L、固相 α 和固相 β 共三种相。α 相是 B 原子溶入 A 基体中形成的固溶体；β 相是 A 原子溶入 B 基体中形成的固溶体。CF 线为 α 固溶体中 B 组元的溶解度或固溶线；DG 线为 β 固溶体中 A 组元的固溶线。相图中有 3 个单相区，即 L 相区、α 相区和 β 相区。单相区之间有 3 个双相区，即（L+α）相区、（L+β）相区和（α+β）相区。相图中 HEI 线称为液相线，HCDI 线为固相线。T_A（H 点）和 T_B（I 点）分别为组元 A 和组元 B 的熔点。

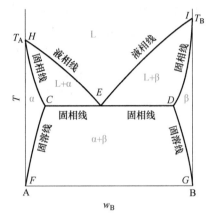

图 2-6　二元共晶相图

在相图的 E 点处，α 和 β 两个固相同时结晶，因此 E 点称为共晶点，该点对应的温度称为共晶温度，对应的组成称为共晶成分。这种一个液相同时析出两种固相的反应，称为共晶反应，可表示为

$$L_E \rightarrow \alpha_C + \beta_D$$

共晶反应的产物（$\alpha_C + \beta_D$）称为共晶体。根据相律，三相平衡时有 $f = c - p + 1 = 2 - 3 + 1 = 0$，因此三个平衡相的成分及反应温度都是确定的，在冷却曲线中出现一个平台，也就是图中的水平线 CED，该水平线称为共晶反应线。共晶合金的结晶过程分析如下：当共晶合金由液态冷却到 E 点温度时，将发生共晶反应，即从组成为 w_E 的液相中同时结晶出成分为 W_C 的 α 相和成分为 W_D 的 β 相。两相的质量比 W_α / W_β 可用杠杆规则求得

$$\frac{W_\alpha}{W_\beta} = \frac{C_D - C_E}{C_E - C_C}$$

两相的质量分数为

$$w_\alpha = \frac{C_D - C_E}{C_D - C_C} \times 100\%$$

$$w_\beta = \frac{C_E - C_C}{C_D - C_C} \times 100\%$$

整个结晶过程在恒温下进行，直至液相完全消失。结晶产物（$\alpha_C + \beta_D$）共晶体为细密的机械混合物。在 E 点温度以下，α 相与 β 相的溶解度沿各自的固溶线变化。由于溶解度随温度的降低而减小，因而从 α 相中析出二次 β 相，从 β 相中析出二次 α 相。由于共晶体中析出的次生相与共晶体中同类相混在一起，且次生相数量少，因而在显微镜下很难辨认。

下面以 Pb-Sn 合金的相图为例（见图 2-7），对其共晶相图进行分析。Pb-Sn 合金共晶成分为 61.9%，对于含 61.9%Sn 的合金 1，缓慢降温时沿虚线达到共晶点，开始共晶反应，生成（α+β）共晶体。两相的质量分数可通过前两式计算得到，即

$$w_\alpha = \frac{97.5 - 61.9}{97.5 - 19} \times 100\% \approx 45.4\%$$

$$w_\beta = \frac{61.9 - 19}{97.5 - 19} \times 100\% \approx 54.6\%$$

对于含 40%Sn 的合金 2，情况要复杂些。在 a 点时（温度为 300℃），体系全部是液体；随着降温，沿虚线到达液相线上的 b 点，此时开始形成先共晶 α，温度下降到 230℃ 时

（c 点），形成 24% 的先共晶 α，液体含量为 76%。这两个值可通过杠杆规则计算得到。继续降温至 183℃（共晶温度），到达固相线（d 点），此时先共晶 α 含量为 51%，剩余 49% 的液体，其成分等于共晶成分，此时剩余的液相开始共晶反应。温度低于 183℃ 时，体系由先共晶 α 相和（α+β）共晶体所构成。

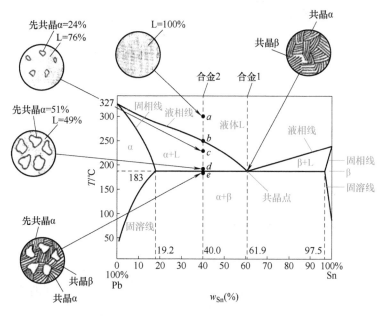

图 2-7　Pb-Sn 相图

3）二元包晶相图。二组元组成的合金系，在液态时无限互溶且在固态时有限互溶，并发生包晶反应的相图，称为包晶相图。这类相图在有色合金材料中经常见到。以 Pt-Ag 合金的相图为例，如图 2-8 所示，相图中有 L、α 和 β 三个单相区，三个双相区，分别为（L+α）相区、（L+β）相区和（α+β）相区，一条三相共存的水平线 DEC，称为包晶线，E 点为包晶点。所有在 $D\sim C$ 成分范围内的合金从液态冷却时，都要发生包晶反应。包晶反应是在一定温度下，由一固定成分的液相与一个固定成分的固相作用，生成另一个成分固相的反应。在这里就是 D 点成分的 α 相和 C 点成分的 L 相在 1186℃ 恒温下相互转变为 E 点成分的 β 相的过程，其反应可表示为

$$L_C + \alpha_D \rightarrow \beta_E$$

图 2-8 中的合金 1 冷却时，先从液相中结晶出 α 相，剩余液相成分沿 AC 线变至 C，L_C 与一部分 α_D 发生包晶反应生成 β，最后组成为（α+β）两相。合金 2 在冷却时，由于在包晶反应前结晶生成的 α 相太少，不足以使所有剩余液体都通过包晶反应变成 β 相，因此只有一部分液相和 α 相形成 β 相，剩余的液相进入（L+β）两相区，通过匀晶反应继续生成 β 相。

图 2-8 标出了处于相图中各种位置点处于液相的 a 位置、处于（L+α）相的 b 位置、处于（L+β）相的 c 位置以及包晶点 E 时的相态。图中的虚线称为成分线（tie line），即两平衡相成分点间连线，成分线两段标出了该温度下两种相的成分，据此可通过杠杆规则计算该点（b 点和 c 点）的两相含量。

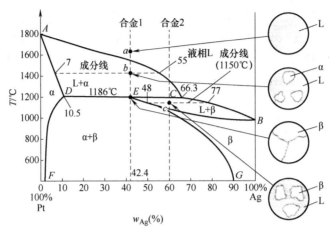

图 2-8　Pt-Ag 相图

如果把包晶相图中的 L 液相换成另一个固相 γ，则有

$$\gamma + \alpha \leftrightarrow \beta$$

这种反应称为包析反应，这类相图则称为包析相图。包析相图的分析方法与包晶相图相同。

4）二元相图的一些基本规律。根据热力学原理推导出一些基本规律，可以帮助理解和分析比较复杂的二元相图。相区接触法则是指在二元相图中，相邻相区的相数差为 1，点接触除外。例如，两个单相区之间必有一个双相区，三相平衡水平线只能与两相区相邻，而不能与单相区有线接触。

在二元相图中，三相平衡一定是一条水平线，该线一定与三个单相区有点接触，其中两点在水平线的两端，另一点在水平线中间某处，三点对应于三个平衡相的成分。此外，该相一定与三个两相区相邻。两相区与单相区的分界线与水平线相交处，前者的延长线应进入另一个两相区，而不能进入单相区。

2. 相变热力学

（1）新相形成　通过热力学计算各相的吉布斯自由能数值，可以指明某一新相的形成是否可能。材料发生相变时，在形成新相前往往会出现浓度起伏，形成核胚再成为核心、长大。在相变过程中，所出现的核胚，无论是稳定相还是亚稳相，只要符合热力学条件，都可能成核长大，因此相变中可能出现一系列亚稳定的新相。例如，纳米材料凝固时往往出现亚稳相，甚至得到非晶态。根据热力学，虽然吉布斯自由能，最低的相最为稳定，但只要在一个相的熔点（理论平衡熔点）以下，这个相虽然对稳定相来说，具有较高的吉布斯自由能，亚稳相的形成会使体系的吉布斯自由能降低，材料的凝固就是可能的。例如，图 2-9 所示为某纯物质在 T_m^{α} 温度以下液相 L、稳定相 α、亚稳定相 β、γ 和 δ 的吉布斯自由能随温度的变化曲线。如过冷至 T_m^{γ} 以下，由液相凝固为 α、β 和 γ 都是可能的，都引起吉布斯自由能的下降，当然 δ 相是不可能存在的。

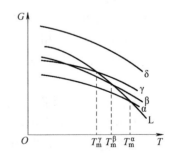

图 2-9　吉布斯自由能随温度的变化曲线

在 T_m^α 时，由于稳定相 α 和液相 L 平衡共存，因此

$$\Delta G_m^{L \to \alpha} = \Delta H_m^{L \to \alpha} - T_m^\alpha \Delta S_m^{L \to \alpha} = 0$$

式中，$\Delta H_m^{L \to \alpha}$ 为发生 $L \to \alpha$ 相变时的热效应，成为相变潜热。所以有

$$\Delta S_m^{L \to \alpha} = \Delta H_m^{L \to \alpha} / T_m^\alpha$$

在合金的温度略低于 T_m^α 的某一温度 T，当 T 与 T_m^α 相差不大时，在温度 T 时液相至 α 相的吉布斯自由能差为

$$\Delta G^{L \to \alpha} = \Delta H^{L \to \alpha} - T \Delta S^{L \to \alpha} = \Delta H_m^{L \to \alpha} - T_m^\alpha \Delta S_m^{L \to \alpha} = \Delta H_m^{L \to \alpha} \left(1 - \frac{T}{T_m^\alpha} \right)$$

对于液相凝固过程，一般为放热过程，因此 $\Delta H_m^{L \to \alpha} < 0$，所以当 $T < T_m^\alpha$ 时，$\Delta G^{L \to \alpha} < 0$，此时，从热力学上讲液相将有转变为 α 相的趋势，因此 $\Delta G^{L \to \alpha}$ 成为相变的驱动力。

一般情况下，金属的熔化焓与熔点大体上成比例关系，并有理查德经验定律，即

$$\Delta H_m^{L \to \alpha} \approx R T_m^\alpha$$

因此，在 $T < T_m^\alpha$ 时的金属凝固相变驱动力（放热取负值）即两相吉布斯自由能差可进一步近似为

$$\Delta G^{L \to \alpha} = -R(T_m^\alpha - T)$$

在合金中，成分为 x_α 的合金，吉布斯自由能为 $G(x_\alpha)$，其 μ_A^α 及 μ_B^α 可由切线原则求得。在大量成分为 x_α 的 α 相中如加入极微量成分为 x 的材料，则这部分的吉布斯自由能将为 $G(x, x_\alpha)$。由于 $G_m(x, x_\alpha) > G_m(x_\alpha)$，这部分起伏或核胚将显而复灭，不能持续存在。如果体系内部存在成分涨落，则体系的吉布斯自由能增至 $G'(x_\alpha)$，体系将恢复原来的状态。

如图 2-10 所示，吉布斯自由能随 x 的添加量变化，此时合金的稳定相为 α 和 β，其平衡相浓度可由公切线求得。稳定 β 相的浓度为 x_β，当成分为 x_α 的 α 相内线出现微量的、浓度为 x_γ 的起伏时，可将它看作由大量的 α 相中转移少量成分为 x_γ 的部分至成分为 x_β 的 β 相。此时吉布斯自由能的变化值 ΔG 为

$$\Delta G = (1 - x_\gamma)(\mu_A^\beta - \mu_A^\alpha) + x_\gamma(\mu_B^\beta - \mu_B^\alpha)$$

由图可见，此时 $\Delta G < 0$，因此成分为 x_γ 的起伏或核胚将能持续存在，长大成为稳定新相。

（2）形核能垒　虽然溶体中存在相变驱动力，但是对于特定的形核类型的相变能否发生，即新相形成的先决条件是相变的驱动力是否大于新相的形核能垒。下面以简单的液相凝固为例（相变阻力仅考虑形成新相界面所需的能量）简要说明形核型（新相核胚为球形）相变的形核能垒。

将由于温度降低产生的新相与母相的体积吉布斯自由能差称为相变的驱动力，而相变产生的界面

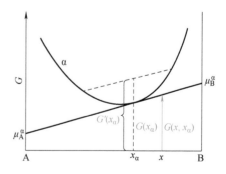

图 2-10　吉布斯自由能随 x 的添加量变化

（新相表面）吉布斯自由能则为相变的阻力，因此相变前后整个体系吉布斯自由能的变化为体积吉布斯自由能变化与界面吉布斯自由能变化的代数和。设球形核胚的体积 $V_\alpha = 4/3 \pi r^3$，表面积 $A_\alpha = 4\pi r^2$，考虑界面能垒的体系相变吉布斯自由能变化为

$$\Delta G^{L\to\alpha} = V_\alpha \Delta G_V + A_\alpha \Delta G_S$$

式中，ΔG_V 和 ΔG_S 分别为单位面积吉布斯自由能变化和新相与母相单位界面吉布斯自由能差。

虽然在形成新相之前，母相中存在大量的新相晶胚，但是这些晶胚能否发展为新相晶核，要看晶胚尺寸的大小。由于球形晶胚的表面积和体积与半径的关系分别是平方和立方的关系，因此体系相变吉布斯自由能的变化与球形晶胚的半径 r 的关系具有如图 2-11 所示的先增后降的特征。当晶胚尺寸小于 r^* 时，晶胚的继续长大将使吉布斯自由能变化值 ΔG 不断减小，而成为稳定的新相晶核。所以称 r^* 为临界晶核尺寸。

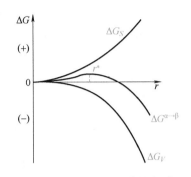

图 2-11　吉布斯自由能变化与球形晶胚的半径 r 的关系

由于临界形核尺寸 r^* 对应着 ΔG 极大值 ΔG^*（称为临界形核功）的位置，因此有

$$\left(\frac{\partial \Delta G}{\partial r}\right)_{r^*} = 0$$

带入 $\Delta G_S^{L\to\alpha} = \sigma$，$\Delta G_V^{L\to\alpha} = \Delta H_m^{L\to\alpha}(1 - T/T_m^\alpha) = \Delta H_m^{L\to\alpha}(\Delta T/T_m^\alpha)$，得到

$$r^* = \frac{2\sigma T_m}{\Delta H_m \Delta T}$$

式中，$\Delta T = T_m - T$，称为过冷度。

所以，临界形核功为

$$\Delta G^* = \frac{16\pi}{3}\frac{T_m^2 \sigma^3}{(\Delta H_m)^2(\Delta T)^2} = \frac{1}{3}A_S^* \sigma$$

式中，A_S^* 为临界晶核的表面积，$A_S^* = 4\pi(r^*)^2$。

上式适用于各向同性的母相（如液相）中均匀形核的情形。实际液相的凝固是靠非均匀形核，其临界晶核尺寸与均匀形核相同，但其临界形核功小于均匀形核，因此所需的过冷度也小。对于固态相变（常需要考虑相变应变能垒），随着相变类型的不同，其临界晶核尺寸也不同。

2.2　动力学基础理论

2.2.1　化学反应动力学

1. 阿累尼乌斯方程

对于纳米材料合成过程，温度对化学反应速度的影响是十分显著的，无论是吸热反应还是放热反应，几乎所有的化学反应速度都随着温度的升高而增大。温度对反应速度的影响具体表现为对反应速度常数（k）的影响。

k 在一定温度（T）下为一常数，但是温度改变时，k 随之改变。k 随 T 变化的近似经验有范特霍夫规则，即

$$\frac{k_{T+10℃}}{k_T} = 2 \sim 4$$

式中，k_T 表示温度为 T 时的速度常数；$k_{T+10℃}$ 为（$T+10℃$）时的速度常数。这表明温度每升高 $10℃$，反应速度大约增加 $2\sim4$ 倍。此比值也称为反应速度的温度系数。范特霍夫规则不很精确，只能粗略估算。

k-T 关系的比较精确经验式，属著名的阿累尼乌斯方程，即

$$k = k_0 \exp\left(-\frac{E^*}{RT}\right) \tag{2-6}$$

式中，k 为反应速度常数；T 为绝对温度；E^* 反应激活能；R 为气体常数；k_0 为指数前因子。k_0 和 E^* 都是与反应有关的常数。

对上式取对数并微分，得

$$\frac{d(\ln k)}{dT} = \frac{E^*}{RT^2} \tag{2-7}$$

此式表明，$\ln k$ 与 T 的变化率与激活能 E^* 成正比。则随温度升高，反应速度增加得越快；激活能越高，反应速度对温度越敏感。

将式（2-7）从 T_1 到 T_2 积分，得到

$$\ln\frac{k_2}{k_1} = -\frac{E^*}{R}\left(\frac{1}{T_2^2} - \frac{1}{T_1^2}\right)$$

所以已知两个温度 T_1、T_2 下的速度常数 k_1、k_2，即可得到反应激活能 E^*。

2. 反应激活能

阿累尼乌斯方程中反应激活能（以下简称为激活能）大小对反应速度影响很大，从已知激活能数据可以了解到，激活能 E^* 均在 $10^4 \sim 10^5 \text{J/mol}$ 之间。

由阿累尼乌斯方程可知，反应速度与激活能呈指数关系，通常激活能越小反应速度越大。要解释其原因，必须要了解激活能的物理意义。

任何一个化学反应，在发生时必须先提供给它足够的能量，然后反应物分子的旧键才能被破坏，产物分子的新键才能形成。例如，基元反应 $2HI \rightarrow H_2 + 2I$，两个 HI 分子要起反应，总是先碰撞，碰撞中两个 HI 分子中的两个 H 原子互相接近，从而形成新的 H—H 键，同时 H—I 键断裂，才变成产物（$H_2 + 2I$）。但是两个 HI 分子的 H 原子核外已配对电子的斥力，使 H 原子难以接近到足够的程度，以形成新的 H—H 键。又由于 H—I 键的引力，使 H—I 难以断裂。为了克服新键形成前的斥力和旧键断裂前的引力，两个相撞的分子必须有足够大的能量。相撞分子若不具备足够的能量，就不能达到化学键新旧交替的激活状态，因而就不能起反应。所以阿累尼乌斯认为，为了能发生化学反应，普通分子必须吸收足够的能量而变成激活分子。并且，将普通分子变成激活分子至少需吸收的能量称为激活能。

由普通分子变成激活分子的过程中，必须克服一个能量峰值，简称为能峰，即高势能与原有势能之差。HI 的反应过程如图 2-12 所示。一般能峰越高，则反应阻力就越大，反应就越难以进行。同时，形成新键需克服的

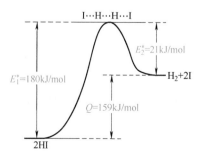

图 2-12　HI 的反应过程

斥力越大，或破坏旧键需克服的引力越大，需要消耗更多的能量，所以峰值越高。因此激活能大小代表了能峰高低。

由图 2-12 可以看出，HI 反应过程需先吸收 180kJ/mol 的激活能，才达到状态 [I···H···H···I]。在此状态下，因吸收了足够的能量，克服了两 H 原子间的斥力，使之靠的足够近，新键即将生成；吸收的能量同时克服 H—I 键的引力，使 H—I 键距离拉长而将断裂，从而产生了反应 2HI→H$_2$+2I，同时放出 21kJ/mol 的能量，所以反应前后净余恒容反应热 ΔE 为

$$\Delta E = E_1^* - E_2^*$$

这个反应的激活能是 180kJ/mol。同理逆反应 H$_2$+2I→2HI 的激活能为 21kJ/mol，至少要吸收如此多的能量，才能达到相同的激活状态而起反应。

因此，可得出结论，化学反应一般总需要有一个激活的过程，也就是一个吸收足够能量以克服反应能峰的过程。在一般条件下，使分子激活的能量主要来源于分子的碰撞，称为热激活，此外还有光激活和电激活。达到激活态所需吸收能量称为激活能。上式为阿累尼乌斯激活能的定义式。激活能对反应速度有十分明显的影响，在一定温度下，激活能越大，则能够达到激活的碰撞次数就越少，因而反应就越慢。对于一定的反应，激活能一定，若温度越高，则达到激活的碰撞次数就越多，因而反应就越快。

对于有级数的复杂反应，其实测的反应速度常数是各基元反应速度常数的综合。同样由基元反应的激活能可以得到整个反应的激活能。如氢-碘反应，即

$$H_2 + I_2 \longrightarrow 2HI$$

其反应机理如下：

1）

$$I_2 \underset{k_{-1}}{\overset{k_1}{\rightleftharpoons}} 2I$$

2）

$$H_2 + 2I \xrightarrow{k_2} 2HI$$

对于反应 1），反应速度较快，可建立平衡

$$\frac{[I]^2}{[I_2]} = K = \frac{k_1}{k_{-1}}$$

即

$$[I]^2 = \frac{k_1}{k_{-1}}[I_2]$$

基元反应 2）的反应速度相对较慢，为整个反应的控制步骤

$$\frac{d[HI]}{dt} = k_2[H_2][I]^2 = \frac{k_2 k_1}{k_{-1}}[H_2][I_2]$$

所以对于这个反应的反应速度 k 可表示为

$$k = \frac{k_2 k_1}{k_{-1}}$$

依据

$$\frac{d(\ln k)}{dT} = \frac{d(\ln k_2)}{dT} + \frac{d(\ln k_1)}{dT} - \frac{d(\ln k_{-1})}{dT}$$

有

$$\frac{E_b^*}{RT^2} = \frac{E_1^*}{RT^2} + \frac{E_2^*}{RT^2} - \frac{E_{-1}^*}{RT^2}$$

得

$$E_b^* = E_1^* + E_2^* - E_{-1}^*$$

式中，k 称为表观速度常数；E_b^* 为表观激活能（J/mol）。表观激活能为各基元激活能的总和。

2.2.2　溶体中的扩散动力学

1. 溶体中的扩散

两种以上的物质互相混合，其分散程度达到分子状态，我们把这种分散体系称为溶体。溶体是各部分化学组成和物理性质均相同的均相体系。按聚集状态不同可以把溶体分为三类：气态溶体（混合气态）、液体溶体（溶液）、固态溶体（固溶体）。

扩散是由于分子或原子的热运动产生的物质迁移，一般从浓度较高的区域向较低的区域进行扩散，直到同一物态内各部分各种物质的浓度达到均匀或两种物态间各种物质的浓度达到平衡。比如滴一滴墨水在水中，可以发现墨水分散到整杯水中，水的颜色随之发生改变。由于分子的热运动，这种平衡和均匀是动态的，即在同一时间内，界面两侧交换的粒子数相等。分子扩散的驱动力为化学势梯度，在不同的体系和条件下，具有浓度梯度、压力梯度和温度梯度等表达形式。

在讨论扩散问题时，不得不提在此领域做出过杰出贡献的德国科学家菲克。1855 年菲克在研究气体穿越流体膜的实验现象时提出了著名的菲克定律，奠定了分子扩散宏观动力学的基础。此后，另一位科学家科肯达尔于 1947 年从实验上证明了固体缺位扩散的微观机制。今天，我们已经可以同时从宏观和微观角度很好地理解扩散过程。本章将主要对扩散动力学的基本原理和研究方法进行阐述。

（1）菲克第一定律　原子扩散是块体、薄膜和纳米材料的基本动力学过程。在这种运动过程中，原子未受到静电力、磁场力、重力等外场作用力的影响，同时原子也不存在朝特定方向运动的意识。对系统中的随机一个原子而言，其扩散行为完全是无规则的，向所有近邻位置运动的概率是相同的，而整体上表现出的向低浓度的扩散行为是宏观统计结果的体现。

菲克第一定律是用来描述物质从高浓度区向低浓度区传输的表达式，即某一组分的扩散通量和其浓度梯度成正比。菲克关于原子通量的第一定律为

$$J = -D\frac{\partial C}{\partial x} \tag{2-8}$$

式中，扩散通量 J 表示单位时间通过单位面积的物质的量 $[mol/(s \cdot m^2)]$；D 是扩散系数（m^2/s）；C 为物质的量浓度（mol/m^3）；x 是沿扩散方向的距离（m）。

菲克第一定律与傅里叶热传导定律和欧姆电传导定律具有相同的形式。然而尽管形式相同，但传导或运输机制不同。例如，关于原子扩散，我们会关心扩散的活化能是多少。值得

注意的是，菲克第一定律中有一个负号，这是因为我们通常在 x 与 C 的坐标中从左上角到右下角绘制浓度曲线，其中 C 从左到右减小，x 从左到右增大，因此斜率为负。这是一个下坡扩散，其中 J 和 D 均为正值。菲克第一定律是定量描述物质扩散的基本方程，具有十分重要的意义，常应用于稳态扩散分析，同时菲克第一定律也是构件非稳态扩散动力学方程的基础。

（2）菲克第二定律　菲克第一定律由于没有包含扩散过程与时间的关系，因此只适合处理稳态扩散，体系中各点浓度不随时间而改变。而在非稳态扩散中，体系中的各点浓度会随时间发生变化。此时菲克第一定律不再适用，需要借助菲克第二定律来建立扩散过程浓度和时间的变化关系。

如果扩散系数不随浓度发生改变，菲克第二定律可以表示为

$$\frac{\partial C}{\partial t} = D\frac{\partial^2 C}{\partial^2 x} \tag{2-9}$$

值得注意的是，在这个方程中，C 可以有任何单位，也可以没有单位，因为 C 在方程两边，其单位可以取消。另一方面，在菲克第一定律中，C 必须有一个单位。另外，D 的单位是 cm^2/s。从方程中 C 随 t 和 x 的变化可以清楚地看出，在不同的参考坐标系下，菲克第二定律有不同的表达形式。因为式（2-9）具有一个时间导数和两个空间导数，因此求解需要三个独立的条件，即初始条件和两个独立的边界条件。

在三维直角坐标系下，菲克第二定律具有如下表达形式，即

$$\frac{\partial C}{\partial t} = D\left(\frac{\partial^2 C}{\partial x^2} + \frac{\partial^2 C}{\partial y^2} + \frac{\partial^2 C}{\partial z^2}\right)$$

在柱坐标系下，代入 $x = r\cos\theta$、$y = r\sin\theta$，菲克第二定律表示为

$$\frac{\partial C}{\partial t} = \frac{1}{r}\left[\frac{\partial}{\partial r}\left(rD\frac{\partial C}{\partial r}\right) + \frac{\partial}{\partial \theta}\left(\frac{D}{r}\frac{\partial C}{\partial \theta}\right) + \frac{\partial}{\partial z}\left(rD\frac{\partial C}{\partial z}\right)\right]$$

在球坐标系下，代入 $x = r\sin\theta\cos\varphi$、$y = r\sin\theta\sin\varphi$、$z = r\cos\theta$，菲克第二定律表示为

$$\frac{\partial C}{\partial t} = \frac{1}{r^2}\left[\frac{\partial}{\partial r}\left(r^2 D\frac{\partial C}{\partial r}\right) + \frac{1}{\sin\theta}\frac{\partial}{\partial \theta}\left(D\sin\theta\frac{\partial C}{\partial \theta}\right) + \frac{\theta}{\sin^2\theta}\frac{\partial^2 C}{\partial \varphi^2}\right]$$

接下来将对菲克第二定律方程的一些主要特征进行讨论，并介绍在各种边界和初始条件下求解它的方法。

1）尺度法。在一定条件下，边值扩散问题可以方便地用尺度法求解。首先，引入无量纲变量 q

$$q = \frac{x}{\sqrt{4Dt}}$$

由于

$$\frac{\partial}{\partial t} = \frac{\partial q}{\partial t}\frac{\partial}{\partial q}\qquad \frac{\partial}{\partial x} = \frac{\partial q}{\partial x}\frac{\partial}{\partial q}$$

则菲克第二定律变为

$$-2q\frac{\partial C}{\partial q} = \frac{\partial^2 C}{\partial q^2}$$

如果对于所考虑的特定边值问题，初始和边界条件不随尺度变化的话，此时由菲克第二

定律建立的扩散方程是一个常微分方程。

对于一阶阶跃函数扩散问题，其初始条件如图 2-13 所示。

$$C(x,t=0) = \begin{cases} C^1, & -\infty < x < 0 \\ C^2, & 0 < x < +\infty \end{cases}$$

$$C(-\infty, t) = C^1$$

$$C(+\infty, t) = C^2$$

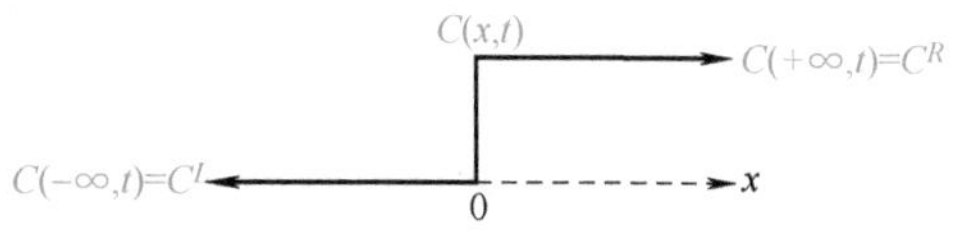

图 2-13　一阶阶跃函数初始条件

方程给出的初始和边界条件可以转化为

$$C(-\infty) = C^1, \quad C(\infty) = C^2 \tag{2-10}$$

令 $n = \dfrac{\mathrm{d}C}{\mathrm{d}q}$，那么

$$-2qn = \frac{\mathrm{d}n}{\mathrm{d}q}$$

积分可得

$$\frac{\mathrm{d}C}{\mathrm{d}q} = a_1 \mathrm{e}^{-q^2}$$

式中，a_1 为常数，再次积分可得

$$C(q) - C(q=q_0) = a_1 \int_{q_0}^{q} \mathrm{e}^{-\alpha^2} \mathrm{d}\alpha$$

带入阶跃函数初始条件，式（2-10）变为

$$C(q) = C\left(\frac{1}{\sqrt{4Dt}}\right) = C^1 + a_2\left(\frac{2}{\sqrt{\pi}} \int_{-\infty}^{0} \mathrm{e}^{-\alpha^2} \mathrm{d}\alpha + \frac{2}{\sqrt{\pi}} \int_{0}^{x/\sqrt{4Dt}} \mathrm{e}^{-\alpha^2} \mathrm{d}\alpha\right) \tag{2-11}$$

将式（2-11）的最后一项定义为误差函数，有

$$\mathrm{erf}(z) = \frac{2}{\sqrt{\pi}} \int_{0}^{z} \mathrm{e}^{-\alpha^2} \mathrm{d}\alpha$$

可以看出，$\mathrm{erf}(0) = 0$，$\mathrm{erf}(\infty) = 1$，$\mathrm{erf}(-z) = -\mathrm{erf}(z)$。在使用边界条件计算出 a_2 后，可以得到扩散方程的解，即

$$C(x,t) = \frac{C^1 + C^2}{2} + \frac{C^2 - C^1}{2} \mathrm{erf}\left(\frac{x}{\sqrt{4Dt}}\right) \tag{2-12}$$

在一维、二维和三维方向的阶跃函数如图 2-14 所示。当 C 的单位是每单位长度的粒子时，式（2-12）描述了一维直线上的初始阶跃函数沿 x 的一维扩散。当 C 的单位是每单位面积的粒子

图 2-14　在一维、二维和三维方向的阶跃函数

时，它描述了二维平面中阶跃函数的一维扩散，当 C 的单位是每单位体积的粒子时，它描述了三维阶跃函数的一维扩散。

2）叠加法。假设 $h(x,t)$ 是扩散方程的解

$$\frac{\partial h}{\partial t} = D \frac{\partial^2 h}{\partial x^2}$$

边界条件和初始条件分别为

$$h(x=a,t)=A_h(t) \quad h(x=b,t)=B_h(t) \quad h(x,t=0)=I_h(x)$$

设 $q(x,t)$ 也为扩散方程的解

$$\frac{\partial q}{\partial t}=D\frac{\partial^2 q}{\partial x^2}$$

边界条件和初始条件分别为

$$q(x=a,t)=A_q(t) \quad q(x=b,t)=B_q(t) \quad q(x,t=0)=I_q(x)$$

可以很容易看出，扩散方程是一个线性二阶微分方程，因此 $p(x,t)=q(x,t)+h(x,t)$ 也是边界和初始条件的解。

$$p(x=a,t)=A_h(t)+A_q(t)$$
$$p(x=b,t)=B_h(t)+B_q(t)$$
$$p(x,t=0)=A_h(x)+A_q(x)$$

从初始局部域到无限域扩散的解可以用两个位移阶跃函数初始条件的叠加来描述，两个阶跃函数的初始状态（见图 2-15）具有误差函数解[见式（2-12）]，二者的叠加是宽度为 Δx 的局部源。两个阶跃函数为

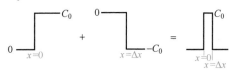

图 2-15 构建局部域的叠加法

$$C(x,t=0)=\begin{cases}0, & -\infty<x<0 \\ C_1, & 0<x<+\infty\end{cases}$$

$$C(x,t=0)=\begin{cases}0, & -\infty<x<\Delta x \\ -C_1, & \Delta x<x<+\infty\end{cases}$$

将每个方程式根据式（2-12）演化，则二者的叠加为

$$C(x,t)=\frac{C_1}{2}+\frac{C_1}{2}\frac{2}{\sqrt{\pi}}\int_0^{x/\sqrt{4Dt}}e^{-\alpha^2}d\alpha-\frac{C_1}{2}-\frac{C_1}{2}\frac{2}{\sqrt{\pi}}\int_0^{(x-\Delta x)/\sqrt{4Dt}}e^{-\alpha^2}d\alpha$$

$$=\frac{C_1}{\sqrt{\pi}}\int_{(x-\Delta x)/\sqrt{4Dt}}^{x/\sqrt{4Dt}}e^{-\alpha^2}d\alpha$$

在 Δx 比 x 小的情况下

$$C(x,t)=\frac{C_1\Delta x}{\sqrt{4\pi Dt}}e^{-x^2/(4Dt)}=\frac{n_d}{\sqrt{4\pi Dt}}e^{-x^2/(4Dt)} \tag{2-13}$$

n_d 是源强度，可以用下式表达

$$n_d=\int_{-\infty}^{\infty}C(x)dx=\int_{-\infty}^{\infty}\frac{n_d}{\sqrt{4\pi Dt}}e^{-x^2/(4Dt)}dx$$

点源扩散成线、线源扩散成面、面源扩散成体的示意图如图 2-16 所示。当 C 为单位长度内的粒子时，n_d 表示对应源中的粒子总数。当 C 为单位面积的粒子时，n_d 表示单位长度的粒子，此时式（2-13）描述了来自最初每单位长度包含 n_d 个粒子的线源在二维平面中的一维扩散。最后，当 C 具有每单位体积的粒子单位时，n_d

图 2-16 点源扩散成线、线源扩散成面、面源扩散成体的示意图

为每单位面积的颗粒单位，并且式（2-13）描述了平面源在三维空间中的一维扩散，最初每单位面积包含 n_d 个粒子。

2. 气相中的扩散

气体分子可以视为刚性球，彼此之间无分子间作用力，仅存在弹性碰撞。基于此假设，我们对以下两种情况进行探讨。

1）对于同位素在同组分理想气体中 A 的扩散，其自扩散系数为

$$D = \frac{1}{3}\lambda u$$

式中，λ 为组分 A 的平均自由程，其表达式为

$$\lambda = \frac{kT}{\sqrt{2}\,\pi\sigma_A^2 p}$$

式中，u 为组分 A 的摩尔平均速率，表达式为

$$u = \sqrt{\frac{8kNT}{\pi M_A}}$$

从而可以计算得出自扩散系数 D

$$D = \frac{2T^{3/2}}{3\pi^{3/2}\sigma_A^2 p}\left(\frac{k^3 N}{M_A}\right)^{1/2}$$

式中，k 为玻尔兹曼常数，值为 1.38×10^{-23} J/K；N 为阿伏伽德罗常数，值为 6.02×10^{23}；M_A 为组分 A 的摩尔质量（g/mol）；p 为体系中的压强（Pa）；T 是热力学温度（K）；σ_A 是球形气体分子的直径（cm）。可以发现，气体自扩散系数与压强成反比，与温度的 3/2 次方成正比。

2）对于理想的双分子混合气体，其互扩散系数 D_{AB} 表达式为

$$D_{AB} = \frac{1.8583\times10^{-3}\,T^{3/2}}{p\sigma_{AB}^2\Omega_d}\left(\frac{1}{M_A}+\frac{1}{M_B}\right)^{1/2}$$

式中，D_{AB} 的单位为 cm^2/s；σ_{AB} 为平均碰撞直径，单位为 Å（$1\text{Å}=0.1\text{nm}$）；M_A 和 M_B 分别是两种理想气体的摩尔质量，单位为 g/mol；Ω_d 为分子传质的碰撞积分，是温度以及两种分子之间势场的量纲为 1 的函数。

对于非极性气体分子的情况，碰撞积分 Ω_d 为 $kT/\varepsilon_{AB}d$ 的函数。ε_{AB} 为相互作用能量。一般纯组分的数值可用经验公式来估算，即

$$\sigma = 2.44\left(\frac{T_c}{p_c}\right)^{\frac{1}{3}}$$

$$\frac{\varepsilon_A}{k} = 0.77T_c$$

式中，T_c 为临界温度（K）；p_c 为临界压强 [atm（$1\text{atm}=101.325\text{kPa}$）]。对于非极性分子组成的二元系统，$\sigma_{AB}$ 可用经验公式进行计算，即

$$\sigma_{AB} = \frac{\sigma_A + \sigma_B}{2}$$

$$\varepsilon_{AB} = \sqrt{\varepsilon_A \varepsilon_B}$$

3. 液相中的扩散

与气体相比，液体分子间的作用力更强、密度更大，因此液体的扩散系数比气体要小几个数量级。液体中溶质的扩散系数与溶质浓度、种类、温度有关。对于不用的物质种类，有些以分子形式存在于液体中，有些以离子形式存在。因此，需要用不同的方程来表示。

对于胶体离子或大的球形分子在连续溶剂中的分子扩散，可以使用 Stokes-Einstein 方程来描述，扩散系数为

$$D_{AB} = \frac{kT}{6\pi\mu_B r}$$

式中，μ_B 为溶剂 B 的动力黏度（Pa·s）；r 为溶质的半径（m）。

Stokes-Einstein 方程的通用形式为

$$f(V) = \frac{D_{AB}\mu_B}{kT}$$

式中，$f(V)$ 为溶质分子的体积函数。根据此式，可以得到非电解质物质在无限稀溶液中扩散过程的半经验公式，即

$$D_{AB} = 7.4\times10^{-8}(\Phi_B M_B)^{1/2}\frac{T}{\mu_B V_A^{0.6}}$$

式中，V_A 为溶质在沸点时的分子体积，单位为 cm^3/mol；Φ_B 为溶剂的缔合参数，水的缔合参数为 2.6，非缔合溶剂取 1。需要注意，溶质 A 在溶剂 B 中的扩散系数和溶质 B 在溶剂 A 中的扩散系数不相等，这与气体扩散明显不同。

4. 固相中的扩散

在固相体系中，扩散是物质传递的唯一途径，这一点与液相和气相明显不同。此外，由于固体粒子间内聚力大，平衡位置能量低，平衡位置间势垒高，导致固相扩散系数较气相和液相明显降低。

（1）易位扩散　在易位扩散模型中，扩散是通过相邻原子直接调换位置的方式来实现的。两个原子直接互换位置来实现物质扩散，不可避免的需要挤压周围原子，造成较大的点阵畸变。原子以这种方式进行迁移需要很高的能垒，其实际可能性还有待实验证实。

（2）间隙扩散　间隙扩散机制适用于固溶体中间隙原子的扩散，这一扩散机制已被实验所广泛证实。固溶体中晶格点阵由尺寸较大的溶剂原子占据，而间隙原子处在点阵间隙中。固溶体中间隙原子数量较少，而间隙数很多，这就造成每个间隙原子周围都充满了间隙，构成了间隙原子扩散的结构条件。在这种条件下，当间隙原子能量较高时，就可以从初始的间隙位置跳跃到另一个间隙位置，发生间隙原子的扩散。

（3）空位扩散机制　空位扩散机制已被实验所证实，这种机制适合用于描述纯金属的自扩散以及置换固溶体中原子的扩散，有些离子化合物和氧化物中的扩散也可以用空位扩散机制来解释。与间隙固溶体不同，置换固溶体溶剂和溶质尺寸较大，原子基本不可能存在于间隙位置并通过间隙位置实现迁移，而是通过空位进行扩散。根据热力学知识可知，温度高于绝对零度不存在完美晶体，因而固溶体中存在很多空位，这为原子扩散创造了良好的条件。对空位扩散来说，空位浓度直接影响空位扩散。

2.2.3　相变动力学

1. 相变形核

相变种类有很多，液固相变均为有核相变，而固态相变则分为有核相变和无核相变两种。有核相变又分为扩散相变和无扩散相变。本小节主要讨论纳米材料中比较成熟的扩散型相变过程。

（1）均匀形核　在均匀形核时，新相晶核成分可以与母相成分相同，也可以不同。液固相变形核驱动力是两相吉布斯自由能差值，在固态相变中，形核时的弹性应变能导致形核功发生变化。设新相呈球形，半径为 r。新相形成引起吉布斯自由能的变化为

$$\Delta G = -\frac{4}{3}\pi r^3 (\Delta G_V - \Delta G_E) + 4\pi r^2 \sigma$$

式中，ΔG_V 和 ΔG_E 分别是形成新相时降低的单位体积吉布斯自由能和增加的弹性应变能，σ 为新相与母相 β 相交界面的界面能。

如用原子数 n 代替 r，则

$$\Delta G = -n(\Delta g_V - \Delta g_E) + \eta\, n^{\frac{2}{3}} \sigma$$

式中，Δg_V 和 Δg_E 分别为一个原子由母相转移到新相时降低的体积吉布斯自由能和增加的弹性应变能，η 为与新相表面积 A 有关的新相形状因子，即

$$\eta\, n^{\frac{2}{3}} = A$$

与临界半径 r^* 相对应的临界形核功为

$$\Delta G^* = \frac{16\pi\, \sigma^3}{3(\Delta G_V - \Delta G_E)^2}$$

$$r^* = \frac{2\sigma}{\Delta G_V - \Delta G_E}$$

将热力学公式 $\Delta G_V = \Delta H_{\mathrm{m}}(\Delta T / T_{\mathrm{m}})$ 代入到上二式得

$$\Delta G^* = \frac{16\pi\, \sigma^3}{3\left(\Delta H_{\mathrm{m}}\dfrac{\Delta T}{T_0} - \Delta G_E\right)^2}$$

$$r^* = \frac{2\sigma}{\Delta H_{\mathrm{m}}\dfrac{\Delta T}{T_0} - \Delta G_E}$$

接下来介绍相变形核动力学。

单位时间单位体积母相中形成的新相晶核数称为形核率，通常以 I 表示。设 ΔG_n^0 为标准态时在母相中形成一个包含 n 个原子的新相核胚时吉布斯自由能变化值，N 为单位体积母相的原子数，则在平衡状态下原子数为 n 的核胚浓度 C_n 为

$$C_n = N \exp\left(\frac{-\Delta G_n^0}{kT}\right)$$

式中，ΔG_n^0 和 C_n 随 n 变化而变化。当 $n = n^*$ 时，ΔG_n^0 达最大值，n^* 为临界晶核所含原子数，对应于临界晶核尺寸 r^*。当 $n < n^*$ 时，核胚不稳定，核胚原子数会自发减少；当 $n > n^*$ 时，

核胚也是不稳定的，一旦形成，会成为晶核而不断长大，直至长为晶粒。临界核胚的平衡浓度 C_n^* 为

$$C_n^* = N\exp\left(\frac{-\Delta G^*}{kT}\right)$$

式中，ΔG^* 为临界形核功。

为使具有临界尺寸的核胚成为晶核，必须至少有一个原子进入核胚，使之成为 $n = n^* + 1$。设单个原子进入具有临界尺寸的核胚频率为 ω，则形核率 I 应为

$$I = \omega\, C_n^*$$

ω 与新相核胚界面紧邻的母相原子数 S、母相原子的振动频率 v、母相原子跳向新相核胚的概率 f 以及跳向新相核胚的母相原子又因弹性碰撞而跳回母相的概率 P 等成正比。此外在跳跃时，母相原子还要克服高度为 Q 的势垒，因此还与 $\exp(-Q/kT)$ 成正比，可以得出

$$\omega = vSfP\exp\left(\frac{-Q}{kT}\right)$$

由此可以得出相变形核动力学方程。

$$I = vSfN\exp\left(\frac{-Q + G^*}{kT}\right) \tag{2-14}$$

式（2-14）中的形核率是平衡形核率，实际上晶核的形成是一个动态过程。临界核胚得到原子成为晶核而使临界核胚浓度下降，同时又不断通过热激活形成新的临界核胚。

（2）非均匀形核　在溶体和固体中，通常存在着各种缺陷，如晶界、层错、位错、空位等。若在缺陷处形核，随着晶核形成，缺陷消失，缺陷释放能量供新相形核，使临界形核功下降，则形核变得更容易。所以大多数新相晶核将在晶体缺陷处形成，即相变为不均匀形核。

设缺陷消失提供的能量为 ΔG_d，则吉布斯自由能变化值为

$$\Delta G = -V(\Delta G_V - \Delta G_E) + \Delta G_s - \Delta G_d \tag{2-15}$$

下面讨论晶体缺陷处的形核。固溶体一般都是多晶体，两相邻晶粒间的交接面称为晶界。按相邻晶界的晶体取向不同，晶界可分为大角度晶界和小角度晶界。以大角度晶界为例，按提供能量大小考虑，可以分为三种不同的晶界形核位置：两个相邻晶粒的交界面，即界面；三个相邻界面相交而成的界棱；四根界棱相交而成的界偶。

1）界面形核。设 α 为母相、β 为新相，两个 α 相晶粒之间的界面为大角度界面，界面能为 $\sigma_{\alpha\alpha}$。新相 β 的晶核在此界面上形成，并设 α/β 界面为非共格界面，界面能 $\sigma_{\alpha\beta}$ 为各向异性，因此 α/β 界面呈球面。曲率半径为 r，θ 为接触角。界面形核示意图如图 2-17 所示。α/α 界面与两个 α/β 界面处于平衡，有

$$\sigma_{\alpha\alpha} = 2\sigma_{\alpha\beta}\cos\theta$$

新形成的 α/β 界面面积为 $S_{\alpha\beta}$，因 β 相晶核形成而消失的 α/α 界面的面积为 $S_{\alpha\alpha}$，则有

$$\Delta G_s = S_{\alpha\beta}\sigma_{\alpha\beta} \quad \Delta G_d = S_{\alpha\alpha}\sigma_{\alpha\alpha}$$

带入到式（2-15），得

$$\Delta G = -V(\Delta G_V - \Delta G_E) + S_{\alpha\beta}\sigma_{\alpha\beta} - S_{\alpha\alpha}\sigma_{\alpha\alpha}$$

与临界半径 r^* 相对应的临界形核功为

$$r^* = \frac{2\sigma_{\alpha\beta}}{\Delta G_V - \Delta G_E}$$

$$\Delta G^* = \Delta G_{\mathrm{m}}^* f(\theta)$$

其中

$$f(\theta) = \frac{1}{4}(2+\cos\theta)(1-\cos\theta)^2$$

令

$$\delta_{\beta} = 2\pi \frac{(2+\cos\theta)(1-\cos\theta)^2}{3} = \frac{8\pi}{3} f(\theta)$$

则有

$$\frac{\Delta G^*}{\Delta G_{\mathrm{m}}^*} = \frac{3}{8\pi}\delta_{\beta}$$

式中，ΔG_{m}^* 为均匀形核时的临界形核功；$f(\theta)$ 为接触角因子；δ_{β} 为体积形状因子。

2）界棱形核。界棱形核示意图如图 2-18 所示。当有三个相邻的 α 晶粒时，每两个晶粒之间有一个界面，三个界面相交形成界棱。在界棱上形成 β 相晶核，则晶核由三个球面组成。三个球面的半径为 r，接触角为 θ。

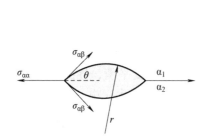

图 2-17　界面形核示意图

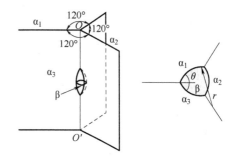

图 2-18　界棱形核示意图

依照界面形核的处理方法可得

$$\frac{\Delta G^*}{\Delta G_{\mathrm{m}}^*} = \frac{3}{8\pi}\delta_{\beta}$$

式中，

$$\delta_{\beta} = 2\left[\pi - \arcsin\left(\frac{1}{2}\cos\theta\right) + \frac{1}{3}\cos^2\theta(4\sin^2\theta-1)^{\frac{1}{2}} - \arccos\left(\frac{1}{\sqrt{3}}\cot\theta\cos\theta(3-\cos^2\theta)\right)\right]$$

由此可见，界棱形核与界面形核一样，不改变临界晶核半径，但是临界形核功下降，其值与 θ 有关。

3）界偶形核。四个相邻的 α 晶粒中，每三个晶粒之间有一条界棱，四根界棱相交形成一个界偶。在界偶处可以形成由四个半径为 r 球面组成的棕子形 β 晶核，接触角为 θ。这样有

$$r^* = \frac{2\sigma_{\alpha\beta}}{\Delta G_V - \Delta G_E}$$

$$\frac{\Delta G^*}{\Delta G_m^*}=\frac{3}{8\pi}\delta_\beta$$

式中,

$$\delta_\beta = 8\left\{\frac{\pi}{3}-\arccos\left[\frac{\sqrt{2}-\cos\left(3-C^2\right)^{\frac{1}{2}}}{C\sin\theta}\right]\right\}+C\cos\left\{\left(4\sin^2\theta-C^2\right)^{\frac{1}{2}}\frac{C^2}{\sqrt{2}}\right\}-$$

$$4\frac{4\cos\theta(3-\cos^2\theta)\arccos C}{2\sin\theta}$$

则 $C=\frac{2}{3}\left\{\sqrt{2}\left(4\sin^2\theta-1\right)^{\frac{1}{2}}-\cos\theta\right\}$

由上两式可见界偶形核与界棱形核和界面形核一样,不改变临界晶核半径,但临界形核功下降,其值与 θ 有关。

2. 晶相生长

液固相变时,固态新相的长大主要是通过组元扩散溶质再分布完成的,可以是连续长大,也可以是台阶长大和二维晶核长大等。固态相变比液固相变复杂。固态相变时,新相长大是通过新相与母相的相界面迁移完成的。新相与母相的界面有共格界面、半共格界面以及非共格界面。界面两侧的新相与母相成分可以相同,也可以不同,在界面上还可能存在其他相。这使得界面迁移,即新相的长大,变得多样化。固态相变时晶相长大方式丰富多样,这里不做详细阐述,仅分析界面无其他相的成分改变,非协同型转变的新晶相长大机制。

(1) 扩散控制长大 新相与母相成分不同时,在界面上新相 β 的成分 C_β 以及与其相平衡的母相 α 成分 C_α 均可能低于或高于母相原有成分 C_0。因此在母相内部将出现浓度梯度,溶质原子在浓度梯度作用下将发生扩散,破坏界面平衡。为恢复平衡,界面将向母相推进。若新相界面容纳因子(新相接受母相转移来原子的难易程度)很大,由 α 相转变为 β 相的点阵改组极易进行,只要界面处成分满足要求,转变即可完成。此时,界面迁移主要取决于扩散过程,称为扩散控制型长大。

辛纳最先发展了扩散控制长大理论。新相与母相的界面为非共格界面。按新相形状不同,可分为片状、柱状和球状新相长大。下面主要介绍典型的片状和球状新相长大。

1) 片状新相长大。设 A、B 两组元形成如图 2-19 所示的共晶相图。成分为 C_0 的 α 固溶体在温度 T 时将析出成分为 C_β 的相,在界面处与 β 相平衡的 α 相的成分将由 C_0 降为 C_α。假设 β 沿 α/α 界面呈片状析出然后向晶内长大。如 α/β 界面为非共格界面,长大受 B 原子在 α 相中扩散控制。其中浓度 C 是指单位体积中 B 组元的质量或物质的量。

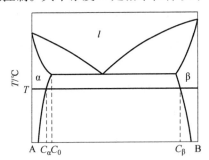
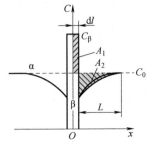

图 2-19 片状新相长大示意图

取单位面积界面，设该界面在 dt 时间内沿 x 轴向前推进 dl，则新相 β 增加的体积为 dV，新增 β 相所需的 B 组元的量 dm_1 为

$$dm_1 = (C_\beta - C_\alpha)dl$$

β 相长大所需的 B 原子由 B 原子在 α 相扩散中提供。根据菲克第一定律，界面处 α 相的 B 原子浓度梯度为 dC/dx，B 原子在 α 相中扩散系数为 D，则扩散到单位面积界面的 B 组元的量 dm_2 为

$$dm_2 = D\left(\frac{dC}{dx}\right)dt$$

因

$$dm_1 = dm_2$$

$$(C_\beta - C_\alpha)dl = D\left(\frac{dC}{dx}\right)dt$$

可得界面移动速度 v 为

$$v = \frac{dl}{dt} = \frac{D}{C_\beta - C_\alpha}\left(\frac{dC}{dx}\right)$$

在 α 相内部，B 组元浓度变化可以近似一直线，即

$$\frac{dC}{dx} = \frac{C_0 - C_\alpha}{L}$$

得

$$v = \frac{D(C_0 - C_\alpha)}{L(C_\beta - C_\alpha)} \tag{2-16}$$

β 相为垂直于纸面的薄片，并沿垂直于薄片的 x 方向长大，因此 x 轴上的距离可以代表体积大小，浓度 C 与长度 x 的乘积即代表溶质的量，面积 A_1 和 A_2 是组元 B 的量，面积 A_1 相当于新形成 β 相所增加 B 组元的量，面积 A_2 相当于 β 相形成后剩余的 α 相中失去组元 B 的量，二者相等。

$$A_1 = A_2$$

$$(C_\beta - C_0)l = \frac{L}{2}(C_0 - C_\alpha)$$

$$L = \frac{2(C_\beta - C_0)}{C_0 - C_\alpha}l$$

$$v = \frac{D(C_0 - C_\alpha)^2}{2(C_\beta - C_\alpha)(C_\beta - C_0)l}$$

若 $C_\beta \gg C_0$，$C_\beta \gg C_\alpha$，且 $C_\alpha \approx C_0$，则 $C_\beta - C_\alpha \approx C_\beta - C_0$，上式可简化为

$$v = \frac{D(C_0 - C_\alpha)^2}{2l(C_\beta - C_\alpha)^2} = \frac{dl}{dt}$$

积分得

$$l = \frac{C_0 - C_\alpha}{C_\beta - C_\alpha}D^{1/2}t^{1/2}$$

由此得出

$$v = \frac{C_0 - C_\alpha}{2(C_\beta - C_\alpha)}\sqrt{\frac{D}{t}}$$

上式表明，新相生长的厚度 l 与 $D^{1/2}t^{1/2}$ 成正比，长大速度 v 与 $(D/t)^{1/2}$ 成正比。新相生长速度不是恒定的，而是随时间延长，新相厚度增加速度不断变慢。以上结果是由菲克第一定律推导的，溶质原子浓度扩散是近似的、偏低的。更加准确的结果可由菲克第二定律求解，这里不做详细推导。

2）**球状新相长大**，其示意如图 2-20 所示。均匀形核连续脱溶时，新相呈球形。例如，铝合金时效时析出的第二相和高合金钢淬火后回火析出的细小碳化物就属于此类情况。

设球状新相 β 的半径为 r_1，成分为 C_β。母相 α 原始成分为 C_α，β 界面处 α 相成分为 C_α。$C_0 > C_\alpha$，出现浓度梯度，使溶质原子由四周向球状新相扩散，使新相不断长大。如以新相中心为圆心，贫化区半径为 r_2，当母相过饱和度（$C_0 - C_\alpha$）不大时，可以将向圆心的径向扩散看成稳态扩散，则通过不同半径 r 的球面扩散量为一常数，即

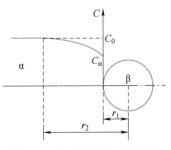

图 2-20　球状新相长大示意图

$$\frac{\mathrm{d}m_1}{\mathrm{d}t} = -D4\pi r^2 \frac{\mathrm{d}C}{\mathrm{d}r}$$

$$\frac{\mathrm{d}m_1}{\mathrm{d}t}\frac{\mathrm{d}r}{r^2} = -D4\pi \mathrm{d}C$$

设扩散系数 D 为常数，可得

$$\frac{\mathrm{d}m_1}{\mathrm{d}t} = -4\pi r_2 r_1 D \frac{C_0 - C_\alpha}{r_2 - r_1}$$

r_1 远小于 r_2，

$$\frac{\mathrm{d}m_1}{\mathrm{d}t} = -4\pi r_1 D(C_0 - C_\alpha)$$

设在 $\mathrm{d}t$ 时间内，β 相半径增加 $\mathrm{d}r$，需要溶质原子的量 $\mathrm{d}m_2$ 为

$$\mathrm{d}m_2 = -4\pi r_1(C_\beta - C_\alpha)\mathrm{d}r$$

$$4\pi r_1 D(C_0 - C_\alpha)\mathrm{d}t = 4\pi r_1(C_\beta - C_\alpha)\mathrm{d}r$$

可解得 α/β 界面移动速度 v 为

$$v = \frac{\mathrm{d}r}{\mathrm{d}t} = \frac{D(C_0 - C_\alpha)}{r_1(C_\beta - C_\alpha)}$$

由上式可知，当扩散系数恒定时，界面移动速度 v 与 β 相半径 r_1 成反比，即随着 β 相半径增大，新相长大速度不断降低。

（2）**界面反应速度控制长大**　如新相与母相的界面为共格或半共格界面，界面容纳因子 A 很小，则界面很难移动，只有靠台阶才能迁移。但是由于新相与母相成分不同，所以台阶移动需要溶质长距离扩散。

通过台阶移动的新相长大类似于片状新相断面长大，所以可以把台阶近似地看成如图 2-21 所示的向前伸展的薄片，不同的是扩散原子仅来自一侧，只相当于图示薄片的一半。台阶高

度为 h，侧面是半径为 $r(r=h)$ 的曲面。设 α 母相原始浓度为 C，母相原始浓度为 C_0，β 新相浓度为 C_β，台阶侧面 α 相浓度为 C_α，侧面向前移动的速度为 ω，得

$$\omega = \frac{D[C_0 - C_\alpha(r)]}{Ch[C_\beta - C_\alpha(r)]}$$

设相邻台阶平均间距为 λ，因此有

$$v = \frac{h}{\lambda}\omega = \frac{D[C_0 - C_\alpha(r)]}{C\lambda[C_\beta - C_\alpha(r)]}$$

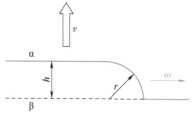

图 2-21　与扩散有关的台阶长大

琼斯和特利维迪导出了更严格的解，即

$$v = \frac{2D}{\lambda}P$$

式中，P 为无量纲参数，是过饱和度 $(C_0 - C_\alpha)/(C_\beta - C_\alpha)$ 以及界面容纳 A 原子有关系数 q 的函数。P 随过饱和度以及系数 q 的增加而增加。$q = \infty$ 时，v 由长程扩散控制；q 值小时，v 由界面过程控制。

3. 晶相转变

晶相发生转变时，母相减少、新相生长，根据晶相形核率 I 与线生长速度 v 推算母相—新相的转变动力学，即新相体积分数 φ 与时间 t 的关系。因 I 与 v 不一定是常数（与时间有关），所以 φ 和 t 的关系比较复杂。

（1）约森-梅耳方程　约森-梅耳最先推导出 I 与 v 为常数时，φ 和 t 的关系，称为约森-梅耳方程。

假设 I 和 v 与时间无关，在恒温转变过程中均为常数，且新相为球形。在时间 t_1 形成晶核长大到 t 时的体积 V 为

$$V = \frac{4}{3}\pi v^3 (t - t_1)^3$$

该式仅当独立形成的核在长大过程中不与其他新相晶粒发生重叠时才能成立。

当时间为 t 时，形成新相的体积分数为 φ，则在 $\mathrm{d}t$ 时间内形成的新相晶核数 $\mathrm{d}n$ 为

$$\mathrm{d}n = I(1 - \varphi)\mathrm{d}t$$

式中，$\mathrm{d}n$ 为真实晶核数；$I\mathrm{d}t$ 为假想晶核数；$I\varphi\mathrm{d}t$ 为虚拟晶核数。

若不考虑相邻新相的重叠，也不扣除虚拟晶核数，则转变所得新相体积分数 φ_x 为

$$\varphi_x = I\int_0^t V\mathrm{d}t = \frac{\pi}{3}Iv^3 t^3$$

此式仅适用于相转变初期，此时 φ 很小，虚拟晶核数可以忽略不计，相邻新相晶粒也不大可能相遇而发生重叠。但随着生长时间延长，虚拟晶核数增多，不可忽略不计，某些相邻新相晶粒可能已发生重叠。

为求 φ，可做如下考虑，任选一小区域，从统计角度看，该小区域落入转变区域的分数应等于未转变部分的分数 $(1-\varphi)$。如转变在该小区域发生，转变的结果将使 φ 增为 $(\varphi + \mathrm{d}\varphi)$，$\varphi_x$ 增为 $(\varphi_x + \mathrm{d}\varphi_x)$。显然 $\mathrm{d}\varphi$ 正比于 $(1-\varphi)$，而 $\mathrm{d}\varphi_x$ 与 φ 无关，因此有

$$\frac{\mathrm{d}\varphi}{\mathrm{d}\varphi_x} = \frac{1 - \varphi}{1}$$

可解得

$$\varphi_x = \int \mathrm{d}\varphi_x = \int_0^\varphi \frac{\mathrm{d}\varphi}{1-\varphi} = -\ln(1-\varphi) = \frac{\pi}{3}Iv^3t^3$$

$$\varphi = 1-\exp\left(-\frac{\pi}{3}Iv^3t^3\right)$$

式中，φ 和 t 的关系即为约森-梅耳方程。

（2）阿佛拉米方程　从前面推导中可以看出约森-梅耳方程仅适于形核率 I 和线生长速度 v 为常数的扩散型相变过程。对于均匀形核，其形核率为常数，对于界面控制长大过程，其长大的线生长速度也为常数，对于这样的相变，约森-梅耳方程可直接使用。

当 I 与 v 不为常数，而是随时间变化时，如以扩散速度控制的长大，约森-梅耳方程不能直接使用，应进行如下的修正，即

$$\varphi = 1-\exp(-bt^n)$$

上式为阿佛拉米（Avrami）方程，其中，系数 b 和 n 取决于 I 和 v。

对于约森-梅耳方程，阿佛拉米方程参数为

$$b = \frac{\pi}{3}Iv^3, \quad n = 4$$

凯恩讨论了晶体形核，其中包括界面、界棱以及界偶形核时的阿佛拉米方程形式。如果母相晶粒不太小，晶界形核很快达到饱和，假定晶核形成后以恒速长大，即 v 为常数，则形核的位置饱和后，转变过程仅由长大控制，由 I 已降为 0，此时阿佛拉米方程分别为

$$\varphi = 1-\exp(-2Avt), \quad 界面形核$$

$$\varphi = 1-\exp(-\pi Lv^2t^2), \quad 界棱形核$$

$$\varphi = 1-\exp\left(-\frac{4\pi}{3}Cv^3t^3\right), \quad 界偶形核$$

式中，A、L、C 分别为单位体积体系中界面面积、界棱长度以及界偶数。若母相晶粒直径为 D，则 $A = 3.35D^{-1}$，$L = 8.5D^{-2}$，$C = 12D^{-3}$

需要特别强调的是，约森-梅耳方程和阿佛拉米方程都仅适于扩散型转变的等温转变过程。

因相变类型较多，针对每种相变需要应用相应的相变机制来说明，所以对于每一种相变，其动力学是不同的，同时不同条件下也存在不同的动力学机制。而对有些相变，其动力学机制还不清楚，需要进一步研究。

第 3 章

纳米材料的气相法制备

当今科技迅猛发展，纳米材料以其独特的物理、化学和生物特性，在众多领域展现出了巨大的应用潜力。纳米材料的制备技术成为了研究的热点，其中气相法作为一种高效、可控的制备手段，受到了广泛关注。本章将深入探讨纳米材料的气相法制备技术，包括物理气相沉积和化学气相沉积两大类，旨在为读者提供一个全面的技术概览，并使他们对该技术有深入的理解。

物理气相沉积（PVD）技术是利用物理方法将材料从固态转变为气态，然后在基底上重新沉积形成薄膜的一种技术。PVD 技术具有沉积速度快、膜层均匀性好、可控性强等优点，广泛应用于电子、光学、装饰和保护涂层等领域。本章首先介绍了几种常见的 PVD 技术，包括真空蒸发镀、离子镀、溅射镀、离子束增强沉积、电火花沉积以及多层喷射沉积技术。这些技术各有特点，适用于不同的工业应用和研究领域。

化学气相沉积（CVD）技术则是通过化学反应的方式，在基底表面沉积材料，形成薄膜或粉末。CVD 技术能够制备出纯度高、结构均匀、性能优异的纳米材料，是制备先进材料的重要手段。本章详细讨论了几种 CVD 技术，包括常压化学气相沉积、低压化学气相沉积、热化学气相沉积、激光化学气相沉积、等离子增强化学气相沉积以及金属有机化合物化学气相沉积技术。这些技术在纳米材料的合成中扮演着关键角色，不仅能够制备出传统材料难以达到的高性能的材料，还能够实现材料的微观结构和形貌的精确控制。

随着纳米技术的不断进步，气相法制备技术也在不断地发展和完善。从简单的真空蒸发到复杂的等离子增强化学气相沉积，每一种技术的进步都为纳米材料的制备提供了更多的可能性。这些技术能够带来更多创新的纳米材料，为科技的发展贡献新的力量。

3.1 物理气相沉积

物理气相沉积（PVD）是指在真空或低压气体放电条件下，利用物理方法将物质源蒸发或溅射成气态原子或分子后，在基体表面生成与基体材料性能不同的新的固态物质涂层。**物理气相沉积通常包含三个工艺步骤：①将物质源（靶材）以物理方法由固体或液体转换为气体；②物质源材料的蒸气经过一个低压区域到达衬底；③蒸气在基体表面凝结，形成薄膜。**

PVD 技术最早出现于 20 世纪初，并于 20 世纪 70 年代末得到了迅速发展，成为一门极具广阔应用前景的新技术。PVD 技术最早主要用于制备具有高硬度、低摩擦系数以及具有良好耐磨性和化学稳定性的薄膜材料，并应用于半导体工业和航天航空等特殊领域。随着离子镀和溅射镀的相继发明，PVD 工艺技术和设备水平得到了快速发展，其使用范围不断扩大，不再局限于过去的硬质合金材料，逐渐实现了 PVD 技术对氮化物、氧化物和碳化物等中、低合金结构的拓展。降低沉积的基体温度是提高沉积层性能的一个主要技术问题，采用磁控溅射技术可以在 350℃ 实现 TiN 的沉积，采用非平衡磁控溅射沉积多层 TiN-CrAlN 和 CrN-CrAlN 复合涂层可以将温度降到 200℃。根据制件的要求，沉积温度最低可降低到小于 70℃，扩大了镀层的可使用范围。此外，发展新型镀层或复合镀层是改善 PVD 沉积层性能的重要发展方向。

20 世纪 90 年代以来，各个国家对物理气相沉积的研究越来越重视，涂层逐渐向新的金属陶瓷硬质涂层、多元复合涂层、多层复合涂层、纳米复合涂层、纳米晶-非晶复合涂层和非金属超硬涂层方向发展，大大提高了沉积涂层的性能。到 20 世纪 90 年代末，一些发达国家的 PVD 涂层在刀具应用领域超过了 80%，并涉及汽车零部件、航天航空零部件和防腐饰件等领域。纳米材料具有独特的量子尺寸效应、体积效应和表面效应，因而使材料的光、电、磁和力学性能产生惊人的变化。例如，把 TiN 和 AlN 涂层交互重叠达到 2000 层，每层的厚度为 1~2nm，大大提高了涂层材料的抗高温磨损和氧化性能，使具有该纳米涂层的刀具的使用寿命提高了 3 倍以上。将纳米尺度的过渡金属的氮化物微细晶粒嵌入另一种非晶中，可以大幅提高涂层的硬度，其可承受超过 40GPa 压强。

按照沉积时物理机制的不同，物理气相沉积技术一般分为真空蒸发镀（vapor evaporation）、离子镀（ion plating）和溅射镀（vapor sputtering）。真空蒸发镀是应用最早的 PVD 技术，是指在真空室中，加热蒸发容器中的靶材，使其原子或分子在表面气化逸出，形成蒸气流并入射到基底材料表面形成固态薄膜，在光学以及半导体领域具有重要的作用。溅射镀是指用荷能粒子轰击物体，从而引起物体表面原子从靶材中逸出，并最终在基底材料表面重新沉积凝聚形成薄膜。离子镀是在真空蒸发镀和溅射镀的基础上发展起来的新技术，将各种气体以放电方式引入气相沉积领域，整个气相沉积过程都在等离子体中进行，大大提高了膜层离子能量，可以获得具有优异性能的薄膜。近年来，薄膜技术和薄膜材料的发展突飞猛进，在原有基础上又相继出现了离子束增强沉积（ion-beam-enhanced deposition）技术、电火花沉积（electron spark deposition）技术、电子束物理气相沉积（electron beam-PVD）技术和多层喷射沉积（multi-layer spray deposition）技术等。

3.1.1 真空蒸发镀技术

真空蒸发镀技术可以在真空环境中通过物理方式将材料转换成气态并沉积到基片上形成薄膜，也可以获得金属蒸气乃至纳米颗粒结晶。后者也被称为金属蒸气颗粒结晶法。真空蒸发镀技术的基本原理是将目标物质从固体或液体状态转化为气态原子或分子，这个过程通常通过加热实现。在真空环境中，由于空气阻力小，气化后的物质能直接向基片表面移动，并在其上凝结、形核并生长成连续的薄膜。该过程包括几个步骤：将基片放入真空室内，以电阻、电子束、激光等方法加热膜料，使膜料蒸发或升华，汽化为具有一定能量（0.1~0.3eV）的粒子（原子、分子或原子团）；气态粒子以基本无碰撞的直线运动飞速传送至基片，到达基片表面的粒子一部分被反射，另一部分吸附在基片上并发生表面扩散，沉积原子之间产生二维碰撞，形成簇团，有的可能在表面短时停留后又蒸发；粒子簇团不断地与扩散粒子相碰撞，或吸附单粒子，或放出单粒子。此过程反复进行，当聚集的粒子数超过某一临界值时就变为稳定的核，再继续吸附扩散粒子而逐步长大，最终通过相邻稳定核的接触、合并，形成连续薄膜。简而言之，蒸发或升华成气态粒子、气态粒子传输至基片、在基片上形核长大成薄膜以及可能的重构或化学键合。

金属蒸气颗粒结晶法制备纳米颗粒的基本过程是：将金属原料置于真空室电极处的电阻发热体中，真空室抽空（真空度 10^{-3} Pa）或导入一定氛压的氢气或不活泼性气体，然后像通常的真空蒸发那样，加热发热体使得金属蒸发。金属蒸气通过凝聚，形成纳米金属颗粒沉积于真空室的内壁上。

利用金属蒸气颗粒结晶法可制备大多数的金属纳米颗粒。实验研究发现形成的金属纳米颗粒尺寸与通入的氩气的气压有直接的关系。实验证实，随着蒸发室压力的下降，所有生成的纳米颗粒的粒径都变小，但在非常低的气压下，和真空镀膜一样，沉积的金属颗粒将在真空室的壁上形成薄膜。蒸发室气压太高时，也将不利于形成金属纳米颗粒。

金属蒸气颗粒结晶法不只限于单纯地制备纯金属的纳米颗粒，同样可以制备各类合金、氧化物、碳化物等多种纳米颗粒。由于制备原理都是在惰性气体中使物质加热蒸发，蒸发的物质蒸气在气体中冷却凝结，最后形成烟雾状物的各类纳米颗粒。因此，金属蒸气颗粒结晶法通常又称为气体蒸发法。

最常用的发热方法为电阻发热法，电阻发热体在很多情况下被做成螺旋纤维或者舟状。发热体材料除了钨（W）丝以外，被用来对原料进行加热的常用的发热体材料还有钼（Mo）、钽（Ta）。但实际上，蒸发原料对用什么发热体材料进行加热是有选择的，有这样两种情况不能使用这种方法进行加热和蒸发：①发热体与蒸发原料在高温熔融后会形成合金；②蒸发原料的蒸发温度高于发热体的软化温度。目前使用上述发热体材料进行加热和蒸发的主要是 Ag、Al、Cu、Au 等低熔点金属。

对发热体经过处理可以扩大电阻发热法的适用范围。电阻发热体是用 Al_2O_3 等耐高温材料包覆钨丝，所以熔化了的蒸发材料不与高温的发热体直接接触，可以在加热了的氧化铝层面上进行具有更高熔点（熔点在 1500℃ 左右）的 Fe、Ni 等金属的蒸发。

系统中只有单一发热体的，其发热功率在 1.5kW 左右，经处理的发热体所需的功率要大些。在一次蒸发中，能置放的原料的量因发热体形式而不尽相同，有的仅需数克。当然在蒸发后从容器内壁等处所能回收的纳米微粒会更少，仅数十毫克。如果需要更多的纳米微粒，可以进行多次蒸发获得。因此，这种方法比较适用于研究中的纳米微粒制备。由于这种方法所用的实验设备比较简单，对于刚开展纳米微粒的研究工作来说，还是非常实用的。

一种制备 SiC 的纳米颗粒的装置将加热材料做成棒状进行热蒸发。蒸发室内的气氛压力与普通气体蒸发时的 Ar 气或者 He 气的压力相同（1~10kPa）。将棒状的碳电极压在块状的Si（蒸发材料）上，通上电流。在低温条件下，Si 的电阻较大，并不导电，因此需对其预先加热，等 Si 板温度上升后，电阻下降，电流就导通了。这样，再通上数百安培的交流电流，随通电时间变长，碳电极由红热变成白热。这时与碳棒接触并受压的 Si 部分熔化，沿碳棒表面向上爬升。当碳棒的温度上升到了 2200℃ 以上，会发出很大烟雾。随着碳棒上所加的电流增加，发生的烟雾也变浓。

在 Ar 气（400Pa）中，若通电电流为 400A，则大约能够以 0.5g/min 的速度回收 SiC 纳米微粒。使用 Ar 或 He 等不同的惰性气体会使 SiC 纳米颗粒的性状出现差别。使用 Ar 气，一般主要形成较大颗粒，具有一定结晶习性。使用 He 气，形成的颗粒较小多呈球形。由于蒸气压差的关系，在 SiC 中可能会混有一部分 Si，其含量比例与蒸发温度有关。

用这种热蒸发方法除了可以制备 SiC 外，还可以制备 Cr、Ti、V、Zr 的结晶性碳化物纳米颗粒。对于 Hf、Mo、Nb、Ta 和 W 等高熔点金属只制备出了非晶质的纳米微粒。这可能是由于高熔点材料的熔点比碳棒（电极）要高，在还没有完全熔化时就发烟，于是非晶态的碳纳米颗粒就混到了里面。

另一种制备纳米颗粒的方法为流动油面上的真空蒸法沉积（VEROS），流动油面上的真空蒸法沉积制备纳米颗粒的方法是将所需的物质在真空中连续地蒸发，并沉积到流动着的油质液面上，然后把含有纳米颗粒的油回收到贮存器内，再经过真空蒸馏和浓缩的过程，这样能够在短时间制备大量纳米颗粒。

在高真空条件下用电子束加热原料，并使其蒸发。通常情况下，在高真空条件下蒸发的物质，首先在基板上形成一种粒度与纳米颗粒差不多的均匀附着物。随着沉积继续，这些附着物将连成一片，形成薄膜，最后生长成厚膜。这是高真空条件下蒸发物质的普遍现象。而 VEROS 法的关键是在成膜前利用流动油面在非常短的时间内将纳米颗粒加以收集。在蒸发沉积开始的时候就将上部的挡板打开，让蒸发物沉积在旋转圆盘的下表面。由该盘的中心向下表面提供的油，在圆盘旋转的离心力作用下，沿下表面形成一层很薄的流动油膜，然后被甩在容器侧壁上，由此，实现了纳米颗粒的制备。

这里使用的油主要是低蒸气压的硅油等。旋转圆盘的转速一般在 $200 \sim 400 r/min$ 的范围内。进入到油膜中的纳米颗粒，由蒸发室侧面的容器回收，油中的纳米微粒含量不高，需将回收的油再经真空蒸馏，进行浓缩，而成为含有较高纳米颗粒浓度的油浆。采用这一方法可制备出 Ag、Au、Pd、Cu、Fe、Ni、Al、Co 以及 In 等多种纳米微粒。

用这种方法制备的纳米颗粒的大小可以通过调节蒸发条件来进行控制。加大蒸发速率和油的黏度以及减小旋转圆盘的转速都会使制备的纳米颗粒的尺寸变大。另外，如果对油中的纳米微粒采用保温（在 $100 \sim 150 ℃$ 范围内）等手段进行适当的热处理，也可以起到调整颗粒大小的作用。

普通气体蒸发法很难制备纳米颗粒，且颗粒粒径分布范围必然较广。采用 VEROS 法制备纳米颗粒的好处是可以得到平均颗粒粒径小于 10nm 的各类金属纳米颗粒，粒度整齐，颗粒分布范围比较集中，而且彼此相互独立地分散于油介质中，是大量制备纳米颗粒和防止颗粒团聚的好办法，但是 VEROS 法制备的颗粒太细，所以从油中分离这些颗粒具有一定的难度。

3.1.2 离子镀技术

离子镀是在真空条件下，利用气体放电使气体或被蒸发物部分离化，产生离子轰击效应，最终将蒸发物或反应物沉积在基片上。离子镀集气体辉光放电、等离子体技术、真空蒸发技术于一身，大大改善了薄膜的性能。离子镀不仅兼有真空蒸发镀和溅射镀的优点，而且还具有其他独特优点，如所镀薄膜与基片结合好、到达基片的沉积粒子绕射性好、可用于镀膜的材料广泛等。此外，离子镀沉积率高，镀膜前对镀件清洗工序简单，且对环境无污染，因此，离子镀技术已得到迅速发展。

1. 离子镀的原理与特点

离子镀技术最早是 Mattox 研制开发出来的。真空室的背景压强一般为 10^{-7} Torr（1Torr =

133.322Pa)，工作气体压强在 $10^{-2} \sim 10^{-1}$ Torr 之间，坩埚或灯丝作为阳极，基片作为阴极。当基片加上负高压时，在坩埚和基片之间便产生辉光放电。离化的惰性气体离子被电场加速并轰击基片表面，从而实现基片的表面清洗。完成基片表面清洗后，开始离子镀膜。首先使待镀材料在坩埚中加热并蒸发，蒸发原子进入等离子体区与离化的惰性气体以及电子发生碰撞，产生离化，离化的蒸气离子受到电场的加速，最终打到基片上形成膜。

在离子镀技术中，蒸气可以通过蒸发过程得到，也可以通过溅射方法获得。有时，在辉光放电环境下，蒸气被用于薄膜生长前或生长过程中的基片清洗。

有各种各样的蒸发源用来提供所要沉积的蒸气粒子，每一种蒸发源都有自己的优点和缺点。通常所使用的电阻式加热盘或丝是难熔金属 W 或 Mo，所待镀的材料一般局限于低熔点的金属元素。闪烁瞬间蒸发也被成功地应用于合金和化合物的离子镀。使用电子束加热技术，可以以较高的蒸发率沉积难熔金属（高熔点）。溅射靶材也可用于离子镀的待镀材料，即从固态靶中溅射出来的原子和离子可以形成膜。

离子镀技术已被应用于沉积金属、合金和化合物，所用的基片材料有各种尺寸和形状的金属、绝缘体和有机物，包括螺钉和轴承。许多实际应用显示，离子镀技术较其他传统沉积技术具有明显的优势，特别在改善与基片的结合性能、抗腐蚀、电接触等方面的优势更加明显。

离子轰击在离子镀膜过程中起到非常重要的作用。首先，离子对基片表面的轰击将对基片产生如下重要影响：

1）离子轰击对基片表面起到溅射清洗作用。在离子轰击基片表面时，不仅能消除基片表面的氧化物污染层，而且，也可能与基片表面粒子发生化学反应，形成易挥发或更易被溅射的产物，从而发生化学溅射。

2）离子轰击会使基片表面产生缺陷。如果入射离子传递给靶原子的能量足以使其离开原来位置并迁移到间隙位置，就会形成基片的空位和间隙原子等缺陷。

3）离子轰击有可能导致基片结晶结构遭到破坏。如果离子轰击产生的缺陷达到一定程度并相对稳定时，则基片表面的晶体结构将会遭到破坏而变成非晶态结构。

4）离子轰击会使基片表面形貌发生变化。无论基片是晶体还是非晶体，离子的轰击都将使表面形貌发生很大变化，变化的结果可能使表面变得更加粗糙，也可能使表面变得光滑。

5）离子轰击可能造成气体在基片表面渗入，同时，离子轰击的加热作用也会引起渗入气体的释放。

6）离子轰击会导致基片表面温度升高，形成表面热。

7）离子轰击有可能导致基片表面化学成分的变化。对于多组分基片材料来说，某些元素组分的择优溅射会造成基片表面成分与基片整体材料成分不同。

其次，离子轰击也对基片-膜层所形成的界面产生重要的影响，具体如下：

1）离子轰击会在膜层-基片所形成的界面形成"伪扩散层"，这一"伪扩散层"是基片元素和膜材元素物理混合所导致的。

2）离子轰击会使表面偏析作用加强，从而增强沉积原子与基片原子的相互扩散。

3）离子轰击会使沉积原子和表面发生较强的反应，使其不仅在表面的活动受到限制，而且成核密度增加，能促进连续膜的形成。

4）离子轰击会优先清洗掉松散结合的界面原子，使界面变得更加致密、结合更加牢固。

5）离子轰击可以大幅改善基片表面覆盖度，增加绕射性。

最后，离子轰击对薄膜生长过程也有较大的影响，具体如下：

1）离子轰击能避免柱状晶结构的形成。

2）离子轰击往往会增加膜层内应力。

离子镀膜过程中，离子轰击通过强迫原子处于非平衡位置从而增加应力，但也可以通过增强扩散和再结晶等应力释放过程降低应力。

2. 离子镀类型

（1）三极离子镀　提高直流二极放电效率的方法有很多。在离子镀技术中，可以使离化率增加且工作压降低，其方法是在基片和蒸发源之间加入一阳极形成三极组态。这一装置类似于三极溅射，尽管在三极溅射中是靶施加负偏压而不是样品。研究发现正偏压第三极的电势 V 对放电电流密度 I_D 和对离子能量分布存在影响，I_D 随 V 的增加可以定性地由考虑第三极产生俘获电子的位阱来解释。由于电子在此位阱振动，有效电子路径增长，因此增加了离化率，离子数的增加使低压强下的放电电流增大，第三极偏压使暗区长度减小，离子打到基片的平均能量也增加。

此外，离子助激光沉积可以制备高温超导薄膜。沉积是在真空度为 10^{-6}Torr 的真空室内进行的，ArF 激光器（$\lambda = 193$nm）辐照在旋转靶 Y-Ba-Cu-O 上，基片上的激光强度近似为 $3J/cm^2$。

可由电阻加热的基片与靶大约距离 7.5cm，基片温度可以在室温和 425℃ 之间控制。环型电极置于基片和靶之间并保持在 300V，氧气压强为 10^{-4}Torr，基片在沉积过程中处于电压漂浮状态。直流放电可以由第一激光脉冲激发并保持自持，直到高压电源被关掉。在靶-基片之间的区域可以观察到稳定的辉光。

在这一装置中，直流放电有两个用途：由在环形电极和基片间的电冲击形成 O_2^+，通过表面的离子激活，可有效地提高和改善薄膜沉积，而在靶与电极间形成的离子则被排斥。另一方面，O_2^+ 趋向于提高沉积膜中的氧含量，因此，可改善薄膜的超导性质。

如果引入一独立于蒸发源的分离的热离子发射器，在三极离子镀中即可实现离化的较好控制。Baum 首次报道研制了热离子助三极离子镀系统，认为该系统具有如下优点：①对放电有较强的控制能力；②低工作压强；③使用低偏压并改善稳定性；④减少基片加热。

热离子助三极离子镀系统具有一电子束枪蒸发盘。钨灯丝的直径为 0.5mm，长为 12cm。热阴极通过相对接地点的位置 S_1 或 S_2 以两种状态方式工作。在位置 S_2，灯丝和阳极探针电路与系统其他部分独立。阳极和热离子源均为漂浮电位，以便使灯丝相对于接地的真空室处于负电位。沉积过程在压强低于 10^{-3}Torr 下进行。他们对系统参数，如探针电压、样品偏压、电子束功率、真空室压强，对样品和探针电流的影响进行了广泛研究。

为沉积大量小部件而设计的带有旋转筒的三极离子镀系统，在沉积过程中，采用了热离子助三极放电。钨丝作为热丝源发射电子，铝从电阻加热 BN/TiB_2 盘中被蒸发，由此获得了高致密的 Al 涂层，且工作压强较低（10^{-3}Torr）。有人用这一系统在小部件上沉积了 Al/Zn。由于这一过程不局限于直线式沉积，在具有复杂形状的部件上可以获得相当均匀的涂层。

利用周期脉冲离化沉积在不锈钢基片上制备了 Al/Al$_2$O$_3$ 涂层。在薄膜沉积过程中，由于对柱状生长的有效抑制，所得到的薄膜屈服强度高、表面光滑。Al/Al$_2$O$_3$ 涂层的沉积参数见表 3-1。

表 3-1　Al/Al$_2$O$_3$ 涂层的沉积参数

基片		抛光平钢片
充 Ar 气前的真空室压强/Torr		0.75×10^{-5}
溅射清洗	时间/min	10
	Ar 气压/Torr	0.75×10^{-2}
	负偏压/kV	2
探针电压/V		200
三极灯丝电压/V		10
放电条件	气压/Torr	0.75×10^{-3}
	基片偏压/kV	2
Al 蒸发方法		电阻加热 BN-TiB$_2$ 坩埚
源-基片距离/mm		150
基片温度/℃		≤200

利用 X 射线衍射实验，表征所沉积的薄膜，并与电子束蒸发但未离化得到的薄膜进行比较，发现在 60℃ 这一较低温度下，薄膜的结晶性通过离化沉积而得到改善，这些薄膜与基片玻璃的结合强度高。

电子发射灯丝上的负偏压对离化率的影响，可以导出一个离化效率 $\eta(\%)$ 的公式，即

$$\eta = 2.2\times10^{-3}\frac{J_c(MT)^{1/2}}{p}$$

式中，M（原子单位）是气体的分子量；J_c 是阴极电流密度，单位为 mA/cm^2；p 是气压，单位为 Pa。这个方程可用来估计离化效率。测试时使用两种材料，一种为钨（W），另一种为包含 Th（质量分数为 2%）的钨钍（W-Th）。尽管 W-Th 发射的热电子比 W 多，但两者的离化效率的差别可以忽略不计。而且，在高气压下，用 Th-W 灯得到的离化效率更低。在三极离子镀中，钨丝研究了过程参数对离化效率的影响，发现离化效率非常依赖于包括阴极电压、灯丝加热功率、灯丝偏压、气压等在内过程参数。

（2）空阴极放电离子镀　早期报道的工作大多局限于使用直流异常辉光放电。在放电装置中，阴极或多或少具有中空几何特征（术语为空阴极），以便使等离子体区域限制在一定范围内，在此区域的电子被阴极壁反射，因而不会像在其他装置中那样易于逃逸。故此，这样的放电可以很容易达到自持。空阴极放电过程的主要优点是，在同样的气压和电压条件下，它的电流密度比直流辉光放电高得多。而且，在空阴极放电过程中，比异常辉光放电具有较高的离化效率，因此，基片表面可以免受溅射，从而得到更加均匀的薄膜。通过空阴极放电制备 Cu 和 Ag 涂层，研究空阴极对薄膜结构的影响。充入 Ar 气进行蒸发之前的真空室背景气压为 10^{-6}Torr。实验过程中，气压变化范围为 15~16mTorr。研究发现，沉积效率与气压、基片电压、基片距离等参数有关。

在空阴极放电情况下，在不锈钢基片上离子镀 Al 膜，观察到薄膜与基片结合得很好，

薄膜的显微结构受到阴极距离、气压和偏压等参数影响。空阴极放电离子镀的一个缺点是：在高气压或基片与阴极较近时，薄膜厚度均匀性较差。详细的实验沉积条件见表 3-2。

表 3-2　实验沉积条件

负偏压/kV		0, 1, 2
Ar 气压/Torr		5×10^{-3}, 10×10^{-3}, 15×10^{-3}
阴极距离/mm		10~80
不锈钢基片规格/mm^2		25×25
蒸发源与基片距离/mm	固定式	150 以上
	移动式	在水平方向可以移动
产生蒸气的方法		从电阻加热 $BN\text{-}TiB_2$ 坩埚蒸发 Al

3.1.3　溅射镀技术

前面我们介绍了真空蒸发镀膜和离子镀膜，这一节将讨论溅射镀膜。在某一温度下，如果固体或液体受到适当的高能粒子（通常为离子）的轰击，则固体或液体中的原子通过碰撞有可能获得足够的能量从表面逃逸，这一将原子从表面发射出去的方式称为溅射。1852年，Grove 在研究辉光放电时首次发现了这一现象，Thomson 形象地把这一现象类比于水滴从高处落在平静的水面所引起的水花飞溅现象，并称其为"Spluttering"（溅射）。后来，在印刷过程中，由于将"Spluttering"中的"l"字母漏掉而错印成"Sputtering"。"Sputtering"一词便被用作科学术语"溅射"。与蒸发镀膜相比，溅射镀膜发展较晚，但在近代，特别是现代，这一镀膜技术却得到了广泛应用。

1. 溅射的基本原理

溅射是指具有足够高能量的粒子轰击固体（称为靶）表面使其中的原子发射出来。早期人们认为这一现象源于靶材的局部加热。但是，人们发现溅射与蒸发有本质区别，并逐渐认识到溅射是轰击粒子与靶粒子之间动量传递的结果。如下实验事实充分证明了这一点：

1）溅射出来的粒子角分布取决于入射粒子的方向。

2）从单晶靶溅射出来的粒子显示择优取向。

3）溅射率（平均每个入射粒子能从靶材中打出的原子数）不仅取决于入射粒子的能量，而且也取决于入射粒子的质量。

4）溅射出来的粒子平均速率比热蒸发的粒子平均速率高得多。

显然，如果溅射过程为动量传递过程，现象 1）、3）、4）就可以得到合理解释。对于单晶靶的择优溅射取向，可以通过级联碰撞（入射粒子轰击所引起靶原子之间的一系列二级碰撞）得到解释：入射的荷能离子通常穿入至数倍于靶原子半径距离时，会逐渐失去其动量。在特殊方向上，原子的连续碰撞将导致一些特殊的溅射方向（通常沿密排方向），从而出现择优溅射取向。

溅射过程实际上是入射粒子（通常为离子）通过与靶材碰撞，进行一系列能量交换的过程，而约 95% 的入射粒子能量用于激励靶中的晶格热振动，只有 5% 左右的能量是传递给溅射原子。

溅射又是如何产生入射离子呢？以最简单的直流辉光放电等离子体构成的离子源为例，

阐述其产生的过程。考虑一个简单的二极系统，系统压强为几十帕。在两极加上电压，系统中的气体因宇宙射线辐射会产生一些游离离子和电子，但其数量是很有限的，因此，所形成的电流是非常微弱的，这一区域 AB 称为无光放电区。随着两极间电压的升高，带电离子和电子获得足够高的能量与系统中的中性气体分子发生碰撞并产生电离，进而使电流持续地增加，此时由于电路中的电源有高输出阻抗限制，致使电压呈一恒定值，这一区域 BC 称为汤森放电区。在此区域，电流可在电压不变情况下增大。当电流增大到一定值时（C 点），会发生"雪崩"现象。离子开始轰击阴极，产生二次电子，二次电子与中性气体分子发生碰撞，产生更多的离子，离子再轰击阴极，阴极又产生更多的二次电子，大量的离子和电子产生后，放电便达到了自持。气体开始起辉，两极间的电流剧增，电压迅速下降，放电呈负阻特性，这一区域 CD 称为过渡区。在 D 点以后，电流平稳增加，电压维持不变，这一区域 DE 称为正常辉光放电区。在这一区域，随着电流的增加，轰击阴极的区域逐渐扩大，到达 E 点后，离子轰击已覆盖至整个阴极表面。此时，继续增加电源功率，则使两极间的电流随着电压的增大而增大，这一区域 EF 称为"异常辉光放电区"。在这一区域，电流可以通过电压来控制，从而使这一区域成为溅射所选择的工作区域。在 F 点以后，继续增加电源功率，两极间的电流迅速下降，电流则几乎由外电阻所控制，电流越大，电压越小，这一区域 FG 称为"弧光放电区"。

测量电流和电压以确定是否出现辉光放电往往是不必要的，这是因为辉光放电过程完全可由是否产生辉光来判定。众多的电子、原子碰撞导致原子中的轨道电子受激跃迁到高能态，而后又衰变到基态并发射光子，大量的光子便形成辉光。辉光放电时明暗光区的分布情况较明显。从阴极发射出来的电子能量较低，很难与气体发生电离碰撞，这样在阴极附近形成阿斯顿暗区。电子一旦通过阿斯顿暗区，在电场的作用下，会获得足够高的能量与气体发生碰撞并使之电离，离化后的离子与电子复合湮灭产生光子形成阴极辉光区。从阴极辉光区出来的电子，不具有足够的能量与气体分子碰撞使之电离，从而出现另一个暗区，称为克鲁克斯暗区。克鲁克斯暗区的宽度与电子的平均自由程有关。通过克鲁克斯暗区以后，电子又会获得足够高的能量与气体分子碰撞并使之电离，离化后的离子与电子复合后又产生大量的光子，从而形成了负辉光区。在此区域，正离子因其质量较大，向阴极的运动速度较慢，形成高浓度的正离子，使该区域的电位升高，与阴极形成很大电位差，此电位差称为阴极辉光放电的阴极压降。经过负辉光区后，多数电子已丧失从电场中获得的能量，只有少数电子穿过负辉光区，在负辉光区与阳极之间是法拉第暗区和阳极光柱，其作用是连接负辉光区和阳极。在实际溅射镀膜过程中，基片通常置于负辉光区，且作为阳极使用。阴极和基片之间的距离至少应是克鲁克斯暗区宽度的 3~4 倍。

2. 溅射镀膜的特点

相对于真空蒸发镀膜，溅射镀膜具有如下特点：

1）对于任何待镀材料，只要能做成靶材，就可实现溅射。

2）溅射所获得的薄膜与基片结合良好。

3）溅射所获得的薄膜纯度高，致密性好。

4）溅射工艺可重复性好，膜厚可控制，同时可以在大面积基片上获得厚度均匀的薄膜。

溅射存在的缺点是，相对于真空蒸发，它的沉积速率低，基片会受到等离子体的辐照等作用而产生温升。

3. 溅射参数

表征溅射特性的主要参数有溅射阈值、溅射率、溅射原子的能量和速度等。

溅射阈值是指将靶材原子溅射出来所需的入射离子最小能量值。当入射离子能量低于溅射阈值时，不会发生溅射现象。溅射阈值与入射离子的质量无明显的依赖关系，但与靶材有很大关系。溅射阈值随靶材原子序数增加而减小。对于大多数金属来说，溅射阈值为 $20 \sim 40eV$。

溅射率又称为溅射产额或溅射系数，是描述溅射特性的一个重要参数，它表示入射正离子轰击靶阴极时，平均每个正离子能从靶阴极中打出的原子数。溅射率与以下因素有关：

1）溅射率与入射离子的种类、能量、角度以及靶材的种类、结构等有关。溅射率依赖于入射离子的质量，质量越大，溅射率越高。

2）在入射离子能量超过溅射阈值后，随着入射离子能量的增加，小于150eV 时，溅射率与入射离子能量的平方成正比；在 150 ~ 10000eV 范围内，溅射率变化不明显；入射能量再增加，溅射率将呈下降趋势。

3）溅射率随着入射离子与靶材法线方向所成的角（入射角）的增加而逐渐增加。在 $0° \sim 60°$ 范围内，溅射率与入射角 θ 服从 $1/\cos\theta$ 的规律；当入射角为 60° ~ 80° 时，溅射率最大，入射角再增加时，溅射率将急剧下降；当入射角为 90° 时，溅射率为零。溅射率一般随靶材的原子序数增加而增大，元素相同、结构不同的靶材具有不同的溅射率。

另外，溅射率还与靶材温度、溅射压强等因素有关。

溅射原子所具有的能量和速度也是溅射的重要参数。在溅射过程中，溅射原子所获得的能量比热蒸发原子能量大 1~2 个数量级，能量值在 $1 \sim 10eV$ 之间。溅射原子所获得的能量与靶材、入射离子的种类、能量等因素有关。溅射原子的能量分布一般呈麦克斯韦分布，溅射原子的能量和速度具有以下特点：

1）原子序数大的溅射原子溅射逸出时能量较高，而原子序数小的溅射原子溅射逸出的速度较高。

2）同轰击能量下，溅射原子逸出能量随入射离子的质量呈线形增加。

3）溅射原子平均逸出能量随入射离子能量的增加而增大，但当入射离子能量达到某一较高值时，平均逸出能量趋于恒定。

4. 溅射装置

溅射装置种类繁多，因电极不同可分为二极、三极、四极、磁控溅射、射频溅射等。直流溅射系统一般只能用于靶材为良导体的溅射，而射频溅射则适用于绝缘体、导体、半导体等任何一类靶材的溅射。磁控溅射是通过施加磁场改变电子的运动方向，并束缚和延长电子的运动轨迹，进而提高电子对工作气体的电离效率和溅射沉积率的一类溅射。磁控溅射具有沉积温度低、沉积速率快两大优点。

一般通过溅射方法所获得的薄膜材料与靶材属于同一物质，但也有一种溅射方法所获得的薄膜材料与靶材不同，这种方法称为反应溅射法，即在溅射镀膜时，引入的某一种放电气体与溅射出来的靶原子发生化学反应而形成新物质。如在 O_2 中溅射反应获得氧化物，在 N_2 或 NH_3 中溅射反应获得氮化物，在 C_2H_2 或 CH_4 中溅射反应获得碳化物等都属于反应溅射。

在溅射镀膜过程中，可以调节并需要优化的实验参数有电源功率、工作气体流量与压强、基片温度及基片偏压等。

（1）辉光放电直流溅射　在种类繁多的溅射系统中，最简单的系统莫过于辉光放电直流溅射系统。盘状的待镀靶材连接到电源的阴极，与靶相对的基片则连接到电源的阳极。通过电极加上 $1 \sim 5 kV$ 的直流电压（电流密度：$1 \sim 10 mA/cm^2$），充入到真空室的中性气体如氩气（分压在 $10^{-2} \sim 10^{-1} Torr$）便会开始辉光放电。当辉光放电开始，正离子就会轰击靶盘，使靶材表面的中性原子逸出，这些中性原子最终会在基片上凝结形成薄膜。同时，在离子轰击靶材时也有大量电子（二次电子）从阴极靶发射出来，它们被加速并跑向基片表面。在输运过程中，这些电子与气体原子相碰撞又产生更多的离子，更多的离子轰击靶又释放出更多的电子，从而使辉光放电达到自持。如果气体压强太小或阴阳极间距太短，则在二次电子打到阳极之前不会有足够多的离化碰撞出现。另一方面，如果压强太大或阴、阳极距离太远，所产生的离子会因非弹性碰撞而减速，这样，当它们打击靶材时将没有足够的能量来产生二次电子。在实际的溅射系统运行中，往往需要产生足够数量的二次电子以弥补损失到阳极或真空壁上的电子。

溅射原子与气体原子在等离子体中的碰撞将引起溅射原子的散射，这些被散射的溅射原子以方向无序和能量无序到达阳极。溅射原子因碰撞而无法到达基片表面的概率则随阴极基片间的距离的增加而增加。在压强和电压恒定时，阴极与基片距离较大的系统沉积率较低薄膜的厚度分布在基片的中心处呈一最大值。确保薄膜均匀性的最佳条件是阴、阳极距离大约为克鲁克斯暗区宽度的 2 倍，阴极平面面积大约是基片平面面积的 2 倍。溅射基本上是一低温过程，只有小于 1% 的功率用于溅射原子和二次电子的逸出。大量可观的能量作为离子轰击靶阴极使靶变热的热能被损耗掉。靶材所能达到的最高温度和温升率与辉光放电条件有关。尽管对于大多数材料来说，溅射率会随着靶材温度的升高而增加，但由于可能出现的靶材放气问题，阴极的温度不宜升得太高。相反，对于靶阴极，一般要进行冷却，常用的冷却方式是循环水冷。

对于实际的溅射系统，自持放电很难在压强低于 10mTorr 的条件下维持，这是因为在此条件下，没有足够的离化碰撞。作为薄膜沉积的一种技术，自持辉光放电最严重的缺陷是：用于产生放电的惰性气体对所沉积薄膜构成污染。但在低工作压强情况下，薄膜中被俘获的惰性气体的浓度会得到有效降低。低压溅射的另一个优点是：溅射原子具有较高的平均能量，当它们轰击到基片时，会形成与基底结合较好的薄膜。对于在低于 $10 \sim 20 mTorr$ 压强下运行的溅射系统，或者需要额外的电子源来提供电子，而不是靠阴极发射出来的二次电子，或者是提高已有电子的离化效率。利用附加的高频放电装置，可将离化率提高到一个较高水平。提高电子的离化效率也可以通过施加磁场的方式来实现。磁场的作用是使电子不做平行直线运动，而是围绕磁力线做螺旋运动，这就意味着电子的运动路径由于磁场的作用而大幅度增加，从而有效地提高在已知直线运动距离内的气体离化效率。

（2）三极溅射　如前所述，在低压下，为了增加离化率并保证放电自持，一个可供选择的方法是提供一个额外的电子源，而不是从靶阴极获得电子。三极溅射涉及将一个独立的电子源中的电子注入到放电系统中。这个独立的电子源就是热阴极，它通过热离子辐射形式发射电子。热离子阴极通常是一加热的钨丝，它可以承受长时间的离子轰击。相对于基片，阳极一定要加上正的偏压。但是，如果阳极与基片具有相同的电位，从热离子辐射装置中发射的一些电子会在基片处被收集起来，从而导致在靶处的等离子体密度的不均匀性。

灯丝置于真空室左下部并受到保护，以免受到溅射材料的污染。通过外部线圈所提供的磁场，将等离子体限域在阳极和灯丝阴极之间。当在靶上施加一相对于阳极的负高压，溅射就会出现。如同二极辉光放电那样，离子轰击靶，靶材便沉积在基片上。等离子体中的离子密度可以通过调节电子发射电流或调节用于加速电子的电压来加以控制，而轰击离子的能量可以通过改变靶电压来控制。因此，在像三极溅射这样的系统中，通过从额外电极提供具有合适能量的额外电子可以保持高离化效率。这一方法可以在远低于传统二极溅射系统所需压强条件下运行。这一技术的主要局限是难以从大块扁平靶中产生均匀溅射，而且，放电过程难以控制，进而工艺重复性差。

应用三极溅射系统，研究钨溅射膜的性质与沉积参数（基片温度、沉积率等）的关系。辅助阳极相对于零电位为+90V，阳极电流大约为6A。沉积钨膜的氩气工作压强为 10^{-3}Torr。有 12 种不同金属靶可用于三极溅射，其工作压强为 $2×10^{-3}$Torr。在其使用的系统中，阴极竖直安装且并行于基片支架（接地），辅助阳极和灯丝皆放在基片和靶之间以增加氩气的离化。在用于溅射的氩气工作压强下，因平均自由程较大，大多数离子可以到达阴极表面。在单晶 GaAs 半导体基片上，制备了 n 型和 p 型 GaAs 膜，并研究这些溅射膜的电学性质。通过溅射硅或镁靶，实现了 GaAs 掺杂。GaAs 靶采用直流溅射，沉积率为 0.3nm/s，而硅和镁的沉积率靠施加的脉冲电压来控制。在三极直流溅射系统中，通过测量和调整等离子体电位与所加阳极电压、注射电子电流和气体压强的关系，并将这些参数与薄膜的杂质含量联系起来，可以优化溅射工艺。

在一般的二极溅射系统中，基片置于等离子体中，所沉积的薄膜表面受到离子和原子轰击，从而使界面变得光滑。如果界面层足够薄，将会导致多层膜本身的毁坏。为避免这一问题的出现，研究者使用低能直流三极溅射系统沉积多层膜，获得的多层膜界面分明。在该系统中，两个靶背对背放置，而且可以旋转180°，基片固定并水冷。在溅射过程中，氩气压强保持在 10^{-3}Torr。为控制膜厚，根据沉积率与靶电流相关这一特点而采用一种新的检测厚度方法，同时其他的溅射参数保持不变。

使用直流三极溅射系统在 SiO₂ 和 Si 片上沉积了 Ta 膜。沉积到 Si（111）或 SiO₂/Si（Ts 为500℃）基片上的厚膜（700nm）为多晶体。但是，当沉积温度为50℃时（即对基片不加热），膜是非晶的。使用双靶三极溅射系统制备了 ZnTe 膜。靶盘一半是纯度为 99.99% 的 Zr，另一半为 99.95% 纯 Te，靶直径为 100mm。为防止低熔点的 Te 会出现过热，将靶的两部分焊接在水冷的铜架上，所加阴极电压不超过 1000V。为了调节薄膜组分，两种共溅射元素的表面比可通过一自动装置调节。详细的溅射条件见表 3-3。

表 3-3 溅射条件

溅射气体	纯 Ar
溅射前的残余压强/Torr	10^{-7}
工作压强（Ar）/Torr	10^{-3}
靶电位/V	-1000
靶-基片距离/mm	100
离子密度/(mA/cm²)	1.8
沉积率/(mm/min)	约 13

（续）

基片温度（ZrTe$_3$，ZrTe$_5$）/℃		275
靶表面 Te/Zr 比	ZrTe$_3$	0.7
	ZrTe$_5$	2.3

实验中选用了光学玻璃、硅、钼等各种基片。沉积过程中，基片旋转以便获得均匀膜。薄膜的形貌由 X 射线显微探针和标准 X 射线衍射方法进行了表征。

（3）射频溅射　在前面所描述的溅射技术中，为了溅射沉积薄膜，已假设靶材一定是导体。在通常的直流溅射系统中，如果金属靶换成绝缘靶，则在离子轰击过程中，正电荷便会累积在绝缘体的前表面。用离子束和电子束同时轰击绝缘体，可以防止这种电荷累积现象的出现，而研究者则设计了沉积绝缘体的溅射系统。随后，研究者将这种设计研制成一种实用系统。在这一系统中，射频电势加在位于绝缘靶下面的金属电极上。在射频电势的作用下，交变电场中振荡的电子具有足够高的能量产生离化碰撞，从而使放电达到自持。在直流辉光放电中，阴极所需产生二次离子的高电压，在射频溅射中已不需要。由于电子比离子具有较高的迁移性，相对于负半周期，正半周期内将有更多的电子到达绝缘靶表面，而靶将变成负的自偏压。在绝缘靶表面负的直流电位将在表面附近排斥电子，从而在靶前产生离子富集区。这些离子轰击靶，便产生溅射。这一正离子富集区正好与直流溅射系统中的克鲁克斯暗区相对应。当频率小于 10kHz 时，正离子富集区不会形成，而用于射频溅射的频率一般采用 13.56MHz。值得注意的是，由于射频场加在两个电极间，作为无序碰撞结果而从两极间逃逸的电子将不会在射频场中振荡。因此，这些电子将不能得到足够高的能量以使气体离化，最终损失在辉光区中。但是，如果在平行于射频场的方向上施加磁场，磁场将限制电子使之不会损失在辉光区，进而改善射频放电效率。因此，磁场对于射频溅射更为重要。在靠近金属电极的另一侧要放置接地的金属屏蔽物以消除在电极处的辉光，防止溅射金属电极。使用射频溅射，人们制备了石英、氧化铝、氮化硼等各种薄膜。

如果射频源在金属电极上配备耦合电容器，也可以射频溅射金属。此时，直流电流不会在电路中流动，这样会使金属电极存在负偏压，这一自偏压效应由电子和离子迁移率的差异所引起。这种负偏压的形成对于溅射来说是必需的。对于射频功率为 1kW 的射频溅射系统，许多金属薄膜的沉积率可以达到 100nm/min。

射频溅射系统的外貌几乎与直流溅射系统相同。两者之间最重要的差别是，射频溅射系统需要在电源与放电室间配备阻抗匹配网。在射频溅射系统中，基片接地也是很重要的，由此避免不希望的射频电压在基片表面出现。由于射频溅射可在大面积基片上沉积薄膜，故从经济角度考虑，射频溅射镀膜是非常有意义的。

（4）其他溅射装置　除上述三种溅射装置外，还有磁控溅射、对靶溅射、离子束溅射、交流溅射和反应溅射等多种溅射装置，这些技术各有其特点和应用领域。

1）磁控溅射。通过在靶材背后施加磁场，形成磁场与电场正交的电磁场，这样电子在向阳极运动时会受到磁场的束缚，从而延长电子的运动路径，提高其与气体分子的碰撞概率，使得等离子体密度提高，从而提高了溅射效率。磁控溅射适用于高质量薄膜的制备，如半导体、光学薄膜等。

2）对靶溅射。使用两个相对放置的靶材，等离子体中的离子同时轰击两个靶材，可以在两个靶材上同时沉积相同或不同材料的薄膜。这种方法有助于制备双元素或多元素的复合膜层，以及一些特殊结构的薄膜生长。

3）离子束溅射。利用离子枪产生的高能离子束直接轰击靶材，将靶材原子溅射出来沉积到基片上。这种方法可以精确控制粒子的动能，适合制备需要精确控制膜层组成的薄膜，如高温超导薄膜等。

4）交流溅射。使用交流电源代替直流电源，通过改变频率和电压来控制放电特性，有时用于绝缘材料的溅射。这种技术解决了绝缘材料在溅射过程中容易积累电荷而停止放电的问题。

5）反应溅射。在溅射过程中引入反应气体（如氧气、氮气等），在等离子体的作用下，溅射出的靶材原子与反应气体发生化学反应，生成新的化合物沉积在基片上。这种方法常用于氧化物、氮化物或其他化合物薄膜的制备。

以上各种溅射技术的选择取决于所需薄膜的特性、成本效益和工艺要求。随着技术的不断进步和创新，新型溅射装置和技术仍在不断发展中，以适应不断变化的工业和科研需求。

3.1.4　离子束增强沉积技术

离子束增强沉积技术（ion beam enhanced deposition，IBED）是物理气相沉积（PVD）的一种高级形式，它结合了传统的PVD镀膜过程和离子注入技术。

1. 技术原理

IBED技术的核心在于在薄膜沉积过程中，使用一定能量的离子束轰击正在生长的薄膜。离子束的作用是改变薄膜的生长特性，通过离子轰击增加薄膜的密度、改善其附着力，以及调整薄膜的结构和力学性能。这一过程可以在高真空环境中进行，确保了镀膜质量和纯净度。

2. 设备组成

IBED系统通常包括一个PVD镀膜装置和一个离子源。镀膜装置负责将目标材料以原子或分子的形式沉积到基板上。离子源产生离子束，这些离子被加速并获得一定能量后轰击到基板和正在形成的薄膜上。

3. 技术特点

IBED能够精确控制薄膜的生长条件，因为离子轰击参数可以独立于其他沉积参数进行调整。这种技术能够制备出具有出色工艺控制和精度的优质薄膜。

IBED适用于多种材料，包括金属、合金、化合物、陶瓷、半导体和聚合物膜等。

4. 应用范围

IBED技术特别适用于对薄膜质量要求极高的领域，如微电子学、光学器件和高性能涂层。可用于提高薄膜的耐蚀性、耐磨损性和力学性能，以及用于制造特定的功能性涂层。

5. 发展趋势

作为一项先进的表面处理技术，IBED在材料科学和工程领域的研究和应用仍在不断发展。随着对高质量薄膜需求的增加，这种技术在工业中的应用前景广阔，尤其是在航空航天、电子和光电子设备等高科技领域。

3.1.5　电火花沉积技术

电火花沉积技术以两平板电极间产生的电弧来加热原料物质，使其熔融、蒸发，后经冷却和收集获得纳米颗粒。这种方法较适合制备金属氧化物纳米颗粒，这是由于将一定比例的氧气混于惰性气体中更有利于电极之间形成电弧。

将金属电极插入气体或液体等绝缘体中，提高电压，直至两平板电极间介质被击穿，产生放电电弧。如提高电压，则可观察到电流增加，产生电晕放电。所加电压超过电晕放电电压，即使不再增加电压，电流也会自然增加，向瞬时稳定的放电状态即电弧放电移动。从电晕放电到电弧放电过程中的过渡放电称为火花放电，火花放电的持续时间很短，为 $10^{-7} \sim 10^{-5} s$，而电压变化梯度则很大，达 $10^5 \sim 10^6 V/cm$，电流密度也很大，为 $10^6 \sim 10^9 A/cm^2$。火花放电在短时间内能释放出很大的能量，在放电发生的瞬间产生高温，除了热能，同时还伴有很高的机械能。

在放电加工过程中，电极、被加工物会生成加工屑，如果有目的地控制加工屑的生成过程，就有可能制造出纳米微粉，也就是由火花放电法制造纳米微粉的原理。

采用电弧放电法制备纳米 Al_2O_3 颗粒的实验表明颗粒的结晶很好，即使在 1300℃ 的高温下长时间加热形成的纳米颗粒，其形状也基本不发生变化。在水槽内放入金属铝粒形成一个堆积层，把电极插入堆积层中，放电电压为 24kV、放电频率为 1200 次/s，利用在铝颗粒间发生的火花放电来制备纳米颗粒。制备过程中，要反复进行稳定的火花放电，以阻止由于各铝粒间的放电所产生的相互热熔连接。由于放电使铝粒表面发生微细的金属剥离和水的电解，由水的电解产生的—OH 基团与 Al 作用生成浆液状的 $Al(OH)_3$。将这种浆液状物质进行固液分离和煅烧，可一次获得粒径为 $0.6 \sim 1\mu m$ 的 Al_2O_3 微粉。

3.1.6 多层喷射沉积技术

多层喷射沉积技术是一种先进的金属材料制备技术，它是在传统喷射沉积技术的基础上发展而来的。这项技术通过雾化熔融金属并将其沉积在冷却基底上，形成多层结构的金属材料或坯料。它能够克服传统喷射沉积技术的局限性，并具有独特的优越性，如改善材料的微观组织、提高材料性能、节约能源和降低成本等。

在多层喷射沉积制备锭坯的装置中，熔融金属通过石墨喷嘴，被高压惰性气体雾化，雾化器的移动受数控系统控制，根据沉积坯形状和尺寸的要求，按一定规律进行匀速或变速运动，熔滴沉积在基底上。通过控制沉积基底的旋转与升降，使基底的下降速率与沉积坯长大速率保持一致，经雾化液滴的往返扫描，坯料最终成形。另外，在雾化锥中引入增强相，实现金属液滴和增强颗粒的共同沉积，可以制备出颗粒均匀分布的复合材料坯料。由于改变了喷射沉积过程中雾化器的扫描方式，使其在沉积层上方做往复直线运动，使得多层喷射沉积不仅在制备大尺寸坯件上具有独特的优势，而且冷速更高、沉积坯组织细小均匀、增强颗粒与基体结合良好、材料性能优异。

对喷射沉积坯形状和组织影响较大的工艺参数主要有液流直径、雾化气体压力和喷射高度、雾化器扫描参数和增强颗粒输送压力。液流直径的大小决定金属液流率，若雾化气体流率一定时，则液流直径的大小决定金属液/气体流率的大小，并最终改变沉积坯的沉积状态。在雾化器结构一定的情况下，若液流直径不变，雾化气体压力越大，则雾化液滴直径减小。但雾化气体压力过高时，沉积效果变差，不利于沉积坯的增长，收得率低，而且沉积坯孔隙率高；而雾化气体压力过小，雾化效果明显降低，沉积坯组织恶化。雾化气体喷射高度过大，沉积坯呈粉末颗粒堆积的多孔结构，粘结效果差，材料收得率明显降低。若喷射高度过小,则到达基底的液滴的液相分数过高,沉积坯表面就会形成液层,从而恶化成普通的铸造组织。雾化器在整个沉积过程中做往复扫描运动,若雾化器扫描不均匀,则会导致沉积坯形状不均匀,情况严重时还会因为热量过于集中而使组织恶化。若中心位置偏于沉积坯中心,则容易形成锥形;若偏于边缘,则容易形成凹坑。因此,扫描速度应该与位移成反比,扫描至边缘时速度减慢,而至中心时速度加快,则能获得形状良好的沉积坯。输送压力对增强颗粒的捕获和分布影响较大。输送压力增大使增强颗粒动能增加,有利于增强颗粒的捕获和均匀分布。

多层喷射沉积技术在二维材料制备中的应用主要集中在通过快速凝固和沉积过程来制备具有优异性能的金属基复合材料和耐热合金等。这种技术通过雾化熔融金属并将其沉积在冷却基底上,形成多层结构的金属材料或坯料,从而获得细小、均匀的显微组织,并优化复合材料中增强相的分布及其与基体的结合状态。

在二维材料的制备中,多层喷射沉积技术可以用来制备具有特殊性能的复合材料,如颗粒增强铝基复合材料。这些复合材料可以用于耐磨材料、耐热材料等领域。通过这种技术,可以实现快速冷却、细化和均一化材料的显微组织、优化增强相的分布及其与基体之间的结合。

3.2 化学气相沉积

化学气相沉积法(CVD)是20世纪50年代发展起来的制备无机材料的新技术,广泛用于提纯物质、研制新晶体,沉积各种单晶、多晶或玻璃态无机薄膜材料。20世纪80年代起,化学气相沉积法逐渐用于粉状、块状材料和纤维等的合成,成功制备了 SiC、Si_3N_4 和 AlN 等多种纳米微粒。目前,化学气相沉积法已成为制备纳米微粒的重要方法之一。从理论上来说,化学气相沉积法十分简单:将两种或两种以上的气态原材料导入一个反应室内,气体之间发生化学反应,生成新物质并沉积到基底(如硅片)表面上。例如,将硅烷和氮气引入反应室,二者发生化学反应生成 Si_3N_4 并沉积下来,最终得到纳米微粒。然而,实际上反应室中发生的反应是很复杂的,有很多必须考虑的因素。化学气相沉积法的反应参数很多,如反应室内的压力、反应体系中气体的组成、气体的流动速率、基底组成、基底的温度、沉积温度、源材料纯度、装置的因素、能量来源等。

通常,用化学气相沉积法制备纳米微粒是利用挥发性的金属化合物的蒸气,在远高于临界反应温度的条件下通过化学反应,使反应产物形成很高的过饱和蒸气,再经自动凝聚形成大量的临界核,临界核不断长大,聚集成微粒并随着气流进入低温区而快速冷凝,最终在收集室内得到纳米微粒。因此,反应体系需要符合一些基本要求:①反应原料是气态或易于挥发成蒸气的液态和固态物质;②反应易于生成所需要的沉积物,而其他副产物保留在气相,并易于排出或分离;③整个操作过程较易控制。

随着半导体和集成电路技术的发展,化学气相沉积技术得到了更大的发展,不仅成为生产半导体超纯硅原料的唯一方法,而且成为生产砷化镓等Ⅲ-Ⅴ族外延半导体的重要方法。由于化学气相沉积技术的独特优势契合了大规模集成电路制备的需求,化学气相沉积技术已经成为集成电路制造业中大规模生产各种掺杂的半导体外延单晶薄膜、多晶硅薄膜、绝缘层二氧化硅薄膜的主要生产技术。

CVD 设备通常可以由气源控制部件、沉积反应室、沉积温控部件、真空排气和压强控制部件等部分组成。具体而言，CVD 设备其实包括以下七个子系统：

1）气体传输系统：用于气体混合和传输。
2）反应室：化学反应和沉积过程的发生场所。
3）进装料系统：用于进炉、出炉和在反应室内支撑产品的装置。
4）能量系统：为化学反应提供能量源。
5）真空系统：抽除反应废气和控制反应压力，包括真空泵、管道和连接装置。
6）工艺自动控制系统：用于测量和控制沉积温度、压力、气体流量和沉积时间。
7）尾气处理系统：用于处理尾气，通常包括冷阱、化学阱、粉尘阱等。

根据反应室内的压力可将 CVD 分为常压化学气相沉积（APCVD）、低压化学气相沉积（LPCVD）。根据 CVD 过程中化学反应所需要能量的来源不同，可以将 CVD 分为热化学气相沉积（TCVD）、激光化学气相沉积（LCVD）、等离子增强化学气相沉积（PECVD）、金属有机化合物化学气相沉积（MOCVD）等。

3.2.1 常压化学气相沉积技术

常压化学气相沉积技术（atmospheric pressure chemical vapor deposition，APCVD）是一种在常压下进行的气相沉积方法，用于制备薄膜材料。与其他气相沉积技术（如低压化学气相沉积）的主要区别在于操作压力。在传统的气相沉积技术中，通常需要在真空环境下进行，即在低压或超高真空条件下进行反应。而 APCVD 则利用常压下的气相反应，无需使用昂贵的真空设备，降低了设备成本和操作复杂程度。

常压化学气相沉积的基本原理是将气体反应物输送到基底表面，在常压下使其发生化学反应并形成薄膜。在 APCVD 过程中，反应气体可以通过喷射、扩散或对流等方式送入反应室。通过加热反应室，使气体反应物在基底表面发生化学反应，生成所需的薄膜材料。在常压条件下，气体反应物在基底表面的接触时间相对较长，有利于反应的进行和薄膜的生长。

常压化学气相沉积技术广泛应用于半导体、光电子、涂层和其他领域的薄膜制备。它可以制备多种材料的薄膜，如二氧化硅（SiO_2）、氮化硅（Si_3N_4）、氧化铝（Al_2O_3）等。由于其操作简便、适用于大面积制备和薄膜质量优良等优点，所以 APCVD 在工业生产和研究领域得到了广泛应用。

需要注意的是，尽管 APCVD 在常压下进行，但仍需要控制反应温度、气体流量和反应时间等参数，以确保薄膜的质量和均匀性。此外，一些特殊的材料或应用可能需要更严格的气氛控制，此时可以采用改进的 APCVD 工艺，如气氛控制 APCVD（atmospheric pressure controlled atmosphere chemical vapor deposition，APCACVD）。

3.2.2 低压化学气相沉积技术

低压化学气相沉积技术（low pressure chemical vapor deposition，LPCVD）是一种常用的气相沉积方法，用于制备薄膜材料。LPCVD 的原理与 APCVD 的基本相同，其主要区别是：由于低压下气体的扩散系数增大，使气态反应剂与副产物的质量传输速度加快，形成沉积薄膜的反应速度加快。由气体分子运动学可知，气体的密度（n）和扩散系数（k）都与压力有关（$n=P/kT$），前者与压力成正比，而后者与压力成反比。而气体分子的平均自由程

$\bar{\lambda} = 1/\sqrt{2}\pi\sigma^2 n$。当反应器内的压力从常压（约 10^5Pa）降至 LPCVD 中所采用的压力（10^2Pa 以下）时，即压力降低了 1000 倍，分子的平均自由程将增大（较常压）1000 倍左右。因此，LPCVD 系统内气体的扩散系数比 APCVD 时大 1000 倍。扩散系数大意味着质量传输快，气体分子分布的不均匀能够在很短的时间内消除，使整个系统空间气体分子均匀分布。所以能生长出厚度均匀的薄膜。而且由于气体的扩散系数和扩散速度都增大，基片就能以较小的间距迎着气流方向垂直排列，可使生产率大大提高，并且可以减少自掺杂、改善杂质分布。

由于气体分子的运动速度快，参加反应的气体分子在各点上所吸收的能量大小相差很少，因此它们的化学反应速度在各点上也就会大体相同，这是薄膜生长均匀的原因之一。在气体分子输运过程中，参加化学反应的反应物分子在一定的温度下，吸收了一定的能量，使这些分子得以活化而处于激活状态，这些被活化的反应物分子间发生碰撞，进行动量交换，即发生化学反应。由于 LPCVD 比 APCVD 系统中气体分子间的动量交换速度快，因此被激活的参加化学反应的气体分子反应物间易于发生化学反应，也就是说 LPCVD 系统中沉积速率高。

此外，随着压力的下降反应温度也能下降。例如，当反应压力从 10^5Pa 降至数百帕时，反应温度可以下降 150℃ 左右。用 LPCVD 法可以制备单晶硅和多晶硅薄膜、氮化硅薄膜和 III-V 族化合物薄膜，以及氮化硅、二氧化硅和三氧化二铝等薄膜。由于它们的优良性能，因而可以用于超大规模集成电路的制造。

3.2.3 热化学气相沉积技术

热化学气相沉积技术属于传统式的热工技术，至今仍普遍地应用于化工、材料工程及科学研究的各个领域。它的特点是结构简单、成本低廉、适合于工业化生产，特别适用于从实验室技术到工业化生产的放大。下面以热管炉加热化学气相反应合成纳米微粒为例介绍热化学气相沉积技术的主要过程。

（1）原料处理　原料处理主要包括纯化与蒸发。为了保证产品的纯度，在合成反应前要对各路反应气与惰性气体进行纯化处理。这样，可以在一定程度上避免高温下某些副反应发生和某些杂质污染，提高产品的纯度。纯化一般是对反应气体与惰性气体中的杂质氧和水分进行技术处理，通常选用各类分子筛、变色硅胶、活性氧化钙、氢氧化钠等高纯化学试剂除去各路气体中的水分，而采用活性炭或各类贵金属作为高效气体脱氧剂除去气体中的微量氧。对于 NH_3 一类的还原性气体，纯化时要特别注意两点：一是 NH_3 气的溶解度很大，常有一定量的水分溶于其中，这些水分一般会阻碍高温下的化学合成反应，因此要在合成反应前予以除去；二是要选择碱性除水剂除水，否则会发生酸碱中和一类的化学反应，并释放出大量的反应热损害净化器。

对于固态原料，为了实现高温下的气相合成反应，还要预制相应的原料气体。通常在合成反应发生前，先对固态原料进行蒸发处理。原料的蒸发温度一般远低于相应的化学合成反应温度，因此根据不同的要求和条件，可以将蒸发室设在反应器内部或外部。如果将蒸发室设在反应器内部，还需要解决连续性供应固态原料的问题，以保证连续化的生产过程；如果将蒸发室设在反应器外部，还要考虑蒸发气在进入反应器之前的保温问题，以及原料气的输运技术。否则高蒸发温度下的原料在蒸发的同时还会在输运过程中出现凝结现象。

（2）预热与混气　为了提高原料的利用率、增加反应收率，应根据需要对各路反应气体进行预热处理。对反应气预热处理一般是在反应气混合之前进行的，这是反应气均匀化混合的先决条件。在热管炉加热法合成纳米微粒的技术中，要根据需要设计反应气预热区和多层管状反应气预热室，即设计多段多层管状特定反应器。相应的加热器可采用多级分段管式加热炉来实施。混气是在合成反应前对各路反应气体进行均匀化混合的一种处理技术，通过适当的技术，在一定的温度下可以使反应气达到分子级的均匀混合，从而为高温下的均匀成核反应创造条件。为了实现均匀化混气，通常要在反应器内专门设计混气室。根据需要和实验条件，可以选择射流、湍流、搅拌等不同的技术手段使反应体系气体分子达到均匀化混合。

（3）合成参量控制　热化学气相沉积合成纳米微粒的主要合成参量有反应温度、反应压力和反应气配比以及载气流量等，这些合成参量的变化对相应纳米微粒的产率与物性都有重要影响。在热管炉加热气相合成纳米微粒的过程中，一般采用接触式的热电偶来测量反应区、蒸发区、混气区和预热区的温度值，并配备相应的温控仪。反应区压力控制主要以各路反应气分压的控制为基础，一般在各路气体导入反应器之前，对气体进行稳流、稳压处理，并配备监测仪表测量相应气体分压值，采用气体微调针阀实现对反应气、保护气和载气的精确控制。为了获得足够细的颗粒，一般反应区的压力应尽量设置得低一些。对于石英玻璃反应器，反应区压力应预置在 $0.1MPa$ 以下。反应气流量配比通常是以气相反应所需的化学计量比来确定的，根据这一比例要求的各反应气的摩尔比或体积比，换算成相应的气体流量比，从而控制各路反应气的进气流量。对于某些还原性反应，还要根据反应要求，设定适当的还原气过量比例，对反应过程进行控制。

（4）成核与生长控制　成核与生长是化学气相反应合成纳米微粒过程中的关键技术。事实上，影响成核的因素很多，如反应温度、反应压力、反应气流速、反应体系的化学平衡常数与过饱和比。其中，反应压力与反应气流速可以根据反应体系的要求在各路气体导入反应器时进行控制；反应温度也可以通过温控系统按反应要求调节。而反应体系化学平衡常数属于反应设计问题。为了得到纳米微粒，反应体系的化学平衡常数要大，这是化学热力学的基本问题；另一方面，在均匀的单一气相中产生纳米微粒晶核，必须保证核化速率、相应的过饱和比足够大，这又是反应设计中的动力学问题。实际上，过饱和比和化学平衡常数要根据反应体系实际分压与平衡分压来确定，通常过饱和比与反应体系的化学平衡常数及反应物分压成正比，一般要采用大流量的反应气才能保证较高的过饱和比值。

控制核生长在纳米微粒合成中同样是一个关键技术。一般而言，在远低于物质熔点的成核与生长过程中，晶核的成核速率极值点的温度总是低于晶核生长速率的极值点的温度。因此，实验中只要控制颗粒的冷却速率，就可以控制颗粒的生长。通常是采用急冷措施来抑制晶核的生长的，也可以通过控制反应物的浓度（特别是金属反应物）和加大载气流量来实现对颗粒生长的控制。此外，为了使成核与生长得尽量均匀，还要考虑成核与生长区温度的控制及反应器的结构设计，即采用同轴加热均匀成核与生长技术。

（5）冷凝控制技术　冷凝控制技术是作为控制纳米微粒凝聚和生长而提出的一项技术。在纳米微粒制备过程中，影响凝聚的因素很多，如粒子间的静电力、范德华力、磁力以及颗粒间的化学反应等。颗粒制备中的防凝聚和抑制生长技术，主要是在颗粒生长后期采用惰性保护气体稀释反应体系，或采用在颗粒出口端设计冷却系统，如水冷、气冷，使反应器生长区域的外壁得到迅速冷却，或在反应器出口处直接通入冷氮气，从而防止出口气体中纳米微粒发生凝聚与生长。

（6）纳米微粒形态控制技术　纳米微粒形态是指颗粒的尺寸、形貌、物相、晶体组成与结构等。反应器的结构与反应器中的温度分布、反应气的混合方式、冷却方式等装置条件对生成颗粒的性质会产生重要影响。而在反应器结构参数一定时，生成颗粒的粒径主要由反应条件来控制。在纳米微粒制备过程中，颗粒的外形和颗粒集合体的形态受到各种因素的影响。一般来说颗粒的外形与颗粒的尺寸有关，当颗粒尺寸在 $1 \sim 10nm$ 范围时，粒子呈球状或椭球状；而当颗粒尺寸在 $10 \sim 100nm$ 之间时，粒子具有不规则的晶态；对于 $100mm$ 以上的颗粒，粒子通常表现为规则的晶态。

因此，控制纳米微粒形态特征的首要条件是控制颗粒的尺寸。其次，在制备过程中根据需要，人为引入杂质或采用表面氧化技术也可以明显改变颗粒的形状。例如，在超高真空或超纯稀有气体中的粒子易生成多面体，而微量的氧气掺杂入稀有气体中时会使粒子变成球状。在制备过程中，采用不同的稀有气体或不同的冷却速率也可以改变粒子的外形和晶体的状态。例如，在 Ar 和 N_2 气氛中，Fe 粒子一般呈 α 相，其形貌分别为菱形十二面体和准球形，而在 Xe 气氛中，往往又呈针状的 γ-Fe。当颗粒冷却速率足够快时，颗粒通常为非晶态或不同的亚稳相状态。此外，颗粒的外形还与其本身的化学组成有关，制备工艺与粒子的化学组成、外形等因素还会改变粒子的聚集行为。

热管炉加热化学气相反应法是由电炉加热，这种技术虽然可以合成一些材料的颗粒，但由于反应器内温度梯度小，合成的粒子不但粒度大，而且易团聚和烧结，这也是该法合成纳米微粒的最大局限。

3.2.4　激光化学气相沉积技术

激光化学气相沉积法制备纳米微粒具有粒子大小可控、粒径分布均匀等优点，并容易制备出几纳米到几十纳米的非晶态或晶态纳米微粒。**其基本原理是**利用反应气体分子的激光光解（紫外线光解或红外多光子光解）、激光热解、激光光敏化和激光诱导等特性进行化学合成反应。利用一定的工艺条件（激光功率密度、反应室压力、反应气体配比和流速、反应温度等），控制超细微粒成核和生长。制备的纳米材料品种可以是单质、化合物和复合材料等纳米粉末（颗粒）。

激光化学气相沉积技术合成纳米颗粒的优势为：激光能量高度集中，原料的气体分子直接或间接吸收激光光子能量后迅速进行反应，反应区与周围环境之间温度梯度大，有利于生成核，并快速凝结；反应具有选择性，反应区条件可以精确地被控制；由于采用激光作为加热源，所以反应器壁是冷的，不会造成污染；采用激光法可以制备具有均匀、高纯、超细等优点的各种材料的纳米颗粒。

1. 制备原理

激光化学气相沉积法合成纳米颗粒的基础是利用大功率激光器的激光束照射反应物气体，由于反应物气体内分子或原子对入射激光光子具有很强的吸收，会在瞬间被加热和活化。在极短的时间内反应气体分子或原子由于激光的照射，获得足够的化学反应所需要的能量，迅速完成反应→成核→凝聚等生长过程，形成相应物质的纳米颗粒。实际上激光化学气相沉积法就是利用激光光子能量加热反应体系，是制备纳米微粒的一种方法。当入射激光束垂直照射反应气流，反应气分子或原子吸收激光光子后被迅速加热。根据估算，若激光加热

速率为 $10^6 \sim 10^8\,℃/s$，那么只要用不到 $10^{-4}\,s$ 时间就能将反应物气体加热到反应最高温度。被加热的反应气体在反应区域内形成稳定分布的焰流，其中心处的温度远高于相应化学反应所需要的温度，致使反应在 $10^{-3}\,s$ 内即可快速完成。反应所生成的粒子的核在运载气流的吹送下迅速脱离反应区，经短暂的生长过程到达收集室。

激光法制备纳米微粒的一个关键性的先决条件是入射的激光能否引发化学反应。由材料光谱学可知，不论哪种气体，其分子对光能量的吸收系数都与入射光的频率有一定关系。而且，普通光源的频率较宽，而与特定气体分子的吸收频率相匹配的部分仅占光源频谱中很窄的一段范围，因而普通光源的大部分能量无法被反应气体分子吸收。另一方面，普通光源的光强度不够高，难以使反应气体分子在极短的时间内获得所需要的足够的反应能量。

由激光学的知识可知，激光光源是一种单色性光源，也就是说其频谱很窄，同时激光具有很高的功率强度。将入射激光光子的频率与反应气体分子的吸收频率调整到一致，就能够在极短的时间内使参与反应的气体分子吸收足够的能量，迅速达到相应化学反应所需要的阈值温度，进而引发反应体系发生化学反应。因此，为了保证化学反应所需要的能量、使反应能够顺利进行，需要选择能对入射的激光的频率相适应、具有强吸收的反应物气体。可以通过吸收系数与相应气氛压力的函数关系找到合适的对应物质和光源，如 SiH_4、C_2H_4、NH_3 都对 CO_2 激光具有较强的吸收，而有些有机硅化合物及羰基铁一类的物质，它们对 CO_2 激光则无明显的吸收。为使这类对激光无明显吸收的原料能在激光中完成反应，可以在反应体系中加入相应的光敏剂。加入光敏剂后，当入射激光照射到原料的时候，光敏剂中的分子或原子首先吸收激光光子能量，再通过热振、碰撞等形式将激光光子能量转移给反应气体分子，使反应气体分子被加热、活化，最终实现相应的化学反应。

经过激光化学气相沉积技术最后形成纳米微粒的机制首先在于原料或反应气体对特定的照射激光光子具有强的吸收性。原料或反应气体分子吸收激光光子后将通过两种物理途径得到加热：①原料或气体分子吸收单光子或多光子而直接得到加热；②原料或气体分子吸收光子能量后平均动能提高，在与其他气体分子碰撞过程中发生能量交换或转移，即通过碰撞加热的反应体系。根据气相反应的物理化学理论，可以将反应成核过程分为能量吸收、能量转移、反应、失活等阶段。

在采用激光化学气相沉积技术制备纳米微粒的过程中，为了保证反应生成的核粒子快速冷凝，获得细微的纳米颗粒，需要采用冷壁反应室，这样可以在反应室中构成大的温度梯度分布，以利于加速生成核粒子，并及时进行冷凝、抑制其过分生长。快速冷却通常采用的是水冷式反应器壁和透明辐射式反应器壁。此外需要在反应器内通入惰性气体，防止颗粒碰撞、粘连团聚，甚至烧结，使生成的纳米微粒的颗粒得以保持。

2. 实验装置

激光化学气相沉积制备纳米微粒的实验装置一般都由激光器反应器、纯化装置、真空系统、气路与控制系统等基本单元组成。

反应器在预抽真空后充入惰性气体，并按要求调至适当压力。经过聚焦的激光束射入反应器。反应物气体经过预混合后由喷嘴喷出，混合气体在与激光束正交中心处形成高温反应区。反应区边缘由运载颗粒的气体分布限定，形成夹心式的微小焰流区。反应气体在极短的时间内吸收入射激光能量后很快达到自发反应的温度，完成反应和核化的反应过程。核化粒子在运载颗粒气体的吹送下迅速脱离反应区并凝聚成纳米微粒，经过膜式捕集器被收集。反应尾气经过处理后排放。

3. 制备过程

制备纳米微粒前期的准备工作十分重要。首要的是根据反应需要调节激光器的输出功率、调整激光束半径以及经过聚焦后的光斑尺寸，并将激光束光斑预先调整到反应区域中的最佳位置。同时，要做好反应室净化处理，进行预抽真空，然后充入高纯惰性保护气体以保证反应能在清洁的环境中进行。

激光化学气相沉积技术制备纳米微粒的主要过程如下。

（1）原料及工作气体的纯化处理　各类反应气体是激光化学气相沉积制备纳米微粒的主要原料，工作气体还包括惰性保护气体和运载气体。这些气体中一般都含有微量的杂质氧和吸附水，这些杂质在合成反应进行前都应予以除去，否则会影响合成反应进行或降低产物的质量和纯度。去除的方法是在反应前，采用变色硅胶或各类分子筛来清除各类气体中的水分，利用高效气体脱氧剂除去气体中的微量氧。对于各类惰性气体（如带酸性的或带碱性的气体），应选择相应的惰性脱水剂。如 NH_3 属于碱性气体，可使用碱性脱水剂除去其中的水分，避免在纯化过程中引发某些化学反应，降低 NH_3 原料的利用率。经过纯化处理的气体进行化学反应，可以有效地避免高温下的某些副反应发生，有利于提高产品的纯度。

（2）固体和气体原料的预处理和预混合　对于固态原料，要顺利进行化学气相反应，还必须预先制成相应的反应气体，即在气相合成反应前对固态原料进行蒸发处理，使其成为气相物质。为了提高反应气体的利用率、提高反应物的获得率，合成反应前还要对反应气进行预热处理。根据气体分子运动理论，在混气前对反应气进行预热，可以明显地提高反应气体分子的平均动能，为反应气均匀混合创造有利条件。对反应气预热，还可以提高原料的利用率以及相应纳米微粒的产率。

反应气预混合是提高纳米微粒生成率的重要一环。在远低于成核反应的温度下预先对各路反应气体进行混合，使各路反应气体分子在分子水平上达到均匀混合，为高温气相化学反应创造有利条件。在进行混合时，要根据合成目标物质的要求设定各路反应气体的化学计量比例，按照设定的比例实施混气。一些特殊的化学反应，如还原性反应，需根据具体情况确定还原气体同原料气体的流量比例。

（3）反应、成核与生长　经过预热和预混合处理的反应气体由运载气体吹送到反应成核区的合适位置，在入射激光光子的作用下，反应气体被加热，温度迅速上升到自发化学反应的阈值。此时反应区的温度可达 1500℃，在反应区域形成稳定的火焰，从反应区最底部开始，依次是中心高温区、反应火焰区和羽状区域。其中羽状区域就是生成纳米微粒的热粒子辐射区域。化学反应会首先从中心高温区域内引发，在反应火焰区完成核化反应，并生成大量的成核粒子。这些核化微粒在羽状区域完成凝聚与生长，再随着运载气体被输运，使得凝聚的纳米微粒脱离火焰区域，到达收集室。至此，纳米微粒制备过程完成。生成的纳米微粒的物理化学性质主要取决于合成工艺参数和相关的技术，如反应区温度、压力、反应气分压与配比，保护气分压、激光器输出功率、预处理工艺以及反应器的技术参数等。

3.2.5　等离子增强化学气相沉积技术

等离子体也是物质存在的一种状态，可以由电离气体形成。等离子体由大量带正、负电的粒子和中性粒子组成的，包括了六种典型的粒子，它们是：电子、正离子、负离子、激发态的原子或分子、基态的原子或分子以及光子。这些粒子的集体行为表现出一种准中性气体的特性。电离气体产生等离子体的技术有很多，如直流电弧产生等离子体技术、射频产生等离子体技术、混合产生等离子体技术、微波产生等离子体技术等。按等离子体火焰温度分类，可分为热等离子体和冷等离子体，以电场强度与气体压强之比 E/P 作为标准来进行区分，将该比值较低的等离子体称为热等离子体，该比值高的称为冷等离子体。无论是热等离子体，还是冷等离子体，温度都可以达到 3000K 以上。这样高的温度足以使绝大多数的材料发生充分的化学反应，完美地实现分解、表面改性，材料合成等化学过程。

等离子体作为热源的优点：①温度高，等离子体中心温度可达 10000℃ 左右；②活性高，等离子体是处于高度电离状态的气态物质，对发生化学反应有利；③气氛纯净、清洁，等离子体由纯净气体电离产生，不会含有普通化学火焰中存在的未燃烧尽的炭黑及其他杂质（这对制备高纯度颗粒粉体是很重要的）；④温度梯度大，等离子体反应器的温度梯度非常大，很容易获得高过饱和度，也很易实现快速淬冷。

物质微粒处于等离子体状态下，通过相互作用可以很快地获高温、高焓、高活性，使这些微粒具备了很高的化学活性和反应性，容易反应并获得比较完全的产物，可以制备出各类物质的纳米微粒。采用等离子增强化学气相沉积法制备物质的纳米颗粒具多方面的优势，如等离子体中具有较高的电离度和离解度，可得到多种活性组分，有利于各类化学反应进行。等离子体反应空间大，可以使相应的物质化学反应完全。由于该方法气氛容易控制，并可以在很大程度上避免因电极材料污染而造成的杂质引入，可以得到很高纯度的纳米微粒，也适合制备多组分、高熔点的化合物。作为理想高温热源，利用等离子体内的高能电子激活反应气体分子使之离解或电离，获得离子和大量活性基团，在收集体表面进行化学反应，形成纳米颗粒。选用不同的成流气体，形成氧化、还原或惰性气氛以制备各种氧化物、碳化物或氮化物纳米粒子。由于反应物利用率高、产率大，而使其应用范围拓宽。物料可采用固相、气相和液相的进料方式。与其他方法比较，等离子增强化学气相沉积技术更容易实现工业化生产，这是等离子增强化学气相沉积法制备纳米颗粒的一个明显优势。

1. 基本原理

无论是采用直流的、射频的、混合式的等离子体技术，还是采用微波等离子体技术，都可以实现无极放电，产生等离子体。等离子体是一种高温、高活性、离子化的导电流体，等离子体高温焰流中的活性原子、分子、离子或电子被高速发射到各种金属单质或化合物原料表面时，即刻就会溶入原料，使原料瞬间熔融，并使原料蒸发。蒸发的原料与等离子体或反应性气体发生化学反应，先是生成各类新的化合物粒子的核，这些粒子的核在脱离等离子体反应区后，就会形成相应化合物的纳米微粒。

采用等离子增强化学气相沉积法可以制备各类金属、金属氧化物以及各类化合物的纳米微粒，如采用等离子体焰流直接蒸发各类金属，在惰性气体保护下可以获得相应的金属纳米微粒。也可以利用等离子体直接蒸发金属化合物，在很高的温度下使金属化合物热分解，从而得到相应的金属纳米微粒。采用反应性等离子体蒸发法，在输入金属和保护性气体的同时，再输入相应的各种反应性气体，可以合成各种化合物的纳米微粒，同样道理，采用等离子增强化学气相沉积法，输入各种化合物气体和保护性的惰性气体，并输入相应的反应气体，可以合成各类化合物的纳米微粒。例如，将 Si_3N_4 原料（液体状）以 4g/min 的速度输入混合等离子体区，用分别导入的 H_2 进行热解，再在等离子体焰流的尾部用 NH_3 气体进行反应性淬火处理，可制成 Si_3N_4 的纳米微粒。这种 Si_3N_4 纳米微粒的粒径在 30nm 以下，为无定形物，呈白色，其中 N 含量为 30% ~ 37%（质量分数），Si 含量为 58% ~ 62%（质量分数），这表明它的纯度相当高。

2. 实验系统

等离子加强化学气相沉积的实验装置主要由等离子体发生装置、化学反应装置、冷却装置、收集装置及尾气处理装置等几部分组成。

等离子体作为化学气相沉积的热源，按产生方式分为直流等离子体和射频等离子体，直流等离子体喷管内阴极和阳极间由放电形成的电弧，借助于气体的作用从喷嘴中喷入沉积室，形成高速高能量电流体，将原本难以进行的反应转化为易实现的气-气反应。射频等离子体采用无电极放电，反应产品纯度较高。

3. 制备过程

等离子增强化学气相沉积合成纳米微粒的过程是：反应室抽真空后，充入纯净的惰性气体；接通电源，在极板上形成电弧，产生等离子体，同时导入各路反应气与保护气体。在极短的时间内，反应体系被等离子体高温焰流迅速加热，达到相应化学反应所需要的温度；各物质开始反应，很快完成微粒成核；由核生成的粒子在真空泵的抽运下，随即脱离高温反应区，最后被收集器捕集。整个制备过程各阶段分别是：等离子体产生、原料蒸发、化学反应、冷却凝聚、颗粒捕集和尾气处理等。

根据不同的合成目标物质，采用的具体制备方法是有所不同的，如可以利用高温等离子体焰流直接加热金属或金属化合物，并使其发生热分解反应，制取金属纳米微粒，即

$$金属化合物蒸发 \xrightarrow[反应气]{充入} 化学气相分解反应 \xrightarrow[凝聚]{急冷} 金属纳米微粒$$

制取化合物纳米微粒常用的方法是在等离子体高温下让作为原料的金属蒸发，并导入反应性气体，在等离子体焰流高温下引发相应的化学反应，形成金属化合物的纳米微粒，即

$$金属蒸发 \xrightarrow[反应气]{充入} 化学反应 \xrightarrow[凝聚]{急冷} 金属化合物纳米颗粒$$

制取的过程以产生等离子体为前提条件，在等离子体发生装置中引入工作气体，在高功率电场下使工作气体电离，并在反应室中形成稳定的高温等离子体焰流。过程的主体是等离子体焰流使原料物质受热、熔融、汽化，被汽化的气相原料与工作气体或反应气体发生气相化学反应、成核、凝并、生长，并迅速脱离反应区域，经过短暂的快速冷凝过程后，得到相应物质的纳米微粒。纳米微粒经运载气体携带进入收集装置中。制备过程中，反应系统的温度场分布、反应物浓度、压力以及产物的凝聚温度与速率对生成纳米微粒的物理化学性质都有重要影响。

4. 工艺控制

产生等离子体的方式有很多种，可以有直流电弧等离子体、高频等离子体、微波等离子体等。直流电弧等离子体的产生是通过在等离子体发生器两极间加直流电压，使工作气体分子电离，形成高温电弧，从而产生等离子体。直流电弧等离子体火焰中心温度高、高温区尺寸小，相应等离子焰流与反应器壁温度梯度约为 $10^5 \sim 10^6 K/m$。高频等离子体是利用高频电源线圈的电感耦合或电容耦合来产生的，这种方式的特征是等离子体焰流分布体积大，无电极污染。但高频等离子体流速低，相应的温度梯度较小。微波等离子体是使用微波来激发工

作气体放电，使工作气体电离。微波等离子体也属于无极放电。

在等离子增强化学气相沉积合成纳米微粒的过程中，温度对颗粒物的物性影响重大，因此对等离子体焰流温度场的控制就显得非常关键。采用直流电弧产生等离子体，该系统反应器内的温度场与等离子发生器的功率和气体流量有关。实验中可以通过调整发生器功率和各路气体流量变化，有效地控制反应器中等离子体的温度分布，同时还可以在等离子体焰流边界处形成大的温度梯度。高频等离子体，由于火焰分布体积大，容易造成等离子体的焰流发生紊乱。采用直流等离子体与高频等离子体结合的技术，使离子体沿着轴向喷射，能够有效避免等离子体焰流紊乱的现象，同时也可以使高频等离子体的分布得到调整。

在等离子体发生器与反应器中通常会存在层流、紊流，在混合气流体中存在速度分布场。这是由于不同的流体速度分布导致生成颗粒体的运动、传热方面的差异，最终使生成的纳米微粒具有不同的形态和性能。对等离子流体速度场的控制多半采用保护气稀释或改进反应器结构与相应的技术参数等措施，按合成目标物质的性能要求来调整流体的速度分布。

等离子体中具有浓度场分布的问题，气相原料与反应气体的浓度及保护气的配备比例在纳米微粒生成过程中起重要作用。在制取纳米颗粒的过程中，通过控制各组分的参量变化，可以在很大程度上改变混合流体中各离子与颗粒的比例，进而改变反应区域内的浓度分布、速度分布、电荷密度分布以及能量输运方式，最终控制产物在性能方面的差异。

在等离子增强化学气相沉积合成纳米微粒的过程中，控制颗粒形态的操作参量主要包括了反应物浓度、等离子体温度、淬冷条件、反应器设置参数等。等离子体化学反应很快，存在着化学平衡的问题，因此反应物流量与浓度控制是影响生成纳米微粒形态的关键性措施。在饱和蒸气中反应物成核、长大并获得最终颗粒的过程中，在等离子体条件下还可能会有其他一些新的特点，如颗粒将带有浮动电位，会影响颗粒间的碰撞与凝并状态，以及高低温之间的淬冷控制，会导致颗粒最终的晶型与形貌出现各异的表现形式，这些都必须随时注意加以防范。

3.2.6　金属有机化合物化学气相沉积技术

金属有机化合物化学气相沉积（MOCVD）技术制备纳米薄膜材料是用氢气把金属有机物蒸气和气态非金属氢化物送入反应室，通过加热来分解化合物，最后沉积到基片上生长形成薄膜，其原理与利用硅烷（SiH_4）热分解得到硅外延生长膜的技术基本相同。通常选用金属的烷基或芳烃基衍生物、乙酰基化合物、羟基化合物等作为原材料，生长成为 III-V 族化合物半导体薄膜。

MOCVD 系统分为卧式和立式两种。加热方式有高频感应加热和辐射加热。根据反应室的工作氛压可以分为常压金属有机化合物化学气相沉积（APMOCVD）和低压金属有机化合物化学气相沉积（LPMOCVD）。

气体输送系统的功能是向反应室输送各种气体反应剂，通过精确控制其浓度、送入时间和顺序以及流过反应室的总气体流速等，能够起到改变生长特定成分与结构的外延层的作用。

反应室是原材料在衬底上进行原位或外延生长的地方，它对生长层的厚度、组分的均匀性、异质结的结构及梯度、本底杂质浓度以及形成的膜的产量产生主要的影响。反应室一般由石英玻璃或不锈钢制成。反应室的结构有多种，应用最普遍的有两种：垂直和水平反应室。垂直反应室的反应物是从顶部引入，衬底平放在石墨基座的上面，在入口处安装一个小偏转器，把气流散开。水平反应室是利用一个矩形的石墨基座，为了改善均匀性，可稍做改进，把它倾斜放入气流，有时还可以在前方放一个石英偏转器，以减少气体几何湍流。这两种反应室容纳衬底少，适用于研究工作。除此之外，还有桶式反应室、高速旋转盘式反应室和扁平式旋转反应室，它们适用于多片批量生产，但对厚度、组分和掺杂均匀性的控制较困难。

由于 MOCVD 使用的原材料大多数是易自燃且有毒的，因此反应室排出的尾气在向大气排放前必须经过处理。常用的去掉有毒气体的方法有利用有物理吸附作用的活性炭过滤器，也可利用化学反应吸收毒气的干式或湿式过滤器，以及通过热分解或燃烧使毒气转化为粉尘再过滤的方法，也可将它们组合起来使用。

采用 MOCVD 技术制备纳米薄膜具有下列显著优点：

1）可以合成组分按任意比例组成的人工合成材料，形成厚度精确控制到原子级的薄膜和各种结构型薄膜，如量子阱、超晶格材料等。从理论上讲，有机物能同元素周期表上的所有元素，包括金属和非金属元素化合形成有机化合物，在较低的温度下成为气态，气体能以最快的速度均匀混合，形成的反应产物可以通过精确控制各种气体的流量来控制形成的膜层的成分、导电类型、载流子浓度、厚度等特性，可以生长薄到零点几纳米至几纳米的单层和多层结构。

2）可制成大面积均匀薄膜，还是一种较容易实现产业化的技术，如超大面积太阳能电池和电致发光显示板等。

3）由于不使用复杂的液体溶剂及采用高温气相反应，使得污染来源减到了最少，成为一种绝好的、纯净的材料生长技术。通过加上有机源特有的提纯技术可使 MOCVD 技术比采用其他半导体材料技术生长的材料纯度提高了一个数量级。

4）低气压外延生长提高了生长薄层的控制精度，能减少自掺杂。低压下，减少某些气相中的化学反应，便于生长特殊组分的化合物外延层。在特殊的衬底上进行外延生长，能减少外延生长过程的存储效应和过渡效应，从而获得衬底外延层界面杂质分布更陡的外延层。

下面介绍一个利用 MOCVD 法制备 ZnO 单晶薄膜的实例。采用单晶蓝宝石片作衬底，衬底用甲苯超声清洗 5min、丙酮超声清洗 5min、乙醇超声清洗 5min，然后再循环一次，经去离子水冲洗干净后放入恒温（160℃）的 $H_2SO_4 : H_3PO_4 = 3 : 1$（体积比）的混合液中腐蚀 15min，最后用去离子水冲洗干净，经高纯 N_2 风干后待用。接着将基片送入反应室，并置于一个最大转速可达 1000r/min 的衬底托盘上。由置于托盘的下方的加热丝对基片加热。高纯氮气作为辅气流，由反应室顶端经一气流密度疏导装置均匀下吹，抑制由于热效应形成的气流上返效应对薄膜生长质量所产生的不良影响。反应源为二乙基锌和氧气，超高纯度的氢气作锌源载体将二乙基锌从源瓶载出。由于二乙基锌与氧气在室温下即可发生剧烈反应，所以需通过两个喷腔分别进入反应室以避免预反应。样品生长条件为：反应室压力为 160Pa；氮气流量为 610mL/min；氧气流量为 120mL/min；携带锌源的氢气流量为 2mL/min；用来降低锌源到反应室时间的辅路氢气流量为 15mL/min；锌源温度为 -18℃；生长温度为 540℃。结果可生长形成 ZnO 纳米单晶薄膜的最大厚度约为 1μm。

第 4 章

纳米材料的液相法制备

液相反应法制备纳米微粒的基本特征是以均相溶液为起始点，通过多种途径完成化学反应，生成所需溶质，随后使溶质与溶剂分离，溶质形成特定形状和大小的颗粒作为前驱体，经过热解和干燥过程后制得纳米微粒。

4.1 沉 淀 法

沉淀法是将含有特定离子的可溶性盐溶解在适宜的溶剂中，从而制备出目标离子的盐溶液。随后，通过添加适当的沉淀剂，并在一定的温度条件下，使目标离子发生水解或直接沉淀反应，生成不溶性的氢氧化物、氧化物或无机盐，这些产物将从溶液中析出并沉淀下来。通过对沉淀物进行洗涤、分离、干燥等处理，或进一步进行烧结操作，可最终获得所需的纳米材料。以上所述过程可简略概括为

$$可溶性盐 \xrightarrow{溶剂} 离子溶液 \xrightarrow{调节 pH 值} 沉淀 \xrightarrow{分离} 沉淀物 \xrightarrow{洗涤、干燥、烧结} 产物$$

一般情况下，当颗粒的尺寸达到约 $1\mu m$ 时，就会出现沉淀现象并形成沉淀物。颗粒的尺寸主要取决于沉淀物的溶解度，溶解度越低，产物的颗粒尺寸越小。此外，颗粒的尺寸还会随着溶液过饱和度的减小而呈现出逐渐增大的趋势。

沉淀法是目前被广泛采用的液相化学合成纳米微粒的方法，其具备高纯度的特点。常见的沉淀法包括直接沉淀法、共沉淀法、均相沉淀法、化合物沉淀法和水解沉淀法等不同类型。

沉淀法的效果受多种影响因素控制，包括溶液的 pH 值、沉淀处理工艺、煅烧温度以及干燥工艺等。在这些因素中，对沉淀条件的精确控制尤为重要，以确保不同金属离子能够同时生成沉淀物，保障复合粉料化学组分的均匀性。

4.1.1 直接沉淀法

直接沉淀法是一种被广泛采用的制备超细微粒的方法，其基本原理是向金属盐溶液中添加特定的沉淀剂，在适当的条件下促使沉淀发生并析出，经过洗涤、热分解等处理工艺后获得超细的产物。不同的沉淀剂将产生不同的沉淀产物，常见的沉淀剂包括 $NH_3 \cdot H_2O$、$NaOH$、$(NH_4)_2CO_3$、Na_2CO_3、$(NH_4)_2C_2O_4$ 等。

通过向含有目标离子金属盐的溶液中加入适量的沉淀剂，在适宜的条件下促使沉淀产生并析出。随后，经过洗涤、干燥或焙烧等处理步骤，即可获得所需的目标产物。例如，在制备 $Ba_{1-x}Sr_xTiO_3$ 纳米粉体时，可将 $TiCl_4$ 在冰水浴中进行水解，然后向其中加入 BaX_2（X 为

Cl^-、NO_3^- 等）或（BaX_2+SrX_2）的水溶液［要求（$Ba+Sr$）/$Ti = 1.07$］。接着，将上述混合溶液与碱液 MOH（其中 M 为 K、Na 等）在 70～100℃范围内反应。在反应开始时，pH 值维持在 12～14 的范围内，当 pH 值变化不明显时，终止反应。反应结束后，迅速对沉淀物进行洗涤、过滤处理，然后在 100℃烘箱中干燥 12h，即可获得 $BaTiO_3$ 粉体和 $Ba_{1-x}Sr_xTiO_3$ 粉体。又如，在 $CaCl_2$ 溶液中滴加 Na_2CO_3 溶液，并利用乙醇来调控晶型，经陈化、过滤、洗涤和干燥等步骤后，可获得 $CaCO_3$ 纳米粉。

直接沉淀法具有操作简便、设备技术要求不高、杂质引入风险低、产品纯度高、化学计量性好以及成本相对较低等优势。然而，该方法也存在一定的缺点，即洗涤原溶液中的阴离子较为困难，所得产物的粒径分布较宽且分散性较差。

4.1.2 共沉淀法

在含有多种阳离子的溶液中加入沉淀剂后，实现所有离子完全沉淀的方法称为共沉淀法。该方法是制备含有两种以上金属元素的复合氧化物粉料的重要途径。

作为制备纳米粉体的一种主要方法，共沉淀法的核心在于严格控制制备过程中的多种工艺参数，这些参数包括但不限于化学配比、沉淀物的物理特性、pH 值、温度、溶剂和溶液的浓度、混合方式以及搅拌速率等。此外，焙烧温度和方式也是影响最终产物性质的关键因素。通过精确调控这些参数，可以合成出在原子或分子尺度上均匀混合的沉淀物。值得注意的是，不同的氢氧化物在溶度积方面存在显著差异，导致形成沉淀物前的过饱和溶液的稳定性也各不相同。这种特性使得溶液中的金属离子容易发生分步沉淀，进而影响到纳米粉体合成的均匀性。因此，采用共沉淀法制备纳米粉体的特殊前提是需要确保存在具有特定正离子比的初始前驱化合物。

在共沉淀过程中，有效控制粒径并防止颗粒间的团聚现象是一项至关重要的任务。为完成这一目标，采用高聚物作为分散剂是一种理想的方法，有助于通过共沉淀法制备纳米颗粒材料。高聚物作为分散剂的机理在于，无机微粒表面与聚合物之间除了静电作用和范德华力外，还能形成氢键或配位键。这些作用力使纳米微粒表面吸附一层高分子，形成保护膜，从而减弱或屏蔽粒子间由于高表面活性引起的缔合力，有效阻止粒子间的团聚。此外，聚合物的吸附还产生了一种新的斥力，使粒子再团聚变得十分困难。聚合物通常具有长的分子链，这些分子链在刚生成的晶粒表面发生缠绕，进一步阻止了晶粒的增长。通过利用聚合物的这种分散作用，可以精确地控制纳米微粒的大小，并改善其表面状态。

共沉淀法因其在制备过程中能够同步完成反应与掺杂，故在功能陶瓷纳米颗粒的制备中得到了广泛应用。这些纳米颗粒包括但不限于 PZT（锆钛酸铅薄膜）系的电子陶瓷，如 $BaTiO_3$、$PbTiO_3$，以及复合纳米陶瓷体，如 ZrO_2-Y_2O_3、ZrO_2-MgO 和 ZrO_2-Al_2O_3 等。该方法的核心目标在于确保溶液中的特定阴离子与其他离子共同沉淀，从而防止特定离子单独沉淀的情况发生，实现各阴离子在溶液中的原子级混合。为实现这一目标，溶液的 pH 值成为关键因素。通过调配氢氧化物、碳酸盐、硫酸盐、草酸盐等物质形成的共沉淀溶液，可以在广泛的 pH 值范围内实现这一调节。

在多数情形下，溶液中的离子会按照满足沉淀条件的次序，随着 pH 值的提升逐一沉淀，形成由单一或多种离子构成的混合沉淀物。从这个角度来看，沉淀往往是逐个发生的，而要让溶液中的多种离子一起沉淀是相当困难的。为了调整这种逐一沉淀的情况，可以提升作为沉淀剂的氢氧化钠或氨水溶液的浓度，随后加入金属盐溶液。这样，溶液中的所有离子能同时满足沉淀条件。此外，对溶液进行强烈的搅拌也是必要的，以确保沉淀的均匀性。这些措施在很大程度上能够防止逐一沉淀的发生。然而，值得注意的是，即使采用了这些方法，当通过加热反应使沉淀物转变为化合物时，仍然可能无法有效控制其组成的均匀性。因此，从本质上讲，共沉淀法仍然属于逐一沉淀的范畴，其最终产物仅是一种混合物。对于如何克服共沉淀法的缺陷，并在原子尺度上实现成分的均匀混合，目前仍在深入探索之中。

共沉淀法根据沉淀类型可分为单相共沉淀和混合（物）共沉淀。

（1）单相共沉淀　沉淀物为单一化合物或单相固溶体时，称为单相共沉淀。在溶液中，参与反应的离子以化学计量化合物的形式沉淀，其配比组成需保持相等。当沉淀颗粒的元素之比与化合物的元素之比相等时，沉淀物在原子尺度上呈现出均匀的组成。对于由两种以上反应元素构成的化合物，若反应元素之比遵循倍比法则，即保持简单的整数比，那么组成的均匀性基本可以得到保障。然而，若要加入其他微量成分，保持组成的均匀性就会变得较为困难。采用化合物沉淀法分散微量成分，以实现原子尺度上的均匀性，从而形成化学计量固溶体化合物，理论上可取得良好效果。然而，在实际情况中，能够利用的形成固溶体的方法却相当有限，因为可形成固溶体的系统并不普遍。此外，通过固溶体方法形成的沉淀物的组成往往与预期的配比组成存在差异。因此，在合成产物微粉时，对溶液的组成和沉淀组成的管理显得尤为重要。在利用化合物沉淀法合成纳米微粉的过程中，中间产物的生成是不可避免的。中间产物间的热稳定性差异越大，所合成的微粉组成的不均匀性也就越大。由此可见，该方法的缺点在于其适用范围有限，仅适用于少数可形成相应固溶体沉淀的化合物。虽然单一化合物沉淀法能够制备出组成均匀性优良的纳米微粉，但在获得最终化合物微粉之前，仍需对这些微粉进行加热处理。热处理后，微粉沉淀物是否保持其组成的均匀性，还需满足一定的条件。

图 4-1 展示了利用草酸盐进行化合物沉淀的合成装置。作为化合物沉淀法的合成范例，草酸盐化合物已经得到了广泛的研究。例如，通过 $BaTiO(C_2O_4)_2 \cdot 4H_2O$、$BaSn(C_2O_4)_2 \cdot 1/2H_2O$、$CaZrO(C_2O_4)_2 \cdot 2H_2O$ 分别合成 $BaTiO_3$、$BaSnO_3$、$CaZrO$ 等化合物。此外，还有利用 $LaFe(CN)_6 \cdot 5H_2O$ 等氰化物来合成 $LaFeO_3$。化合物沉淀法是一种能够获得组成均匀性优良的微粉的有效方法。然而，为了得到最终的化合物微粉，这些微粉还需要经过加热处理。关于热处理后微粉沉淀物是否保持其组成的均匀性，目前仍存在争议。例如，在 Ba、Ti 的硝酸盐溶液中加入草酸沉淀剂后，形成了单相化合物 $BaTiO(C_2H_4)_2 \cdot 4H_2O$ 沉淀，同样地，在 $BaCl_2$ 和 $TiCl_4$ 的混合水溶液中加入草酸后也能得到单一化合物 $BaTiO(C_2H_4)_2 \cdot 4H_2O$ 沉淀。由 $BaTiO(C_2H_4)_2 \cdot 4H_2O$ 合成 $BaTiO_3$ 微粉时，$BaTiO(C_2H_4)_2 \cdot 4H_2O$ 沉淀在煅烧过程中会发生热解，即

$$BaTiO(C_2O_4)_2 \cdot 4H_2O \rightarrow BaTiO(C_2O_4)_2 + 4H_2O$$

$$BaTiO(C_2O_4)_2 + \frac{1}{2}O_2 \rightarrow BaCO_3(无定形) + TiO_2(无定形) + CO + CO_2$$

$$BaCO_3(无定形) + TiO_2(无定形) \rightarrow BaCO_3(结晶) + TiO_2(结晶)$$

经过科学研究发现，钛酸钡（$BaTiO_3$）的合成过程并非直接通过沉淀物 $BaTiO(C_2H_4)_2 \cdot 4H_2O$ 微粒的热解完成。实际上，该物质会先分解为碳酸钡（$BaCO_3$）和二氧化钛（TiO_2），随后二者间通过固相反应合成钛酸钡。由于热解生成的碳酸钡和二氧化钛是微细颗粒且具有

高活性，此合成反应在较低温度 450℃ 时便开始进行。但要获得完全单一相的钛酸钡，则需将温度提升至 750℃。在这一过程中，各种温度下均会有中间产物参与反应，这些中间产物的反应活性也各不相同。因此，$BaTiO(C_2H_4)_2 \cdot 4H_2O$ 沉淀原有的良好化学计量性在此过程中将逐渐丧失。在利用化合物沉淀法合成微粉的过程中，中间产物的生成是普遍存在的现象。中间产物间的热稳定性差异越大，最终合成的微粉组成的不均匀性也将越显著。这种方法的应用范围较为有限，主要适用于部分草酸盐沉淀，如二价金属草酸盐间形成的固溶体沉淀。

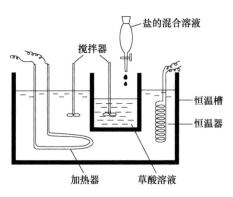

图 4-1　利用草酸盐进行化合物
沉淀的合成装置

（2）混合（物）共沉淀　混合共沉淀的沉淀产物呈现为复杂的混合物，其生成过程极为繁琐。在溶液中，各类阳离子无法同时实现沉淀，且各离子沉淀的先后顺序与溶液的酸碱度值（pH 值）紧密相关。为确保沉淀物均匀分布，通常采取的做法是将含有多种阳离子的盐溶液逐步、缓慢地加入到过量的沉淀剂中，并进行充分的搅拌操作。

以 La_2O_3、$Al(NO_3)_3 \cdot 9H_2O$、$Mg(NO_3)_2 \cdot 9H_2O$ 作为主要原料，同时利用浓硝酸和浓氨水作为关键试剂，进行镁基六铝酸镧粉体的制备过程。在这一过程中，涉及多个化学反应步骤。例如，配制溶液的化学反应式为

$$La_2O_3 + 6HNO_3 \rightarrow 2La(NO_3)_3 + 3H_2O$$
$$Al(NO_3)_3 \cdot 9H_2O \rightarrow Al(NO_3)_3 + 9H_2O$$
$$Mg(NO_3)_2 \cdot 6H_2O \rightarrow Mg(NO_3)_2 + 6H_2O$$

在沉淀过程中的化学反应式为

$$La(NO_3)_3 + 3NH_3 \cdot H_2O \rightarrow La(OH)_3 \downarrow + 3NH_4NO_3$$
$$Al(NO_3)_3 + 3NH_3 \cdot H_2O \rightarrow Al(OH)_3 \downarrow + 3NH_4NO_3$$
$$Mg(NO_3)_2 + 2NH_3 \cdot H_2O \rightarrow Mg(OH)_2 \downarrow + 2NH_4NO_3$$

在焙烧过程中的化学反应式为

$$2Al(OH)_3 \rightarrow Al_2O_3 + 3H_2O$$
$$2La(OH)_3 \rightarrow La_2O_3 + 3H_2O$$
$$Mg(OH)_2 \rightarrow MgO + H_2O$$

以 $ZrOCl_2 \cdot 8H_2O$ 和 Y_2O_3（化学纯）为起始原料，经过特定的化学处理，制备 $ZrO_2\text{-}Y_2O_3$ 纳米粒子的过程为：首先，将 Y_2O_3 溶解在盐酸中，生成 YCl_3；随后，将 $ZrOCl_2 \cdot 8H_2O$ 和 Y_2O_3 混合，配制成一定浓度的溶液；在此溶液中，加入 NH_4OH，使 $Zr(OH)_4$ 和 $Y(OH)_3$ 的沉淀粒子逐渐生成，这些沉淀粒子是制备 $ZrO_2\text{-}Y_2O_3$ 纳米粒子的关键前驱体。反应式为

$$ZrOCl_2 + 2NH_4OH + H_2O \rightarrow Zr(OH)_4 \downarrow + 2NH_4Cl$$
$$YCl_3 + 3NH_4OH \rightarrow Y(OH)_3 \downarrow + 3NH_4Cl$$

经过洗涤、脱水和煅烧处理的氢氧化物共沉淀物可转化为具有高烧结活性的 $ZrO_2\text{-}Y_2O_3$ 微粒。共沉淀过程涉及复杂的化学反应，其中不同阳离子在溶液中的沉淀行为各异，且其沉淀的先后顺序与溶液的 pH 值密切相关。以 Zr、Y、Mg、Ca 的氯化物为例，当这些盐溶解于

水中形成溶液后，随着 pH 值的逐渐增大，各金属离子发生沉淀的 pH 值范围将有所不同。

水溶液中锆离子和稳定剂离子的浓度与 pH 值的关系，如图 4-2 所示。为实现沉淀的均匀性，通常采取的策略是将含多种阳离子的盐溶液缓慢加入到过量的沉淀剂中，并在搅拌的条件下进行，以确保沉淀离子的浓度远超平衡浓度，从而使各组分能够按比例同时沉淀出来，形成较为均匀的沉淀物。然而，由于不同组分间沉淀产生的浓度和速度差异，溶液的原始原子级均匀性可能会在一定程度上丧失。所得沉淀物通常为氢氧化物或水合氧化物，但也有可能是草酸盐、碳酸盐等其他形式的产物。

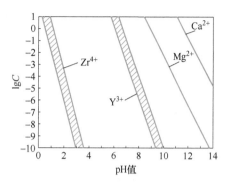

图 4-2　水溶液中锆离子和稳定剂离子的
浓度与 pH 值的关系
注：C 为浓度，单位为 mol/L。

4.1.3　均相沉淀法

溶液的沉淀过程一般来说是不平衡的，这是因为沉淀反应受到许多因素的影响，如反应物的浓度、温度、溶液的 pH 值等。然而，如果采取一种特殊的方法，即使溶液中的沉淀剂浓度以缓慢的速度增加，那么就可以使溶液中的沉淀过程达到平衡状态。这种特殊的沉淀方法被称为均相沉淀。

均相沉淀法的典型例子是利用尿素水解制备前驱体 $Fe(OH)_3$。尿素在受热水解的过程中，其水解速度相对较慢，释放出的沉淀剂 OH^- 能够均匀地分布在溶液中。同时，OH^- 与溶液中的 Fe^{3+} 充分反应，避免了沉淀剂局部不均匀的现象。因此，采用这种方法制备的纳米材料具有粒径分布均匀、分散性好等优点。

根据化学反应机理，均相沉淀法可以被分为几种不同的类型，包括控制溶液 pH 值的均相沉淀、酯类或其他化合物水解产生所需的沉淀离子、络合物分解以释出待沉淀离子、氧化还原反应产生所需的沉淀离子、合成螯合沉淀剂法以及酶化学反应。

尿素水解法是控制溶液 pH 值的均相沉淀的一种方法，这种方法不但可以用来制取紧密的、较重的无定形沉淀，也可用于沉淀草酸钙、铬酸钡等晶态沉淀。草酸钙在酸性溶液中可溶，通过尿素水解缓慢升高 pH 值，草酸钙就会生长为晶形良好的粗粒沉淀。此外，这种方法还包括缓慢降低溶液 pH 值的办法，如利用 β-羟乙基乙酸酯水解生成的乙酸，缓慢降低溶液 pH 值，可以使 $[Ag(NH_3)_2]Cl$ 分解，生成大颗粒的氯化银晶体沉淀。

酯类或其他化合物水解产生所需的沉淀离子，这类方法所用的试剂种类很多，控制释出的离子有 PO_4^{3-}、SO_4^{2-}、$C_2O_4^{2-}$、CO_3^{2-}、Cl^- 等，以及 8-羟基喹啉、N-苯甲酰胺等有机沉淀剂。所得的沉淀绝大部分属于晶态沉淀，只要控制好反应的速率，就能得到晶形良好的大颗粒晶体，从而减少了共沉淀现象，取得好的分离效果。

络合物分解法是另一种均相沉淀法，该方法通过分解钨的氯络合物或草酸络合物，析出密实、沉重的钨酸沉淀。这是采用控制金属离子释出速率的办法进行的均相沉淀法。类似的方法还有利用乙二胺四乙酸（EDTA）络合金属离子，然后以过氧化氢氧化分解 EDTA，使释出的金属离子进行均相沉淀。络合物分解法通常能获得良好的沉淀，但由于反应过程中破坏了络合剂，有时候沉淀分离的选择性会受到影响。

氧化还原反应产生所需的沉淀离子，例如，用 ClO_3^- 氧化 I^- 成 IO_3^-，使钍沉淀成为碘酸钍。IO_3^- 离子也可由高碘酸还原而得，还可以在有 IO_3^- 的硝酸溶液中，用过硫酸铵或溴酸钠作氧化剂，把 $Ce(Ⅲ)$ 氧化为 $Ce(Ⅳ)$，这样所得的碘酸高铈，质地密实，便于过滤和洗涤，可使铈与其他稀土元素很好地分离，灼烧成氧化物后，适合于做铈的定量分析。

合成螯合沉淀剂法是另一种均相沉淀法，这种方法是在溶液中让构造简单的试剂合成为结构复杂的螯合沉淀剂，以进行均相沉淀。例如：借助于亚硝酸钠与 β-萘酚反应合成 α-亚硝基-β-萘酚，可均相沉淀钴；借助于丁二酮与羟胺合成丁二酮肟，可均相沉淀镍和钯；用苯胺与亚硝酸钠合成 N-亚硝基苯胺，可均相沉淀铜、铁、钛、锆等。

酶化学反应也是均相沉淀法的一种，20 世纪 70 年代开始被应用。例如，$Mn(Ⅱ)$ 和 8-羟基喹啉生成的螯合物在 pH 值为 5 时并不沉淀。加入尿素，置于 35℃ 恒温水浴中，由于该温度下尿素基本不水解，仍不起反应，溶液依然是澄清的。加入很少量的脲酶后，脲酶对尿素水解有催化作用，溶液的 pH 值才缓慢上升，这样可得性能良好的 $Mn(C_9H_6ON)_2$ 沉淀。过滤洗净后，在 170℃ 的温度下烘干称重，即可测定锰。

这些不同类型的均相沉淀法在实际应用中具有广泛的价值，为我国化学研究和工业生产做出了巨大贡献。

均相沉淀法作为一种纳米材料制备方法，在科研和工业领域备受关注。它具有以下几个显著优点：

1）高度可控性。通过精细调节反应条件和选择合适的前体物质，研究人员可以实现对纳米颗粒尺寸、形貌和组成的精确控制。这使制备具有特定性能的纳米材料成为可能。

2）单步合成。均相沉淀法能够在单一反应容器中完成整个合成过程，大大简化了制备流程。这有助于降低纳米材料制备的复杂性，能提高生产率。

3）高纯度。得益于均相溶液中的沉淀过程，该方法可以有效避免杂质的引入，从而提高纳米材料的纯度。而高纯度纳米材料在诸多领域具有更广泛的应用前景。

4）易于扩展。由于反应过程相对简单，且可在常规设备中进行，均相沉淀法在大规模生产中具有较好的应用潜力。这为纳米材料在我国产业结构升级、高新技术产业发展等方面发挥作用提供了有力支持。

然而，均相沉淀法在实际应用中也面临如下挑战和限制：

1）控制反应条件的挑战。要实现对纳米颗粒的精确控制，需要准确控制反应条件，如温度、pH 值、浓度等。这要求研究人员具备较高的实验技巧和理论素养。

2）产物分散性。在实际操作过程中，有时可能会出现产物聚集或不均匀分散的问题。这会对纳米材料的性能和应用产生不良影响，因此需要关注和解决这一问题。

3）溶剂选择。溶剂在均相沉淀法中起着关键作用，需要选择合适的溶剂以确保前体物质的溶解和反应过程的顺利进行。溶剂的选择不仅影响纳米颗粒的制备效果，还关系到生产成本和环保问题。

4）后处理步骤。在得到沉淀物后，可能需要进行额外的后处理步骤，如洗涤、干燥和分散。这些步骤对纳米材料的形态和性能具有重要作用，需要合理安排和优化。

总之，均相沉淀法作为一种纳米材料制备方法，在优点和挑战之间找到了一个平衡点。通过不断优化实验条件和策略，研究人员可以克服其中的限制，充分发挥该方法的优势，为我国纳米材料研究和产业发展贡献力量。随着均相沉淀法的不断发展和完善，研究人员正努力克服其局限性，以实现更高效、更绿色的纳米材料制备，主要包括：

1）寻找环境友好型沉淀剂。为了降低均相沉淀法对环境的不良影响，研究人员正努力开发新型环保沉淀剂，如生物降解性聚合物、天然产物等。这将有助于提高纳米材料制备过程的可持续性。

2）优化溶剂系统。溶剂的选择对纳米颗粒的制备效果具有重要影响。因此，研究者在寻找具有高溶解度、良好反应性和环保特性的溶剂，以实现更高效、绿色的制备过程。

3）催化剂和催化剂载体研究。为了提高均相沉淀法的反应速率和产率，研究人员正在研究新型催化剂和催化剂载体。这些研究将有助于提高纳米颗粒的制备效率和性能。

4）纳米材料的表面修饰。通过对纳米材料表面进行修饰，可以改善其分散性、稳定性和功能性。这将为纳米材料在各种领域的应用提供更多可能性。

5）智能化控制策略。借助人工智能、机器学习等技术，研究者可以更精确地控制反应条件，实现对纳米颗粒尺寸、形貌和组成的精确调控。这将有助于提高纳米材料的性能和应用价值。

6）产业化应用。随着均相沉淀法技术的进步，其在纳米材料制备领域的应用将更加广泛。预计未来将在电子、能源、环保、生物医学等领域取得重要突破。

总之，均相沉淀法作为一种具有高度可控性、单步合成、高纯度等优点的纳米材料制备方法，在我国化学研究和工业生产中具有重要价值。通过不断优化实验条件和策略，克服其局限性，研究人员将充分发挥该方法的优势，推动我国纳米材料研究和产业发展。同时，探索绿色、环保的制备工艺和智能化控制策略，将有助于提升纳米材料制备过程的可持续性和竞争力。在产业化应用方面，纳米材料将为我国产业结构升级、高新技术产业发展提供有力支持。

4.1.4　化合物沉淀法

化合物沉淀法是一种制备纳米颗粒的重要方法，其基本原理是通过控制溶液中离子的化学计量比，使离子在溶液中发生化学反应，最终形成具有特定化学计量比的化合物沉淀物。这种方法具有简单、易行、适用范围广等优点，因此在纳米材料制备领域得到了广泛应用。

化合物沉淀法的基本原理。在溶液中，离子之间存在着相互作用力，当离子之间的相互作用力足够强时，它们就会结合在一起形成化合物。通过控制溶液中离子的浓度和化学计量比，可以使离子按照特定的比例结合，从而得到具有特定化学计量比的化合物沉淀物。这种方法的关键在于控制离子的化学计量比，以确保沉淀物的组成与目标化合物一致。

化合物沉淀法通常需要使用一种或多种沉淀剂，以促进离子之间的结合。常见的沉淀剂包括氢氧化物、氧化物、硫化物等。选择合适的沉淀剂需要考虑离子的性质、反应条件以及所需的纳米颗粒性质等因素。此外，反应条件如温度、pH 值等也会对沉淀物的形成和性质产生影响。

化合物沉淀法的优点在于可以制备多种化合物，并且可以通过控制离子的化学计量比来实现纳米颗粒的均匀组合。对于由二元或以上元素组成的化合物，当元素之比呈现简单的整数比时，可以保证生成均匀组合的化合物。然而，当引入其他微量成分时，沉淀物组成的均匀性就难以控制。这主要是因为微量成分的引入可能会破坏原有的离子平衡，导致沉淀物的组成偏离目标化合物。

尽管存在这些挑战，但化合物沉淀法仍然是一种制备组分均匀的纳米颗粒的较为理想的方法。在实际应用中，可以通过优化反应条件、选择合适的沉淀剂以及控制离子的化学计量比等手段来提高沉淀物的均匀性和纯度。此外，还可以结合其他纳米材料制备技术，如热处理、表面修饰等，对沉淀物进行进一步的处理和优化，以获得具有优异性能的纳米颗粒。

总之，化合物沉淀法是一种重要的纳米颗粒制备方法，具有广泛的应用前景。通过深入理解其基本原理和影响因素，更好地掌握这种方法，为纳米材料制备领域的发展做出贡献。

此外，化合物沉淀法不仅适用于实验室规模的小批量生产，还可扩展至大规模工业化生产。这是因为该方法操作简单，原料成本相对较低，且设备要求不高，使得其在实际生产中具有很大的竞争力。然而，要实现工业化生产，还需要解决一些关键问题，如提高生产率、降低能耗、减少废弃物排放等。

在提高生产率方面，可以通过优化工艺流程、使用高效反应器和设备、实现自动化控制等手段来实现。这不仅可以提高生产速度，还可以减少人力成本，从而提高企业的竞争力。在降低能耗方面，可以通过优化反应条件、选择节能设备、回收利用热能等手段来减少能源消耗。这不仅可以降低生产成本，还有助于实现可持续发展的目标。

在减少废弃物排放方面，可以通过提高原料利用率、回收利用废水废渣、采用环保处理技术等手段来减少废弃物的产生和排放。这不仅可以减少环境污染，还可以降低企业的环保成本。此外，在废弃物处理过程中还可以提取有价值的成分，为企业创造额外的经济效益。

除了上述关键问题外，化合物沉淀法在纳米材料制备领域还面临着一些机遇和挑战。例如，随着纳米技术的不断发展，人们对纳米颗粒的性能要求越来越高。因此，需要不断研究和开发新的化合物沉淀技术，以满足不同领域对纳米材料的需求。同时，随着环保意识的日益增强，如何在保证产品质量的同时实现绿色生产也是化合物沉淀法需要面对的重要课题。

化合物沉淀法作为一种重要的纳米颗粒制备方法，在未来的发展中具有很大的潜力和前景。通过解决关键问题、面对挑战并抓住机遇，可以进一步推动该方法的应用和发展，为纳米材料制备领域的进步和可持续发展做出更大贡献。

4.1.5　水解沉淀法

水解沉淀法也可实现均匀沉淀。鉴于反应原料为金属盐和水，分别为水解反应的对象，产物通常为氢氧化物或水合物。只要金属盐可高度精制，便易于获得高纯度纳米微粉。此法所得产品颗粒均匀、致密，利于过滤洗涤，是实现工业化较佳的方法。

多种化合物可通过水解生成相应沉淀物，以制备纳米颗粒。水溶液配制原料包括各类无机盐，如氯化物、硫酸盐、硝酸盐、氨盐等。氢氧化物、水合物为水解反应对象，金属盐和水或金属醇盐也可采用。常见方法包括无机盐水解沉淀与醇盐水解沉淀。

通过配制无机盐水合物实施无机盐水解沉淀、控制水解条件，可合成单分散性球或立方体等形状的纳米颗粒。该法适用于各类新材料合成，具有广泛应用前景。例如，通过钛盐溶液水解沉淀，可制备球状单分散 TiO_2 纳米颗粒；又如，水解三价铁盐溶液并沉淀，获得相应氧化铁的纳米颗粒。

图 4-3 展示了采用无机盐水解法制备氧化锆纳米粉的工艺流程。生成的沉淀物为水合氧化锆，其粒径、形态和晶型等因素会随着溶液初始浓度和 pH 值等条件的变化而变化。在优化条件下，可获得粒径约为 20nm 的氧化锆纳米粉。

在 20min 至两周的期间内，通过逐步添加水分的方式，能够分解铬矾溶液、硫酸铝溶液、氯化钛溶液以及硝酸钛溶液。在硫酸离子与磷酸离子的作用下，可以制得具有球状结构的单分散含水氧化铬、含水氧化铝、金红石以及含水氧化钛的纳米颗粒，这些颗粒在涂料和宝石掺杂等领域具有广泛应用。

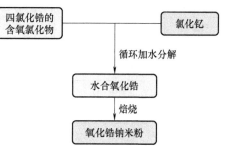

图 4-3　采用无机盐水解法制备氧化锆纳米粉的工艺流程

同时，有机化合物亦可通过水解沉淀法转化为相应的纳米颗粒。金属醇盐，作为一类重要的有机金属化合物，其通式为 $M(OR)_x$，其中 M 代表金属元素，是由醇 ROH 中的羟基 H 被金属 M 取代而生成的有机诱导剂。金属醇盐在化学性质上往往呈现出与羟基化合物相似的特征，包括显著的碱性和酸性等。当金属醇盐与水发生反应时，能够生成氧化物、氢氧化物以及水合物的沉淀。基于这一特性，通过选择不同种类的醇盐，并经过水解、沉淀、干燥等步骤，可以制备出多种氧化物陶瓷纳米颗粒。

金属有机醇盐能够溶于有机溶剂并发生水解，生成氢氧化物或氧化物沉淀，这一特性使得其在纳米微粉料的制备中具有显著优势。首先，采用高纯度的有机试剂作为金属醇盐的溶剂，有助于提高产物氧化物纳米微粉的纯度。其次，可以根据需求制备符合化学计量比要求的复合氧化物纳米微粉。

复合氧化物纳米微粉的一个重要评价指标是氧化物粉末颗粒之间组成的均一性。通过醇盐水解法，能够获得具有统一组成的微粒。例如，通过金属醇盐合成的 $SrTiO_3$，经过能谱分析发现，不同浓度醇盐合成的 $SrTiO_3$ 微粒的 Sr/Ti 之比均非常接近 1。实验结果进一步显示，随着浓度的增加，颗粒组成的偏差会相应增大。在分子水平上，两种物质能够实现混合，在较低的醇浓度下，溶液呈透明状，而在高醇盐浓度下，溶液则转变为乳浊状，这主要归因于两种物质混合的不均匀性，从而导致组分偏离了化学计量比。

在醇盐水解生成的沉淀物为氧化物时，可进行直接干燥，从而获得相应的陶瓷纳米颗粒。然而，当沉淀物为氢氧化物或水合物时，需经过高温煅烧热处理，才能得到相应的氧化物纳米颗粒。值得注意的是，除硅和磷的醇盐外，大部分金属醇盐与水反应迅速，并生成氧化物、氢氧化物和水合氧化物的沉淀。

当沉淀物为氧化物时，可直接进行干燥处理。经过煅烧后，氢氧化物和水合物沉淀物转变为氧化物粉末。此方法可制备多种金属氧化物或复合金属氧化物粉末。表 4-1 列举了部分金属对应的醇盐的水解产物。由于水解条件各异，生成的沉淀类型也不同。表 4-2 根据氧化物粉末的沉淀状态，分类列出了氧化物。

表 4-1　部分金属对应的醇盐的水解产物

金属元素	水解产物	金属元素	水解产物	金属元素	水解产物
Li	LiOH(s)		FeOOH(a)	Sn	$Sn(OH)_4(a)$
Na	NaOH(s)	Fe	$Fe(OH)_2(c)$	Pb	$PbO \cdot 1/3H_2O(c)$
K	KOH(a)		$Fe(OH)_3(a)$		PbO(c)
Be	$Be(OH)_2(c)$		$Fe_3O_4(c)$	As	$As_2O_3(c)$
Mg	$Mg(OH)_2(c)$	Co	$Co(OH)_2(a)$	Sb	$Sb_2O_3(c)$

（续）

金属元素	水解产物	金属元素	水解产物	金属元素	水解产物
Ca	$Ca(OH)_2(s)$	Cu	$CuO(c)$	Bi	$Bi_2O_3(a)$
Sr	$Sr(OH)_2(a)$	Zn	$ZnO(c)$	Te	$TeO_2(c)$
Ba	$Ba(OH)_2(s)$	Cd	$Cd(OH)_2(c)$	Y	$YOOH(a)$
Ti	$TiO_2(a)$	Al	$AlOOH(c)$		$Y(OH)_3(a)$
Zr	$ZrO_2(a)$	Al	$Al(OH)_3(c)$	La	$La(OH)_3(c)$
Nb	$Nb(OH)_5(a)$	Ga	$GaOOH(c)$	Nd	$Nd(OH)_3(c)$
Ta	$Ta(OH)_5(s)$	Ga	$Ga(OH)_3(a)$	Sm	$Sm(OH)_3(c)$
Mn	$MnOOH(c)$	In	$In(OH)_3(c)$	Eu	$Eu(OH)_3(c)$
Mn	$Mn(OH)_2(a)$	Si	$Si(OH)_4(a)$	Gd	$Gd(OH)_3(c)$
Mn	$Mn_3O_4(c)$	Ge	$GeO_2(c)$	Gd	

注：（a）为无定形；（c）为结晶形；（s）为水溶解。

表 4-2　氧化物粉末的不同沉淀状态

结晶性粉末	$BaTiO_3$，$SrTiO_3$，$BaZrO_3$，$Ba(Ti_{1-x}Zr_x)O_3$，$Sr(Ti_{1-x}Zr_x)O_3$，$(Ba_{1-x}Sr_x)TiO_3$，$MnFe_2O_4$，$CoFe_2O_4$，$NiFe_2O_4$，$ZnFe_2O_4$，$(Mn_{1-x}Zn_x)Fe_2O_4$，Zn_2GeO_4，$PbWO_4$，$SrAs_2O_6$
结晶氢氧化物粉末，经煅烧成氧化物	$BaSnO_3$，$SrSnO_3$，$PbSnO_3$，$CaSnO_3$，$MgSnO_3$，$SrGeO_3$，$PbGeO_3$，$SrTeO_3$

不同类型的金属醇盐制备复合氧化物纳米微粉的方法并不完全一致。在复合醇盐中，金属醇化物具有 M—O—C 键，由于氧原子电负性较高，M—O 键呈现出较强的极性。这类正电性较强的元素醇化物表现为离子性，而负电性较强元素的醇化物则呈现共价性。相较于金属氢氧化物，金属醇化物 M(OR) 相当于烃基取代了 M(OH) 中的 H，因此，正电性较强的金属醇化物表现出碱性，负电性较强元素的醇化物则表现出酸性。在此基础上，碱性醇盐与酸性醇盐会发生中和反应，生成复合醇化物。

$$MOR+M'(OR)n \rightarrow M[M'(OR)m+1]$$

复合醇盐水解后产生的沉淀物通常为原子级均匀混合的无定形物质。以 $Ni[Fe(OEt)_4]_2$、$Co[Fe(OEt)_4]_2$、$Zn[Fe(OEt)_4]_2$ 为例，其水解产物均为无定形沉淀，经灼烧后生成的相应产物分别为 $NiFe_2O_4$、$CoFe_2O_4$、$ZnFe_2O_4$。

在金属醇盐混合溶液中，各金属醇盐间并无化学结合，仅处于分子级水平的混合状态，因此其水解过程表现出分离倾向。尽管多数金属醇盐的水解速率颇高，但它们仍能维持粒子组成的均一性。

常用的醇溶剂包括甲醇、异丁醇、异丙醇、正丁醇等，这些醇的选择对最终合成的纳米微粉并无本质影响。原因在于醇盐的烃基对粉末颗粒的粒径及粒形影响有限，均可获得单相的结晶性产物。这一结论得到了产物钛酸钡的 X 射线衍射图、差热分析及电子显微镜观察结果的验证。图 4-4 展示了使用不同醇合成的钛酸钡粉末的 X 射线谱，醇的沸点越高，所得材料的结晶性越佳。

这种由金属醇盐水解生成的氧化物颗粒完全不溶于反应溶剂，因此调整粒径的关键在于控制水解反应中醇盐的浓度。以合成 $BaTiO_3$ 为例，当醇盐浓度在 $0.01 \sim 1mol/L$ 范围内变化时，醇盐浓度与一次颗粒粒径之间的关系如图 4-5 所示。在低浓度区域，粒径约为 10nm；随着浓度增加，粒径逐渐接近 15nm 并保持相对稳定。即使醇盐浓度变化达 100 倍，$BaTiO_3$ 颗粒的粒径也几乎保持不变。由此可推断，由醇盐合成的纳米微粉其粒径分布较为一致，主要位于 $10 \sim 100nm$ 范围内，且改变实验变量对粒径组成的影响较小。

采用金属醇盐混合溶液水解法合成微粉，在适宜条件下，水解反应可直接生成结晶性氧化物，除 $BaTiO_3$ 外，还包括 $SrTiO_3$、$BaZrO_3$、$CoFe_2O_4$、$NiFe_2O_4$、$MnFe_2O_4$ 等，以及一些固溶体如（Ba，Sr）TiO_3、$Sr(Ti，Zr)O_3$、（Mn，Zn）Fe_2O_4 等。由于其组成与颗粒单元及反应体系的配比一致，因此呈现结晶性微粒特征。

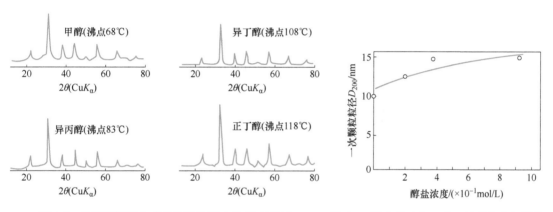

图 4-4　使用不同醇合成的钛酸钡粉末的 X 射线谱　　图 4-5　醇盐浓度与一次颗粒粒径之间的关系

颗粒构成的元素数量增加，许多情况下会获得非晶态微粒，尽管这些非晶态颗粒的组成与晶态颗粒单元的配比相同。这是因为在形成微粒的过程中，所需的物理和化学环境系统需要消耗一定时间，时间越短，元素混合越均匀。所有金属醇盐的水解速度都远大于溶液中金属元素分布不均匀所需的时间，沉淀物金属元素的混合状况直接反映了其在溶液中的混合状态，混合后形成非晶态。在颗粒单元尺度上获得与原始反应物组成相同的纳米微粉，是醇盐法合成微粉的显著特性。这种颗粒经过热处理，可合成以往方法无法得到的纳米微粉，实现预先设计的组合。

加热过程中，原子水平上混合的物系自然会向稳定相转变。热处理引起的相变过程较为复杂，即使在原子水平上达到完全均匀混合的物系，也无法仅依靠热力学关系决定。此外，即使是简单的二元系，也存在许多相关性。在实际物系中，颗粒生长导致颗粒内部化合物成分的分离、析出和再构形，其结构变得复杂。

加热处理引起的不仅是物系的复杂变化，还有颗粒内的变化反应。在醇盐合成纳米微粉过程中，可以在颗粒内进行颗粒结构控制。醇盐也可应用于非固溶物系，促使颗粒的微粒化在固体内部进行，产生界面并使系统向均匀化转变。

4.2　水热法与溶剂热法

水热（hydrothermal）一词起源于地质学。英国地质学家 Murchison（1792—1871）第一次使用"水热"来描述高温和高压条件下地壳中各种岩石和矿物的形成。19世纪，地质学家最早对水热过程进行研究，主要目的是通过模拟地壳中的自然条件来了解岩石和矿物的成因。1839年，德国化学家Bunsen在厚壁玻璃管中填充水溶液，以温度高于200℃、压强高于100atm（1atm=101.325kPa）的条件反应得到了数毫米长的碳酸钡（$BaCO_3$）和碳酸锶（$SrCO_3$）针状晶体，这标志着水热法首次被用来制备晶体。1845年，德国博物学家Schafhäutl发现新鲜沉淀的硅酸可以在Papin消化器中转化成为石英微晶。随后，水热技术在矿物提取和矿石选矿方面获得了应用。二战时期，由于无线电设备对石英晶振的迫切需求，水热法合成水晶投入了大批量的生产。1946年，Nacken合成了大尺寸石英单晶，1948年，Barrer合成了沸石，人们开始认识到水热技术在无机化合物合成中的重要性。目前自然界中形成的最大单晶（>1000g的绿柱石晶体），以及单次实验能够合成的最大批量单晶（数百克的石英晶体）都是基于水热反应得到的。溶剂热法类似于水热法，区别是它是在非水介质中进行的，适用于对一些对水敏感的化合物的合成。

目前水热和溶剂热法已成为纳米材料合成最常用的方法之一。本节将介绍水热法和溶剂热法的合成理论，并介绍几种典型纳米材料的水热和溶剂热法的应用实用。

4.2.1 水热法和溶剂热法的合成理论

1. 水热法

水热法是利用水溶液作为反应介质，在一定温度（>100℃）和压强（>1atm）条件下，使通常难溶或不溶的前驱物溶解，使其完成反应并生成产物的过程。水热法的高温高压的反应环境一般是通过对密封的反应系统进行加热实现的。水热法提供了常温常压条件下无法得到的特殊的物理化学环境，能够使前驱物在反应系统中得到充分的溶解，形成原子或分子生长基元，通过成核结晶过程得到产物。

一般认为水热法中晶体生长过程包含四个步骤。第一，反应物溶解在溶液介质中，以离子或分子团簇的形式进入溶液。第二，由于体系中溶解区和生长区之间存在浓度差，在热对流的作用下，这些离子或分子团簇被输运到生长区，此处溶液形成过饱和，因此倾向析出晶体形成籽晶。第三，离子或分子团簇在生长界面上发生吸附、分解和脱附，并可在界面处不断迁移。第四，在热力学条件驱使下籽晶长大，形成晶体。

在水热反应中，水可以作为化学组分参与反应，也可以作为溶剂或膨化促进剂。水作为压力传输介质，通过加速渗透反应、控制过程的物理化学因素，实现无机化合物的生成。在高温高压水热体系中，水的性质会产生5个变化。①离子积增大。水的离子积随着压力和温度的升高而快速增加。在高温高压水热条件下，以水为介质，水解反应和离子反应速率自然增大。根据阿伦尼乌斯方程，反应速率常数随温度的升高呈指数函数关系变化。因此，水热反应速率增大的主要原因是水的电离常数随着反应温度和压力的升高而增大。②水的黏度和表面张力随温度的升高而下降。在水热体系中，水的黏度降低，溶液中分子和离子的流动性大大增加，因此在水热条件下晶体的生长速度比在其他条件下更快。③介电常数通常较低。介电常数一般随温度升高而减小，随压力升高而增大。在水热条件下，反应主要受温度的影响，水的介电常数显著降低。介电常数的降低影响水作为溶剂的能力和行为。④密度降低。材料的黏度、介电常数、溶解度等随密度的增加而增大，而扩散系数则随密度的增加而减小。⑤蒸压升高，通过增加分子间碰撞的机会来加速反应。

由于水热法所涉及的化合物在水中的溶解度很低，即使水热反应温度很高，大多数物质在纯水中的溶解度也不会超过 $0.1 \sim 0.2g$，因此在晶体生长过程中，常向体系中引入一种或多种物质来增加溶解度，这些物质被称为矿化剂（mineralizer）。矿化剂一般是一类在水中的溶解度随温度升高而不断增大的化合物，如一些低熔点的盐、酸和碱。加入合适的矿化剂，不但可以增加溶质在水热介质中的溶解度，还可以改变其溶解度温度系数。有些矿化剂还可以与晶体物质形成配合物，加快晶体的成核速度。此外，矿化剂的种类对晶体的质量和生长速度也有很大的影响。

根据反应类型的不同，水热过程可分为水热氧化、水热还原、水热沉淀、水热合成、水热分解、水热结晶等。

1）水热氧化，通常为金属前驱体经过氧化反应生成氧化物产物。典型反应式可表示为

$$mM + nH_2O \rightarrow M_mO_n + nH_2$$

式中，M 可为铁、铬及合金。

2）水热还原，通常为金属氧化物经还原反应生成金属单质。典型反应式可表示为

$$M_xO_y + yH_2 \rightarrow xM + yH_2O$$

式中，M 可为铜、银等。

3）水热沉淀，即可溶性盐与加入的沉淀剂形成氧化物或含氧酸盐，如

$$KF + MnF_2 \rightarrow KMnF_3$$

4）水热合成，即氧化物、氢氧化物等在水热条件下化合成新相，如

$$SnS_2 + S + NR_4OH + H_2O \rightarrow (NR_4)_2[Sn(SH)_6]$$
$$(R = —CH_3/—C_2H_5)$$

水热合成的优点在于可直接生成氧化物，简化了一般液相合成方法需要经过煅烧转化成氧化物这一步骤，从而极大地降低乃至避免了硬团聚的形成。值得注意的是，水热合成过程中的温度、压力、样品处理时间以及溶液的成分、酸碱性、所用的前驱体种类、有无矿化剂和矿化剂种类等对所生成的氧化物颗粒大小、形式、体系的组成、是否为纯相等有很大影响。

5）水热分解，即氢氧化物或含氧盐在酸性或碱性溶液中水热分解形成氧化物粉体。其典型反应式可表示为

$$ZrSiO_4 + 2NaOH \rightarrow ZrO_2 + NaSiO_3 + H_2O$$

6）水热结晶，即以不可溶的固体粉末、凝胶或沉淀为前驱体在水热条件下结晶成新颗粒，如

$$2Al(OH)_3 \rightarrow Al_2O_3 \cdot 3H_2O$$

通过水热法制备晶体的优点包括：①晶体中的位错缺陷密度较低，这主要是由于水热生长条件温和，晶体内部热应力较小；②水热生长所需的较低温度能够得到其他方法难以获取的物质低温同质异构体；③水热法可通过反应气氛控制氧化或还原反应条件，获得其他方法难以获得的物相；④水热反应体系存在溶液的快速对流和溶质扩散，因此晶体生长速度快。

水热生长的晶体形貌可通过理论进行预测。从晶体内部结构出发，应用晶体学、热力学的基本原理，导出晶体的理想平衡生长形态，这就是所谓的晶体平衡形态理论。该理论主要包括布拉维法则、Gibbs-Wulff 生长定律、BFDH（Bravais-Friedel-Donney-Harker）理论、Frank 运动学理论，以及周期键链（periodic bond chain，PBC）理论等。例如，BFDH 理论

通过晶面间距判断该晶面生长速度，一般低指数晶面的表面能较低，生长速率慢，相应晶面更趋向于横向扩展，从而在晶体上保留下来。同时，BFDH 理论还考虑螺型位错和滑移等因素对晶面生长的影响。PBC 理论从分子间键的性质和结合能的角度定量描述晶体生长形貌。晶体平衡形态理论的共同局限性是基本不考虑外部因素（环境相和生长条件）变化对晶体生长的影响，无法解释晶体生长形态的多样性，是晶体的宏观生长理论。

除了上述两种理论模型，晶体生长过程中的物理化学条件（如温度、压力、溶剂等）也会对晶体形貌产生影响。"生长基元"理论模型在大量实验的基础上被建立起来。"生长基元"理论认为，在第二步的输运阶段，溶解在溶液中的离子或分子团簇反应生成生长基元，从晶体学角度看，生长基元由正离子和负离子以配位的形式结合而成。生长基元存在多种构型，它们之间形成动态平衡，水热反应条件则决定了哪种生长基元能够更稳定地存在，并最终能够对晶体形貌产生影响。晶体的形貌与水热条件密切相关，同种晶体在不同的条件下可能形成不同的形貌，根据晶体形貌可以对晶体生长机理进行推测。

2. 溶剂热法

溶剂热法是 20 世纪 90 年代以来逐渐发展起来的无机纳米材料制备技术。在制备Ⅲ-Ⅴ族半导体化合物、氮化物、硫族化合物、新型磷（砷）酸盐分子筛三维骨架结构等无机化合物时，由于反应物易氧化、易水解或对水敏感，需要利用非水介质来完成在水溶液中无法进行的反应，这时需采用有机溶剂作反应介质。此外，当采用有机溶剂替代水作为反应介质时，可有效避免固体表面羟基的存在，提高纳米材料的分散性。

根据化学反应类型的不同，溶剂热法可以分为以下几类：

1）溶剂热还原，即反应体系中发生氧化还原反应。Ⅲ-Ⅴ族半导体可通过该类反应得到。

2）溶剂热沉淀，即体系中溶剂与粉体或其他固体发生反应。例如，以苯作为溶剂，$GaCl_3$ 可与 Li_3N 粉体在 280℃下反应得到六方相与立方相混合的 GaN 纳米晶。InP、InAs、CoS_2 也可通过该反应制备。

3）溶剂热元素反应，即两种或多种元素在有机溶剂中直接发生反应。许多硫族元素化合物都可以用此法直接合成，例如，Cd 粉和 S 粉在乙二胺溶剂中，于 120~190℃温度反应可得到 CdS 纳米棒。

4）溶剂热分解，即在某些化合物在溶剂热条件下分解成新的化合物，并进行分离而得到单一化合物颗粒。例如，以甲醇为溶剂，$SbCl_3$ 和硫脲可通过溶剂热分解反应形成辉锑矿 Sb_2S_3 纳米棒。同样，采用乙醇作为溶剂，$BiCl_3$ 与硫脲可通过分解反应形成正交相 Bi_2S_3 纳米棒。

5）溶剂热结晶，是一种以氢氧化物为前驱体的常规脱水过程。首先反应物固体溶解于溶剂中，然后生成物再从溶剂中结晶出来。此法可以制备很多单一或复合氧化物。

溶剂能影响反应路线。对于同一个反应，若选用不同的溶剂，可能得到不同的目标产物，或得到产物的颗粒大小、形貌不同，同时也能影响颗粒的分散性。因此，选用合适的溶剂和添加剂，一直是溶剂热反应的一个重要的研究方向。

溶剂选择应遵循三个原则：①溶剂应该有较低的临界温度。因为具有低临界温度的溶剂的黏度较低，使得离子的扩散更加迅速，这将有利于反应物的溶解和产物的结晶；②对金属离子而言，溶剂应该有较低的溶剂化吉布斯自由能，因为这将有利于产物从反应介质中结晶；③选择溶剂时，还应考虑溶剂的还原能力以保证共结晶析出的可能性。

在溶剂热反应过程中，溶剂作为一种化学组分参与反应，既是溶剂，又是矿化剂，同时还是压力的传递介质。溶剂热法有如下特点：

1）反应条件温和。溶剂热条件下，反应在有机溶剂中进行，可在较低的温度和压力下制备出通常在极端条件（如超高压力）下才能存在的位能独特的亚稳相，如金刚石的制备。

2）在加压条件下，溶剂的性质（密度、黏度、分散作用）与通常条件下相比变化很大，使得常规条件下难以进行的反应能够实现。

3）有机溶剂具有沸点低、介电常数小和黏度较大等特点，在同样温度下溶剂热合成可达到比水热合成更高的气压，有利于产物的结晶。

4）非水溶剂的采用使得溶剂热法可选择的原料范围大幅扩大，如氟化物、氮化物、硫化物等均可作为溶剂热反应的原材料。同时，非水溶剂在亚临界或超临界状态下独特的物理化学性质极大地扩大了所能制备的目标产物的范围。

5）能够有效避免表面羟基的存在，这是许多湿化学方法包括水热法、共沉淀法、溶胶-凝胶法、金属醇盐水解法、微乳液法不具备的。

苯由于其稳定的共轭结构，是溶剂热合成的优良溶剂。乙二胺也是一种常用的溶剂，除作为溶剂外，还可作为配位剂或螯合剂。乙二胺具有氮的强螯合作用，能与离子优先生成稳定的配离子，配离子再缓慢地与反应物反应生成产物。另外，具有还原性质的甲醇、乙醇等除用作溶剂，还可作为还原剂。溶剂热法常用的溶剂还有二乙胺、三乙胺、吡啶、甲苯、二甲苯、1,2-二甲基乙烷、苯酚、氨水、四氯化碳、甲酸等。

溶剂热法已被用来制备许多无机材料，如沸石、石英、金属碳酸盐、磷酸盐、氧化物和卤化物以及Ⅲ-Ⅴ族和Ⅱ-Ⅵ族半导体纳米颗粒材料。但是，采用溶剂热法合成纳米颗粒的过程中容易发生团聚，不适用于大规模生产，因此在工业上受到了一定的限制。

3. 水热和溶剂热的合成装置

水热法是在高压条件下发生的反应，因此高压反应器是水热法必不可少的实验装置。水热法采用的高压反应器是高压釜，实验室常用的高压釜如图 4-6 所示，釜体和釜盖用不锈钢制造，两者之间由螺纹相连，或用紧固螺栓连接，以达到密封和承压的目的。温度、压力、耐蚀性和外场条件（如磁场）等因素决定了制备高压釜所用的材料。为了防止液体反应介质对釜腔的污染，一般高压釜针对不同介质加相应的防腐内衬，材料一般选用聚四氟乙烯、氧化铝衬等，如采用聚四氟乙烯内衬，加热温度应低于聚四氟乙烯的软化温度 250℃。

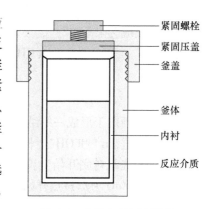

图 4-6 实验室常用高压釜

釜体和釜盖用不锈钢制造，两者之间由螺纹相连，或用紧固螺栓连接，以达到密封和承压的目的。温度、压力、耐蚀性和外场条件（如磁场）等因素决定了制备高压釜所用的材料。为了防止液体反应介质对釜腔的污染，一般高压釜针对不同介质加相应的防腐内衬，材料一般选用聚四氟乙烯、氧化铝衬等，如采用聚四氟乙烯内衬，加热温度应低于聚四氟乙烯的软化温度 250℃。

高压釜按压力来源分为内加压式和外加压式两种。内加压式靠釜内一定填充度的溶媒在高温时膨胀产生压力，而外加压式则靠高压泵将气体或液体打入高压釜产生压力。高压釜一般采用外加热方式，以烘箱或马弗炉为加源源。釜内压力由加热介质产生，可通过控制填充度控制压力，装填度越大压力越高。水的临界温度是 374℃，在此温度下水的相对密度为 0.33，这意味着在 33% 的填充度下，水达到临界温度时实际上就是气体。因此，在实验中既要保证反应物处于液相传质状态，又要防止过大的填充度而导致压力过高引起爆炸。通常填充度应控制在 60%~80% 为宜。

4.2.2 水热法和溶剂热法的应用实例

1. 金属氧化物

金属氧化物可通过金属盐发生水解反应得到，下面以 TiO_2 纳米晶的合成为例进行介绍。TiO_2 是一种性能优异的光催化材料，通常具有锐钛矿、金红石、板钛矿三种结晶类型，其中锐钛矿型 TiO_2 的光催化活性最高。通过水热方法可以控制合成具有不同晶型的 TiO_2 纳米晶。

四价金属离子（如 Si^{4+}，Ti^{4+}，Zr^{4+} 等）的烷氧基化合物在水溶液中发生水解反应可得到相应的氧化物。例如，四异丙氧基钛 $[Ti(OR)_4]$ 的水解反应式为

$$Ti(OR)_4 + 2H_2O \rightarrow TiO_2 + 4ROH$$

在温度为 175~200℃ 的水热反应条件下，$Ti(OR)_4$ 发生水解与缩聚，在四甲基氢氧化铵的作用下，可得到粒径小于 100nm 的锐钛矿型 TiO_2 纳米晶。

利用水热过程处理非晶 TiO_2 前驱体也可得到具有确定晶型的 TiO_2 纳米晶。非晶 TiO_2 前驱体可通过向 $TiCl_4$ 溶液中滴加 Na_2CO_3 溶液获得。将非晶 TiO_2 前驱体与酸溶液混合并在 220℃ 下进行水热反应，可得到粒径在 1~20nm 的 TiO_2 纳米晶。酸性环境能够促进非晶 TiO_2 解离成 TiO_6 八面体生长基元，不同酸类型能够影响 TiO_6 八面体的组装结构，进而影响产物 TiO_2 的结晶类型。盐酸、硝酸和氢氟酸倾向于诱导产生锐钛矿型 TiO_2 纳米晶，柠檬酸则会诱导产生金红石型 TiO_2 纳米晶。

除了零维纳米颗粒，水热法还可以制备不同纳米结构的金属氧化物，如一维纳米线和纳米带、二维纳米片等。下面以 ZnO 纳米线阵列的水热合成为例来介绍。ZnO 是一种宽禁带（带隙为 3.37eV）半导体材料，适用于构筑短波长光电器件。

利用水热法还可以在玻璃和硅衬底上生长 ZnO 纳米线阵列。水热反应以硝酸锌作为锌源，并在溶液中加入六亚甲基四胺 $[(CH_2)_6N_4]$ 以提供碱性环境，反应温度为 95℃。水热过程涉及的反应为

$$(CH_2)_6N_4 + 6H_2O \leftrightarrow 6HCHO + 4NH_3$$

$$NH_3 + H_2O \leftrightarrow NH_4^+ + OH^-$$

$$2OH^- + Zn^{2+} \rightarrow ZnO + H_2O$$

ZnO 晶体倾向于形成一维纳米线结构，其原因是六方纤锌矿 ZnO 的（0001）晶面为极性面，能够促进 Zn^{2+} 和 OH^- 生长基元的吸附，因此沿垂直于（0001）晶面的生长速率较快。为了实现纳米线从衬底开始生长，需要在衬底上预先制备 ZnO 晶种层薄膜，如此 ZnO 晶体会以衬底上的 ZnO 为形核点开始生长，垂直于衬底表面生长成为纳米线阵列。

通过向溶液体系中引入表面活性剂，可控制 ZnO 生长成为纳米片结构。以硝酸锌和氢氧化钠的乙醇/水混合溶液作为反应前驱体，并加入十二烷基苯磺酸钠作为表面活性剂，在 140~180℃ 的溶剂热反应条件下，可制备六角形 ZnO 双层组装纳米片。十二烷基苯磺酸钠分子能够作为封端基团吸附在 ZnO(0001) 晶面，阻碍晶体沿 c 轴生长，因此沿（0001）晶面横向的生长速度快于垂直方向，最终形成纳米片结构。

金属元素单质也可作为水热反应原料制备氧化物纳米颗粒。例如，以锌粉和 $GaCl_3$ 为原料，通过控制溶液 pH 值为酸性，在反应温度为 140~170℃ 条件下可制备尖晶石型 $ZnGa_2O_4$ 复

合氧化物纳米颗粒。锌粉不但是反应原料，还能起到控制 pH 值的作用，促进反应的进行。

2. 金属硫族化合物

以 CdS、CdSe、PbS 等为代表的金属硫族化合物是重要的光电半导体材料，因其具有可见光响应范围内的带隙，所以在发光二极管、太阳能电池、光探测器等方面具有广泛应用。这类化合物一般可通过水热或溶剂热方法合成。例如，CdSe 半导体纳米晶体的合成是基于有机金属镉化合物在溶剂热过程中发生的热解反应生产的，这种方法已经被用于制备高质量的 CdSe 纳米晶体。

尺寸在几纳米的 CdSe 纳米晶因量子限域效应，可以用作量子点发光材料。CdSe 纳米晶的溶剂热合成通常的步骤为：将二甲基镉和单质硒溶于三丁基膦（或三辛基膦）溶剂中，并将一定量的该混合液快速注入到加热至 320~360℃ 的三辛基氧化膦/十四烷基膦酸混合溶剂中，在 250~300℃ 下进行反应，体系温度降至室温即反应结束。该方法得到的 CdSe 纳米晶呈棒状，直径为 3~5nm，长度为 10~30nm。

3. Ⅲ-Ⅴ族化合物

Ⅲ-Ⅴ族化合物是良好的半导体材料，作为发展超高速集成电路、光电器件的基础材料受到广泛重视。纳米半导体材料随尺寸的减小，量子效应逐渐增大，其光学性质受到显著影响。传统上制备 InAs 需要很高的温度，或引入复杂的金属有机前驱物，所需反应条件苛刻，往往需要无水无氧的环境，这大大限制了大规模商业化生产。溶剂热合成是在密封条件下实现反应与结晶的，这十分适合于非氧化物，如Ⅲ-Ⅴ族化合物半导体的化学制备。

在有机溶剂中利用Ⅲ族元素的卤化物和Ⅴ族元素有机金属化合物之间的反应可制备半导体纳米颗粒。此方法的优点是，金属有机物可溶于有机溶剂，可在许多介质中制备纳米材料，通过精馏或结晶方式可制得高纯度产物。利用苯作为溶剂，以 $GaCl_3$ 和 Li_3N 为原料可制备出粒径约为 30nm 的 GaN 纳米晶。以二甲苯为溶剂，以锌粉为还原剂，在 150℃ 高压釜中反应可制备出 InAs 纳米晶。

利用甲醇（或乙醇）溶剂热反应还原 $RuCl_3$ 可生成 Ru 单质。利用甲醇溶剂热还原 $KMnO_4$ 可制得粒径为 9~15nm 的 Mn_2O_3 纳米颗粒。在乙二醇溶剂中可合成具有三维骨架结构的磷酸铁晶体。采用 1,2-二甲氧基乙烷为溶剂和配合剂，用溶剂热法在 160℃ 下可合成粒径为 10~20nm 的 $In_{1-x}Al_xP(x=0~0.55)$ 固溶体。

聚醚类溶剂是制备纳米 InP 的优选溶剂。在聚醚体系中，反应前驱物首先生成 InP 团簇，随着热处理时间的增加而长大，相互结合成非晶颗粒，最后晶化为 InP 纳米颗粒。

4.3　溶胶-凝胶法

溶胶-凝胶技术，是一种通过溶液、溶胶、凝胶的固化过程，再经热处理，制备氧化物或其他化合物固体的方法。此技术的历史可追溯至 19 世纪中叶，当时 Ebelman 发现正硅酸乙酯水解形成的 SiO_2 具有玻璃状特性。随后，Graham 的研究揭示了 SiO_2 凝胶中的水可以被有机溶剂置换，这一现象引起了化学家的广泛关注。经过长时间的研究和探索，胶体化学作为一门学科逐渐形成。

在 20 世纪 30 年代至 70 年代，矿物学家、陶瓷学家、玻璃学家分别采用溶胶-凝胶法制备出相图研究中的均质试样，低温下制备出透明的 PLZT（锆钛酸铅镧）陶瓷和 Pyrex 耐热玻璃。此外，核化学家也利用此方法制备核燃料，有效避免了危险粉尘的产生。这一阶段，胶体化学原理在制备无机材料中的应用取得了初步成功，引起了人们的广泛关注。与传统的烧结、熔融等物理方法相比，溶胶-凝胶法展现出了独特的优势，提出了"通过化学途径制备优良陶瓷"的概念，并被称为化学合成法或SSG（solution sol-gel，溶液溶胶-凝胶）法。

值得一提的是，溶胶-凝胶法在制备材料的初期阶段就能进行控制，使得材料的均匀性可以达到亚微米级、纳米级甚至分子级水平。这一特性使得在材料制造的早期阶段就可以着手控制材料的微观结构，从而引出了"超微结构工艺过程"的概念。进一步地，人们认识到利用此方法可以对材料性能进行精细调控。

溶胶-凝胶法的应用范围广泛，不仅可用于制备微粉，还可用于制备薄膜、纤维、体材和复合材料。其优点包括：①高纯度粉料（特别是多组分粉料）的制备过程无需机械混合，不易引入杂质；②化学均匀性好，因为溶胶-凝胶过程中，溶胶由溶液制得，化合物在分子级水平混合，故胶粒内及胶粒间化学成分完全一致；③颗粒细，胶粒尺寸小于 $0.1\mu m$；④该法可容纳不溶性组分或不沉淀组分，不溶性颗粒可以均匀地分散在含不产生沉淀的组分的溶液中，经胶凝化后，不溶性组分可以自然地固定在凝胶体系中，不溶性组分的颗粒越细，体系化学均匀性越好；⑤掺杂分布均匀，可溶性微量掺杂组分分布均匀，不会分离、偏析，比醇盐水解法优越；⑥合成温度低，成分容易控制；⑦粉末活性高；⑧工艺、设备简单。然而，该方法也存在一些缺点，如原材料价格昂贵，烘干后的球形凝胶颗粒自身烧结温度低，但凝胶颗粒之间烧结性差，即体材料烧结性不好，以及干燥时收缩大等问题。

溶胶-凝胶产生机制主要包括三种类型：传统胶体型、无机聚合物型和络合物型。不同溶胶-凝胶过程中的凝胶形成如图4-7所示。

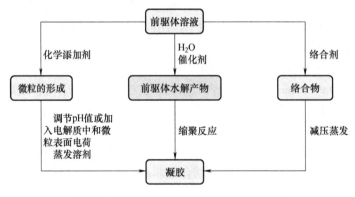

图 4-7　不同溶胶-凝胶过程中的凝胶形成

溶胶-凝胶法在其早期阶段主要依赖于传统胶体型。至 20 世纪 80 年代，研究焦点转向无机聚合物型。此型溶胶-凝胶过程的优势在于其可控性强，能够实现多组分体系凝胶及其后续产品的均匀性，且便于从溶胶或凝胶出发，制备成各种形状的材料。然而，这类方法通常需要可溶于有机溶剂的醇盐作为前驱体，但许多低价（<4 价）的金属醇盐在有机溶剂中的溶解性有限或完全不溶，这在一定程度上限制了该方法的应用。为解决这一问题，研究人员探索出一种策略，即先将金属离子形成络合物，以增加其溶解性，随后通过络合物型溶胶-凝胶过程形成凝胶。这种方法能够有效地使各种金属离子均匀分布在凝胶中，从而凸显溶胶-凝胶法的基本优势。正因如此，此方法目前正受到广泛的关注与研究。

溶胶-凝胶法制备材料的过程。首先是将化学试剂转化为液态的金属无机盐或金属醇盐前驱体。随后，这些前驱体需按特定比例均匀地分散在选定的溶剂中，并通过充分搅拌形成均匀的溶液。在此过程中，溶液中的溶质与溶剂在催化剂的作用下发生水解或醇解反应，生成物经过缩聚反应，使得原始颗粒和基团在连续的化学反应中构建成一个稳定的分散体系，通常能形成纳米尺度的粒子，从而形成溶胶。

随着反应的进行，特别是在提高温度和调整其他反应条件后，溶胶中的各分散体逐渐增大黏度，颗粒或基团开始聚集，最终形成网状聚集体。经过一段时间的陈化或干燥处理，溶胶最终转化为凝胶。溶胶-凝胶法的过程如图 4-8 所示，它要求反应物在液相状态下实现均匀混合与反应，确保生成的溶胶体系稳定。

在水解和缩聚的反应过程中，必须避免沉淀物的生成，因为溶胶、凝胶与沉淀物在本质上存在明显的区别，如图 4-9 所示。这一制备过程确保了最终材料的均匀性和稳定性。

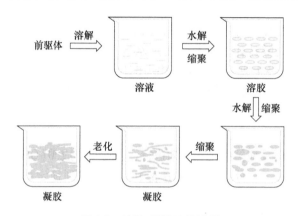

图 4-8　溶胶-凝胶法的过程

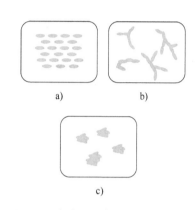

图 4-9　溶胶、凝胶、沉淀物的区别
a) 溶胶　b) 凝胶　c) 沉淀物

以金属醇盐为例介绍溶胶-凝胶法的制备过程。

1) 溶剂化与水解过程对于金属醇盐而言至关重要。在配制溶液时，金属醇盐通过水解反应形成均相溶液。为确保溶液的均一性，剧烈搅拌是必不可少的步骤，这能够促进醇盐在分子层面上的水解反应。鉴于金属醇盐在水中的溶解度较低，通常会选择醇作为溶剂，并适量添加水以促进水解。值得注意的是，若缺乏水的参与，则难以形成胶体；而水含量过高则会导致醇盐迅速水解并产生沉淀。为解决这一问题，可通过添加适当的催化剂来减缓水解过程。上述过程可近似描述为

$$M(OR)_n + xH_2O \rightarrow M(OH)_x(OR)_{n-x} + xROH$$

2) 溶胶的制备可采用聚合法和颗粒法两种方法。聚合法中，需精准调控水解进程，促进水解产物与未水解醇盐分子之间的聚合，从而生成溶胶。颗粒法则通过加入足量水分，促进醇盐的水解作用，以形成溶胶。在此过程中，除水解反应外，还伴随缩聚反应的发生，即

失水缩聚：—M—OH+HO—M— → —M—O—M±H$_2$O

失醇缩聚：—M—OR+HO—M— → —M—O—M±OH

3) 凝胶化。溶胶在陈化过程中会转化为湿凝胶。在此过程中，溶胶中的溶剂逐渐蒸发，胶体颗粒间发生缩聚反应，导致胶体颗粒逐渐聚集并形成网络结构。此时，整个体系失

去流动性，但仍含有大量水分和溶剂，即为湿凝胶。

4）干燥。由于湿凝胶含有大量水分和溶剂，因此需要进行干燥以得到干凝胶。干燥过程中，水分和溶剂将被去除。此过程通常会伴随体积收缩和凝胶开裂等现象。为了避免凝胶开裂，可采用超临界干燥或冷冻干燥等先进技术。

5）烧结。烧结过程旨在提高材料的结晶度，并消除干凝胶中的气孔，以增加凝胶的致密性。

下面对溶胶-凝胶法的三种类型，即传统胶体型、无机聚合物型和络合物型，进行简要的举例说明。

4.3.1 传统胶体型

传统胶体型溶胶-凝胶法的制备过程，关键在于对溶液中金属离子沉淀过程的精细调控，旨在确保所形成的颗粒不会团聚成大颗粒，而是通过沉淀得到稳定且均匀的溶胶。随后，通过蒸发处理，溶胶转化为凝胶。根据原料类型的不同，溶胶-凝胶过程可划分为有机与无机两大途径。在有机途径中，通常选取金属有机醇盐作为原料，通过水解与缩聚反应制备溶胶，并继续缩聚得到凝胶。相对而言，无机途径主要采用无机盐作为原料。尽管原料与制备方法各异，导致工艺不尽相同，但无机途径因原料成本低廉，显示出比有机途径更为广阔的应用前景。具体来说，无机途径中的溶胶是通过无机盐的水解过程来制备的，即

$$M^+ + nH_2O \rightarrow M(OH)_n + nH^+$$

通过向溶液中添加碱液，如氨水，促进水解反应持续向正方向进行，并逐步形成 $M(OH)_n$ 沉淀。随后，将沉淀物进行彻底的水洗、过滤，并分散在强酸溶液中，从而得到稳定的溶胶。经过特定的处理步骤，如加热脱水，溶胶将转化为凝胶。进一步经过干燥和焙烧处理，最终形成金属氧化物粉体。以 SnO_2 纳米微粒的制备为例，其无机盐水解溶胶-凝胶法的具体工艺为：首先将 20g $SnCl_2$ 溶解在 250mL 的乙醇中，搅拌 0.5h，然后进行 1h 的回流和 2h 的老化处理。接下来，在室温下放置 5 天，使反应充分进行。随后，将产物在 60℃ 的水浴锅中干燥两天，并在 100℃ 下进行烘干，最终得到 SnO_2 纳米微粒。

4.3.2 无机聚合物型

无机聚合物型溶胶-凝胶法是研究热点。该方法是将金属醇盐（可选用部分其他盐类）溶解在有机溶剂中，通过水解聚合反应形成均匀的溶胶（sol），进一步反应并失去大部分有机溶剂转化成凝胶（gel），再通过热处理制备超细粉料、纤维和薄膜的化学方法。该方法的原材料在分子级水平上混合，混合高度均匀，材料的合成温度低，材料的组成容易控制，制备设备简单。用该方法制备材料的关键在于金属醇盐的合成、控制水解-聚合反应形成溶胶凝胶和热处理工艺等三个方面。而金属醇盐的合成工艺研究在我国很少，这限制了溶胶-凝胶方法在新材料领域中的应用，影响溶胶凝胶形成的因素如温度、浓度、催化剂、介质和湿度等更没有深入地被研究，使溶胶-凝胶方法能低温合成高性能材料的本质原因还不明了，因而难以确定热处理制备材料的最佳工艺参数，进而探索在更低温度下合成高性能材料。

这里简要介绍通过溶胶-凝胶法制备 TiO_2 的实例。首先需要利用可溶性聚合物在水中或有机相中的溶胶过程，将金属离子均匀分散到其凝胶中。聚乙烯醇、硬脂酸等是常用的聚合物。具体操作步骤如下：

1）在强力搅拌的条件下，将 10mL 钛酸四丁酯缓慢滴入 35mL 无水乙醇中，以形成黄色、均匀澄清的溶液 A。

2）在剧烈搅拌下，将 4mL 冰醋酸和 10mL 蒸馏水加入另一份 35mL 的无水乙醇中，得到溶液 B。随后，在该溶液中滴入 1~2 滴盐酸，使其 pH 值小于 3。

3）在室温水浴环境中，继续剧烈搅拌，并将溶液 A 缓慢滴入溶液 B 中，以得到浅黄色溶液（滴速约为 3mL/min）。继续搅拌 30min 后，在 40℃ 水浴中加热 2h，即可得到白色凝胶。随后，在 80℃ 下烘干 20h，便可以得到黄色晶体。

4）将所得凝胶研磨后，在不同温度下烧结 6h，并自然冷却。这样，就能得到锐钛矿相、金红石相的 TiO_2，如图 4-10 所示。

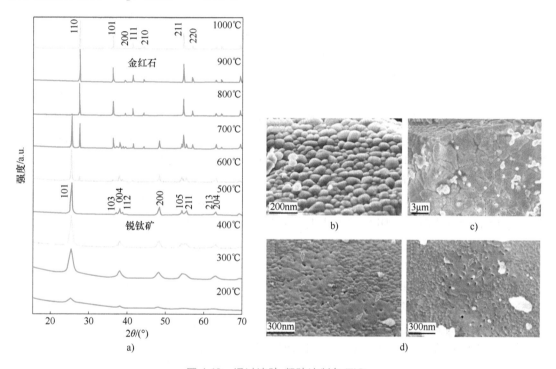

图 4-10　通过溶胶-凝胶法制备 TiO_2

a）系列样品的 X 射线衍射图　b）500℃烧结时样品的扫描电子显微镜图
c）700℃烧结时样品的扫描电子显微镜形貌图　d）相变过程中"熔融"态 TiO_2

4.3.3　络合物型

络合物型溶胶-凝胶法可以把各种金属离子均匀地分布在凝胶中，从而显示出溶胶-凝胶法最基本的优越性，因而目前受到重视。早期采用柠檬酸作为络合剂而形成络合物凝胶，但柠檬酸络合剂并不适合任何金属离子，并且其凝胶相当易潮解。现已有研究采用单元羧酸和有机胺作为络合剂，可形成相当稳定而又均匀的透明凝胶。这里给出了一种利用络合物型溶胶-凝胶法合成二氧化硅纳米粒子（SNPs）的实例。

采用溶胶-凝胶法合成 SNPs 的步骤如下：分别制备 TEOS-EtOH 前驱体溶液和催化剂水溶液，并混合在一起。其中，TEOS 为正硅酸乙酯，EtOH 为乙醇，催化剂即为采用的络合物。TEOS 和水的物质的量浓度分别为 1mol/L 和 15mol/L，催化剂的物质的量浓度在 0.025~0.6mol/L 之间变化以控制粒径。调整 EtOH 的量以保持每次实验的总体积相同。然后将混合溶液置于 60℃ 的摇床上，继续反应直至总固体含量（TSC）达到约 7%（质量分数）之后不再发生变化。

为了更深入地理解溶胶制备过程中的影响因素，我们以 TEOS 的 sol-gel（溶胶-凝胶）过程为例，详细探讨前驱体、水解度、添加剂、溶剂及催化剂等因素如何影响溶胶的性质和 sol-gel 过程。这样的分析有助于我们优化溶胶的制备条件，从而得到性能更优异的凝胶材料。

(1) 前驱体的影响　前驱体的选择对 sol-gel 过程具有显著影响。以金属醇盐为例，随着金属原子半径的递增，电负性逐渐减小，从而提高了化学反应的活性；烷氧基—OR 在金属醇盐中的位置，如仲位和叔位，不利于多聚体的形成，而伯位则倾向于形成多聚体；—OR 的体积较大时，配位数较低，导致反应速度加快；若前驱体的官能度较小，则水解后产生的—H 数量减少，不利于凝胶网络的形成，进而延长了凝胶时间。

通过调整 DDS（二甲基二乙氧基硅烷）的加入量和时间，可以观察到其对 TEOS sol-gel 过程的影响。影响溶胶凝胶化时间的主要因素是环状结构分子的形成和 DDS 较快的反应速度。DDS 的功能团相对较少，因此在缩聚反应中形成交联的可能性较小。在酸性 TEOS 溶液中，加入少量 DDS 可以抑制 TEOS 分子间形成环状结构（TEOS-TEOS…），从而增强分子间的交联作用，显著缩短凝胶化时间。然而，随着 DDS 用量的增加，平均官能度降低，DDS 与 TEOS 之间会形成另一种环状结构（DDS-TEOS…），这阻碍了硅烷网络的形成，延长了 TEOS 溶胶的凝胶化时间。DDS 的加入时间不同（即在 TEOS 水解反应一段时间后再加入 DDS），对 TEOS sol-gel 过程的影响略有差异，但 DDS 用量的影响趋势大致相同。当 DDS 含量约为 40% 时，凝胶时间达到最小值。

加入正锗酸乙酯（TEOG）可以显著缩短凝胶化时间。这是因为 TEOG 与硅烷（silanol）（部分水解的带有—OH 的硅烷）的反应速度比 TEOG 的水解速度慢，而其四个—OEt 基团易于反应，有效促进了交联链的形成，进而形成三维网络结构，从而缩短了凝胶化时间。然而，若在 TEOS 反应一段时间后再加入 TEOG，则凝胶化时间会延长。这是因为 TEOG 与 silanol 之间形成了较为稳定的 $Ge—O—Si(OEt)_3$ 产物，该反应不释放水，随着反应的进行，silanol 逐渐减少，使得交联反应难以发生。因此，随着 TEOG 用量的增加，凝胶化时间延长。

此外，前驱体之间还可能发生相互反应，形成不同程度的多聚体。这些多聚体和单体的水解、缩聚反应速度不同，易于形成各种环状结构的大分子，这些都将对 sol-gel 过程产生影响。

(2) 水解度 R 的影响　水是前驱体水解和缩聚反应的关键反应剂，其用量对前驱体的 sol-gel 过程有重要影响。当 $R<2$ 时，水解反应迅速，水消耗后，缩聚反应产生的水成为反应水源，促进缩聚反应，导致醇易脱离，固体含量增加。当 $R \le 2$ 时，水解反应产生 silanol，消耗大部分水，缩聚反应早发生，形成 TEOS 二聚体，硅酸浓度降低，凝胶化时间延长。当 $R \ge 2$ 时，TEOS 水解使—OR 基团脱离，形成 silanol，silanol 间易反应形成二聚体，这些二聚体发生交联反应形成三维网络结构，凝胶化时间缩短。

在 HCl 催化下，TEOS 在乙醇中水解缩聚，水解度 R 影响颗粒尺寸、收缩、折射率、孔洞率和孔径等。水过量时，水解加快，—OR 基团减少，聚合物交联度高，黏度减小，产物致密、均匀，粒度、收缩、孔洞率和孔径较小，不会增加残留—OH 基团数量，且水减少收缩过程中的拉伸应力，减少薄膜开裂。

（3）添加剂的影响　酸性催化剂下，烷氧基易脱离形成四价络合物，产物呈链状，胶粒小。碱性催化剂下，易形成五价中间产物，Si—OR 键变长，亲核反应有利，电位移增加，活性增强，水解缩聚反应加速，形成网状结构，胶粒大。水解速度随酸碱度值增大而加快，而缩聚速度在中性、碱性和强酸性溶液中较快，pH 值约为 2 时速度最慢。酸性条件下，硅酸单体慢缩聚形成弱交联、低密度的网络凝胶，易产生新硅氧键导致网络收缩。碱性条件下，硅酸单体水解后迅速缩聚，形成致密凝胶颗粒，颗粒尺寸受温度和 pH 值影响，形成网络状凝胶孔洞率大，网络较稀。最终产物为薄膜时，酸性催化溶胶折射率大，碱性则小。对 SiO_2 和 TiO_2 溶胶颗粒研究发现，pH 值减小和水解度 R 增加将导致水解程度增强，溶胶颗粒表面—OH 基团增加、—OR 基团减少，颗粒间吸引力增加、排斥力减小，溶胶黏度变大。溶胶颗粒表面双电层产生的 Zeta 势也会影响颗粒间相互作用。Zeta 势增加，颗粒间排斥力也增加，改变溶胶 pH 值可改变 Zeta 势大小，Zeta 势为零时易导致溶胶缩聚和沉淀，这在 TiO_2 溶胶中明显，加入酸后，溶液变澄清透明，表明 Zeta 势增加了。

（4）溶剂的作用　溶剂在化学反应中发挥重要作用，既能溶解前驱体等反应物并扩大它们的互溶区，又能与前驱体中的金属原子发生作用，影响 sol-gel 过程。醇与金属原子的络合作用随着金属原子半径和电位移的增加而增强，同时醇还会与烷氧基形成氢键。使用溶剂能显著扩大 TEOS 与水的互溶区，而乙醇用量的增加会显著延长凝胶化时间，因为乙醇对溶液具有稀释作用，形成的聚合物网络较稀疏。

（5）催化剂的影响　添加催化剂可以减缓水解、缩聚反应，避免产生沉淀。如在 TEOS 中，以醋酸为催化剂时，sol-gel 过程很慢，这是由于醋酸根未起到催化作用，醋酸在乙醇中酸性减弱，减小了亲核替换反应；而在 $Ti(OEt)_4$ 和 $Zr(OEt)_4$ 中，醋酸的催化不产生沉淀，延长了凝胶时间，是醋酸根离子的亲核络合作用，使其配位数在 4~6 之间。

其他添加剂，如醋酸酐、乙酰丙酮（acac）等，在适当的反应温度和催化剂浓度（pH 值大小）等条件下，都对 sol-gel 过程产生很大的影响，以致最终影响到凝胶的交联度、孔洞率、固含量等。

4.4　水　解　法

水解法又称水解沉淀法，是制备无机纳米粉体材料的常用方法之一。水解法主要包括无机盐水解法、金属醇盐水解法、强迫水解法以及微波水解法等。水解法的主要原理是：在高温下先将一定浓度的金属盐水解，生成水合氧化物或氢氧化物沉淀，再进一步加热分解得到纳米材料。

4.4.1　无机盐水解法

除了金属和部分碱土金属的盐类不易水解外，绝大多数的金属盐类在水溶液中都能发生水解反应，生成可溶性碱式盐 [如 $Mg(OH)Cl$、$Al(OH)SO_4$、$Zn(OH)Cl$ 等]、难溶性碱式盐 [如 $Sn(OH)Cl$、$SbOCl$、$BiONO_3$ 等]，及难溶性含氧酸（如 H_2SnO_3、H_2TiO_3、H_2SiO_3

等）。用方程式可表示为

$$M^{n+}+H_2O \leftrightarrow M(OH)^{n+1}+H^+$$

$$M^{2+}+H_2O+Cl^- \leftrightarrow M(OH)Cl \downarrow +H^+$$

$$M^{4+}+3H_2O \leftrightarrow H_2MO_3 \downarrow +4H^+$$

利用金属的氯化物、硫酸盐、硝酸盐溶液，通过胶体化的手段合成超细微粒，是比较常见的制备金属氧化物或水合金属氧化物的方法。水解法通过控制水解条件来合成单分散球形微粒，因而水解反应的影响因素在微粒的制备过程中占有重要地位。

首先，金属离子本性是影响水解反应的重要因素之一，一般来说，金属离子所带的电荷量越高、半径越小、离子极化作用越强，越容易水解。为了得到均匀分散的纳米溶胶，通常要控制较低的金属离子浓度，或在溶液中加入表面活性剂、配位螯合剂。其次，温度也会影响水解反应，水解反应是一个吸热反应，升高温度有利于水解反应的进行。由此得到的纳米材料一般为多晶体，且可直接得到氧化物。只要金属离子的浓度、溶液的 pH 值控制准确，即可得到均匀分散的纳米粉体。加热的方法可采用电热恒温法和微波辅助法。最后，溶液的酸性也会影响水解反应的进行，在水解反应中，均会有 H^+ 产生，因而，只要能够减小溶液的酸性，便有利于水解反应向正向进行，得到纳米氧化物的水合物沉淀或溶胶。

用金属的无机盐水解法制备纳米材料时，存在着固、液相分离困难，以及杂质离子难以除净、难以得到高纯的纳米粉体等问题。为此，以金属醇盐可表示为 $[M(OR)_n]$，水解为基础的工艺被广泛采用。

4.4.2 金属醇盐水解法

金属醇盐水解法是利用一些金属有机醇盐能溶于有机溶剂并可能发生水解，生成氢氧化物或氧化物沉淀的特性来制备超细粉末的一种方法。其最大特点是从物质的溶液中直接分离出所需要的小粒径、窄粒度分布的超细粉末。金属醇盐水解法具有制备工艺简单、化学组成能够精确控制、粉体的性能重复性好及产率高等众多优点，其不足之处是原料成本高，若能降低成本，则具有极强的竞争力。

1. 金属醇盐的特性

金属醇盐可用一般式 $M(OR)_n$ 表示。由于氧原子的强电负性，使 M—O 键强烈地极化。极化程度和金属的电负性也有关。金属醇盐的性质随着金属的不同电负性而变化。S、P、Si 和 Ge 的电负性很大，它们的醇盐具有强烈的共价键性质，有很好的挥发性，几乎是以单分子状态存在。而碱土金属和碱金属的正电性很大，具有较强的离子性，一般为多聚体状态。在醇盐中，如果金属相同，则烷基中 R 的供电子效应越大，M—O—R 共价性越强。

2. 金属醇盐的制备

自 1846 年，Ebelman 等首次报道叔异戊醇硅盐的制备后，有关金属醇盐制备的研究越来越多。特别是近几十年来，金属醇盐化学和开发应用进展迅速。

（1）单金属醇盐的制备

1）由金属和醇反应制备。碱金属、碱土金属、镧系等元素可以与醇直接反应生成金属醇盐和氢。

$$M+nROH \rightarrow M(OR)_n + \frac{n}{2}H_2 \uparrow$$

式中，R 为有机基团，如烷基—C_3H_7、—C_4H_9 等；M 为金属，如 Li、Na、K、Ca、Sr、Ba 等强正电性元素，在惰性气氛下直接溶于醇而制得醇化物。但是 Be、Mg、Al、Y、Yb 等弱正电性元素必须在催化剂（I_2、$HgCl_2$、HgI_2）存在下进行反应。另外，La、Si 及 Ti 的醇盐也可用这种方法制备。

2）由金属氢氧化物、氧化物与醇反应制备。金属氢氧化物、氧化物直接与醇反应或醇发生交换反应获得醇盐。

对于正电性小的元素醇盐可由下述平衡反应制备，在反应过程中，生成的水不断被除去，致使反应平衡向右移动。

$$M(OH)_n + nROH \rightarrow M(OR)_n + nH_2 \uparrow$$

$$MO_{\frac{n}{2}} + nROH \rightarrow M(OR)_n + \frac{n}{2}H_2O \uparrow$$

该方法已被成功用于 B、Si、Ge、Sn、Pb、As、Se、V 和 Hg 的醇盐制备。反应完成的程度主要取决于醇的沸点、醇的支链化程度和所用的溶剂。

3）由金属卤化物与醇反应制备。如果金属不能与醇直接反应，则可以用卤化物代替金属。

①直接反应（B、Si、P）法，反应式为

$$MCl_3 + 3C_2H_5OH \rightarrow M(OC_2H_5)_3 + 3HCl$$

氯原子与烷氧基（RO）完全置换生成醇化物。

②碱性基加入法。多数金属氯化物与醇的反应，仅部分 Cl^- 与烷氧基发生置换，为了促进反应进行，则必须加入 NH_3、吡啶、三烷基胺、醇钠等含碱性基团的物质，使反应进行到底，如

$$TiCl_4 + 2C_2H_5OH \rightarrow TiCl_2(OC_2H_5)_2 + 2HCl$$

加入 NH_3 后的反应为

$$TiCl_4 + 4C_2H_5OH + 4NH_3 \rightarrow Ti(OC_2H_5)_4 + 4NH_3Cl$$

氯化铵可以直接沉淀出来（离子晶体不溶于醇）。

4）由二氨基金属和醇反应制备。这一方法适用于亲氧性比亲氮性强的金属醇盐的制备，其优点是反应中所生成的二烷基胺副产物很容易被蒸发出去。

$$M(NR_2)_n + nROH \rightarrow M(OR)_n + nHNR_2 \uparrow (M = U, V, Cr, Sn, Ti)$$

（2）双金属醇盐的制备

1）由两种醇盐之间的反应制备。在类似于苯的溶剂中，将两种醇盐按一定比例混合，即可制备相应的双金属醇盐。其反应式为

$$M_1(OR)_x + M_2(OR)_n \rightarrow M_1M_2(OR)_{x+n}$$

$$(M_1, M_2 = U, Be, Zn, Al, Ti, Zr, Nb, Ta)$$

2）由一种醇盐和另一种金属反应。这种方法适用于碱土金属和过渡金属通过醇盐反应合成醇盐的情况。其反应式为

$$M + 2ROH + 4M'(OR)_4 \xrightarrow{HgCl_2, ROH} M[M'(OR)_9]_2$$

$$M + 2ROH + 2M''(OR)_5 \xrightarrow{HgCl_2, ROH} M[M''(OR)_6]_2$$

$$(M = Mg, Ca, Sr, Ba; \ M' = Zr, Hf; \ M'' = Nb, Ta; \ R = Et, Pr)$$

3）由金属卤化物和两种醇盐制备双金属醇盐的反应方程为

$$MCl_n + nM'M''(OR)_x \xrightarrow{HgCl_2, ROH} M[M''(OR)_x]_n + nM'Cl \downarrow$$
$$(M' = K; \quad M'' = Al)$$

[M = In, La, Th, Sn（Ⅳ）, Sn（Ⅱ）, Be, Zn, Cd, Hg, Cr, Fe, Co, Ni, Cu]

4）由两种金属卤化物和钾醇盐制备，如用于 Ln 和 Al 的异丙醇双金属盐的合成。其反应式为

$$LnCl_3 + 3AlCl_3 + 12KOPr \rightarrow Ln[Al(OPr)_4]_3 + 12KCl \uparrow$$

3. 金属醇盐的水解方式及制备特点

以烷氧基金属有机化合物为例，如 $Ti(OC_2H_5)_4$ 等的水解，通常要经历水解、缩聚两个主要过程。缩聚中金属氢氧化物经脱水形成无机网络结构，生成的水和醇从系统中挥发造成网络的多孔性。这样得到的一般是低黏度的溶胶，将其放置于模具中成型或成膜后溶胶中颗粒逐渐交联而形成三维结构的网络，开始了溶胶的胶凝化过程，溶胶的黏度明显增大，最终成为坚硬的玻璃体。如在适当的黏度下对凝胶进行抽丝，则可得到纤维状材料。

水解法主要有两种：一种是 Massart 水解法，另一种是滴定水解法。这两种方法的本质区别就在于前者是将金属盐混合液加入金属液中，而后者恰恰相反，是将碱液缓缓加入金属盐混合溶液中，即前者的反应环境为碱性，后者为中性或弱酸性。

金属醇盐水解这种制备方法有两个特点。首先，采用有机试剂作金属醇盐的溶剂，由于有机试剂纯度高，因此氧化物粉体纯度高。其次，可制备化学计量的复合金属氧化物粉末。复合金属氧化物粉末最重要的指标之一是氧化物粉末颗粒之间组成的均一性，用醇盐水解法能获得具有同一组成的微粒。例如，由金属醇盐合成的 $SrTiO_3$。

4. 金属醇盐水解法制备纳米粉体

金属醇盐与水反应生成氧化物、氢氧化物、水合氧化物的沉淀。除硅的醇盐（需要加碱催化）外，几乎所有的金属醇盐与水反应都很快，产物中的氢氧化物、水合物灼烧后变为氧化物。迄今为止，已制备了 100 多种金属氧化物或复合金属化粉末。

1）一种金属醇盐水解产物。水解条件不同，沉淀的类型也不同，如铅的醇化物，室温下水解生成 $PbO_{1/3}H_2O$，而回流下水解则生成 PbO 沉淀。

2）复合金属氧化物粉末。金属醇盐法制备各种复合金属氧化物粉末是本法的优越性之所在。两种以上金属醇盐制备复合金属氧化物超细粉末的途径如下：

① 复合醇盐法。金属醇化物具有 M—O—C 键，由于氧原子电负性强，M—O 键表现出强的极性，正电性强的元素，其醇化物表现为离子性，电负性强的元素醇化物表现为共价性。正电性强的金属醇化物表现出碱性，随元素正电性减弱逐渐表现出酸性。这样碱性醇盐和酸性醇盐的中和反应就生成复合醇化物。如

$$MOR + M'(OR)_n \rightarrow M[M'(OR)_{n+1}]$$

由复合醇盐水解的产物一般是原子水平混合均一的无定形沉淀，如 $Ni[Fe(OEt)_4]_2$、$Co[Fe(OEt)_4]_2$、$Zn[Fe(OEt)_4]_2$，水解产物，灼烧为 $NiFe_2O_4$、$CoFe_2O_4$、$ZnFe_2O_4$。

② 金属醇盐混合溶液。两种以上金属醇盐之间没有化学结合只有混合，它们的水解具有分离倾向，但是大多数金属醇盐水解速率很大，仍然可以保持粒子组成的均一性。

两种以上金属醇盐水解速率差别很大时，可采用溶胶-凝胶法。

制备均一性的超微粉（凝胶为固体，煅烧后直接得到粉体）下面举例说明用金属醇盐混合溶液水解法制备 BaTiO₃ 的详细过程。

图 4-11 所示为粒径为 10～15nm 的钛酸钡纳米微粒的制备工艺流程。

由钡与乙醇直接反应得到钡醇盐，并放出氢气；乙醇与加有氨的四氯化钛反应得到钛醇盐，然后滤掉氯化铵。将上述两种醇盐混合溶入苯中，使 Ba∶Ti 为 1∶1，再回流约 2h，然后在此溶液中慢慢加入少量蒸馏水并进行搅拌，由于水解，白色的超微粒子钛酸钡（为晶态 BaTiO₃）沉淀出来。

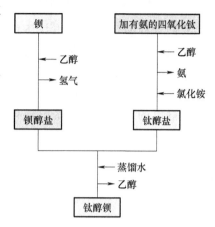

图 4-11　粒径为 10～15nm 的钛酸钡纳米微粒的制备工艺流程

在用金属醇盐法制备 BaTiO₃ 纳米微粒的过程中，醇盐的种类，如由甲醇、乙醇、异丙醇、正丁醇等生成的醇盐对微粒的粒径和形状以及结构没有太明显的影响。醇盐的浓度对最后得到的纳米微粒的粒径的影响也不是十分明显。当浓度从 0.01mol/L 增至 1mol/L 时，粒径仅由 10nm 增大至 15nm。

强迫水解法通常以高价金属离子，如 Fe^{3+}、Sn^{4+} 等，在一定温度下水解得到氧化物或水合氧化物。金属离子在水溶液中的水解过程取决于许多因素，如 pH 值、温度、水解时间等，采用不同阴离子的金属盐也会得到不同的水解产物。利用强迫水解法能得到粒度均匀且较小的纳米微粒，但耗时较长，水解得到的溶胶浓度小，因而产量低。

近年来，用微波诱导强迫金属离子水解，是对水解技术的新改进。常规的加热方式为由外及内的热传导或热对流，而微波加热为内部加热，可在短时间内提供足够的能量，促进金属离子的水解。此外，微波除了加热作用外，还可使极性分子或离子发生极化，从而对提高体系的反应速率起到相当重要的作用。利用微波水解能获得高浓度的溶胶，水解所需时间也不长。目前，此方法主要用于立方体型 α-Fe_2O_3、ZnO、In_2O_3、SnO_2 等纳米粒子的制备。

4.5　静电纺丝法

"静电纺丝"一词源于"electrostatic spinning"，后简称为"electrospinning"，在国内一般简称为"静电纺""电纺"或"电纺丝"。静电纺丝是指聚合物熔体或者液体在高压静电场作用下形成纤维的过程。静电纺丝技术的起源最早可追溯到 200 多年前。1745 年，Bose 发现当机械压力和电场力处于不平衡状态时，玻璃毛细管末端的水表面将形成高度分散的气溶胶。1882 年，Lord Rayleigh 研究发现，当电场力大于表面张力时，带电液滴会形成微小射流，并计算出了克服液滴表面张力所需的电荷数目，这为静电纺丝技术的发展奠基了重要的理论基础。1934 年，Formhals 正式提出了静电纺丝技术并申请了制备聚合物纺丝装置的专利，这为静电纺丝的发展做出了重要贡献。在之后的几十年里，关于静电纺丝的研究较少。直到 1995 年，美国阿克隆大学 Reneker 教授课题组对静电纺丝技术的工艺和应用进行了深入研究，从此静电纺丝技术引起了世界各地人们的广泛关注。20 世纪末期，随着纳米技术热潮的到来，静电纺丝才逐渐被发掘并成为纳米材料制备的一个重要方法。

4.5.1 静电纺丝的基本原理

人们发现液体在高压电场下能够克服液体表面张力而发生分裂，形成极细的液滴，由此产生了静电喷雾技术，静电纺丝是静电喷雾技术的一个特例。在对液体施加高压静电的过程中，当带电液体是具有一定分子链结构的高分子熔体或液体时，一旦电场强度超过液体的表面张力，就会在喷头末端形成的泰勒锥（Taylor cone）表面高速喷射出聚合物射流。当射流经过电场力的高速拉伸、溶剂的挥发与固化，最终会

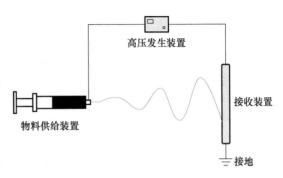

图 4-12　典型的静电纺丝装置示意图

沉积在接收装置上，形成聚合物静电纺丝纤维，这一完整的过程即为静电纺丝。如图 4-12 所示，一个典型的静电纺丝装置主要由三个部分组成，包括高压发生装置、物料供给装置和接收装置。

在静电纺丝过程中，高压电场的作用使得喷头末端和接收装置之间产生一个强大的电场力。在电场力的作用下，液滴表面因为同时受到电场力和液滴表面张力的作用而处于不平衡状态，这种不平衡状态可以表示为

$$\Delta p = \frac{2\gamma}{R} - \frac{e^2}{32\varepsilon_0 \pi^2 R^4}$$

式中，γ 为喷头末端液滴的表面张力（mN/m）；R 为液滴半径（m）；e 为液滴所带的总电荷（C）；ε_0 为液滴在真空中的介电常数（F/m）。

当电场力的大小逐渐增大到等于聚合物液体的表面张力时，带电的液滴就悬挂在喷头末端并处于平衡状态。随着电压的进一步增加，达到某个临界值时，喷头末端的液滴由半球状被拉伸成圆锥状，形成锥角角度为 49.3° 的泰勒锥。只有当外加电大于其临界值时，射流才能从泰勒锥表面喷射出来，临界压力可表示为

$$E^2 = \frac{4H^2}{L}\left(\ln\frac{2L}{R} - \frac{3}{2}\right)(0.117\pi\gamma R_0)$$

式中，E 为临界电压（kV）；H 为两电极间的距离（cm）；L 为喷头与极板间的距离（cm）；R_0 为喷头半径（cm）。

如果带电液体是黏度较小的小分子溶液，则电场力将其拉伸分裂成许多细小的液滴。而当带电液体是高黏度的高分子溶液或熔体时，则从泰勒锥顶端喷出的射流会经分化和不稳定拉伸被细化或者劈裂成更细的射流，最终固化成聚合物纺丝。在纺丝拉伸过程中，伴随着溶剂的挥发和熔体的固化过程，纺丝最终以相互交叠、随机分布的状态沉积在收集装置上，形成三维网状纺丝膜。

静电纺丝目前广泛应用于前沿的科学研究，不同实验室设计的静电纺丝设备差异很大，但是其基本构成基本是一致的。高压发生装置目前常用的是直流电，通常连接在物料供给装置上，而负极则接地并连接在接收装置上，通常电压上限不低于 30kV。有些物料供给装置

比较复杂，如熔体静电纺丝，聚合物的熔融通常需要通过电加热和金属套筒或螺杆传热，因此很难做好绝缘。可以将高压接到接收装置上，但电压需要比接在物料供给装置上的高数倍且物料供给装置出口需要严格接地。

物料供给装置可分为熔体物料供给装置和溶液物料供给装置。由于熔体静电纺丝需要加热，所以其结构比溶液静电纺丝的物料供给装置要复杂。熔体黏度通常比溶液高，且电导率低，因此纤维的直径往往会比较大，很难得到纳米级的纤维。但是，在熔体静电纺丝过程中，由于纺丝过程中不需要溶剂，纺丝结束后不会有物料的残留，因此，熔体静电纺丝是制备生物材料的较好方法之一。相较于熔体静电纺丝，溶液静电纺丝可广泛用于制备纳米级尺寸的纤维材料。在溶液静电纺丝过程中，溶液物料供给装置包含自流式和泵供式两种，自流式溶液供给装置是将溶液放在下端有孔的碗状或管状容器内，靠溶液自身重力使其流下，这种装置简单但是流速不易控制，且敞口放置会造成部分溶剂的损失。早期的实验装置多采用自流式结构。第一台产业化的纳米纺丝机"纳米蜘蛛"，其实也是一种自流式的溶液供给装置。图 4-13 所示为 Elmarco 公司生产的自流式静电纺丝设备及其静电纺丝过程，它采用了一种无针式的辊筒装置，放置在装有溶液的槽中，槽中的溶液被旋转的辊筒带到顶端，再在电场力作用下被拉伸成纤维，飞向辊筒上方的接收装置上。这种方法的产量要远高于泵供式的，因此能够实现工业化生产。但是该装置也有一些无法克服的缺点。例如，该纺丝方式会造成环境的溶剂浓度较高，静电纺丝纤维难以固化并极易产生粘结。并且，在纺丝过程中，静电纺丝液通常会敞口放置，若采用低沸点的溶剂，则溶液表面很容易成膜，不利于纺丝过程进行。此外，这种结构仅能制备成分和结构简单的无序静电纺丝纤维，而无法得到更为复杂或有序的静电纺丝纤维。

图 4-13　Elmarco 公司生产的自流式静电纺丝设备及其静电纺丝过程

泵供式静电纺丝的供给装置多采用微量注射泵，如图 4-14a 所示，将静电纺丝溶液装在注射器中，通过管路或直接连接到带电针头处，进行静电纺丝。泵供式供给装置的优点是能够精细控制纺丝过程的流量和流速，尤其适用于黏度较大、很难通过重力作用流动的溶液，并且在静电纺丝过程中纺丝液无挥发的问题，可以通过同时使用多个注射器提升静电纺丝的产量。另外，泵供式供给装置的针头可以做成更为复杂的结构，以实现特殊结构纤维的制备。同轴静电纺丝是在静电纺丝的基础上改造而来，如图 4-14b 所示，其基本原理是在两个内径不同但同轴的毛细管中分别注入芯质和壳质溶液，二者在喷头末端汇合，在电场力的作用下固化成为复合纳米纤维。通过同轴静电纺丝技术，可以制备芯鞘结构、多孔中空等不同的纤维材料。

接收装置这一部分会最终影响到纤维的排列结构，通常用平板接收装置（见图 4-15a）

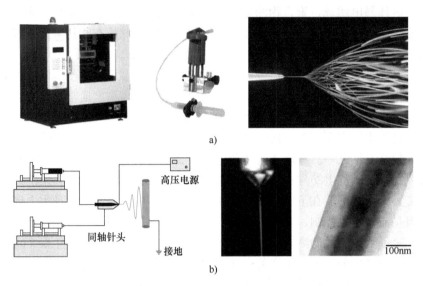

图 4-14 泵供式静电纺丝的供给装置及同轴静电纺丝

a）泵供式静电纺丝的供给装置 b）同轴静电纺丝

获得的静电纺丝纤维是杂乱无序的纤维膜，和熔喷无纺布比较相似。但是通过改进接收装置，可以将这些纤维进行有序或者有规则的排列。较常见的有高速辊筒、圆盘接收装置，如图 4-15b、图 4-15c 所示，在静电纺丝过程中，高速转动会对静电纺丝纤维产生机械拉伸作用，滚筒转速越快，产生的机械拉伸作用越大，对纤维取向结构的重塑性越强，因此，高速辊筒与圆盘接收装置通常用于制备取向结构的纤维材料。此外，平行板等通过电场也可以使纤维按照一定方向排列，这些方法的共同优点是装置简单，且具有一定的效果，但是缺点是产品尺寸受接收装置的影响，无法实现大尺寸宏观制备。

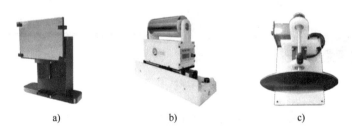

图 4-15 静电纺丝的接收装置

a）平板接收装置 b）高速辊筒接收装置 c）圆盘接收装置

此外，静电纺丝的接收装置不一定是固体，也可以是液体。液体的接收装置为纤维成形过程增加了一个重要的变量，通过改变液体接收装置的液体种类和流动类型来改变纤维的最终形态和性能。液体接收装置在接收静电纺丝纤维时，纤维在水面上仍具有一定的运动能力，在被水流牵引运动时，可以发生取向，从而得到具有一定取向的纱线结构，并且这一结构可以在理论上做到无限长。液体接收装置还可以控制纤维的形态。另外，如图 4-16 所示，电纺纤维还可以通过在接收装置上使用不同模板制备不同的纤维图案。

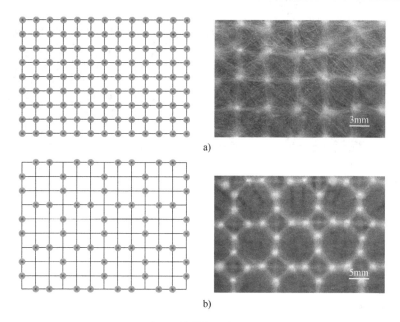

图 4-16　通过不同的模板制备不同的纤维图案

4.5.2　静电纺丝的影响因素

静电纺丝的过程很复杂，许多因素都会影响纺丝的微观形态。这些影响因素主要包括三个方面：①聚合物溶液的性质；②过程参数；③环境参数等。

1. 聚合物溶液的性质

聚合物的摩尔质量，溶剂性质，聚合物溶液的黏度、浓度、电导率等参数都会影响静电纺丝的直径、形貌和结构。

（1）聚合物的摩尔质量　聚合物的摩尔质量是影响溶液静电纺丝的一个重要因素，聚合物溶液的黏度、电导率等流变学性质和电学性质都与聚合物的摩尔量有密切关系。小分子溶液只能喷射形成气溶胶或聚合物微球，因此不能用作静电纺丝溶液。聚合物必须要有足够的摩尔质量才能满足静电纺丝的要求。聚合物的摩尔质量越大，聚合物分子链越长，相互缠结导致的溶液黏度也就越大。摩尔质量足够大的聚合物溶液在泰勒锥表面形成射流，受到电场力的作用而被拉伸，能够保持射流的连续性，从而形成纺丝。

图 4-17 展示了静电纺丝过程中聚乙烯醇的摩尔质量对静电纺丝纤维形貌的影响。如图 4-17a 所示，聚乙烯醇摩尔质量为 9000~10000g/mol 时，纺丝结构不完全稳定，得到串珠状纺丝，这是因为射流在拉伸过程中出现了断裂。当摩尔质量增加到 13000~23000g/mol 时，观察到结构稳定的纺丝，其直径在 500nm~1.25μm 之间，如图 4-17b 所示。当摩尔质量增大到 31000~50000g/mol 时，得到宽度为 1~2μm 的无珠粒带状纺丝，如图 4-17c 所示。摩尔质量的增加使得聚合物溶液黏度增大，这能够保证在拉伸过程中射流的连续性，从而制备尺寸均匀的静电纺丝纤维。然而，当聚合物溶液的黏度过大时，会导致溶剂的挥发速度降低。在溶剂挥发过程中，静电纺丝逐渐塌陷，从而使纤维的圆形横截面变成椭圆形，形成带状纺丝。

（2）溶剂性质　聚合物溶液性质受溶剂的影响很大。溶剂的主要作用是使聚合物的分子链断开，即分子链与分子链之间分开。在静电纺丝过程中，溶剂的性质如介电常数、电导

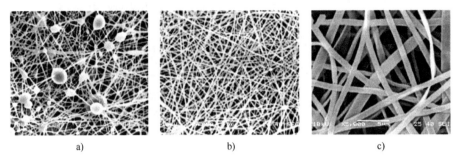

a)　　　　　　　　　b)　　　　　　　　　c)

图 4-17　摩尔质量对静电纺丝纤维形貌的影响

率、挥发性以及对聚合物的溶解性等，都会对射流的形成、拉伸程度、聚合物分子链的重新取向和排列、溶剂的挥发，以及射流的固化等一系列静电纺丝形成过程产生影响，进而影响静电纺丝的形貌。

（3）聚合物溶液的黏度与浓度　聚合物溶液的黏度和质量分数也是影响静电纺丝纤维尺寸的重要参数。对相同相对分子质量的聚合物而言，溶液质量分数是影响分子链在溶液中缠结的决定性因素。随着溶液质量分数增加，分子链之间相互穿插交叠并发生缠结，溶液质量分数也会发生明显变化。如图 4-18 所示，当溶液质量分数较低时，由于聚合物分子链无法缠结或缠结不够，聚合物链在到达接收板之前就已经发生断裂，会形成珠状或串珠状纤维，并且会发生飞丝现象，因此，制备的弹性体纤维连续性与均一性较差。随着黏度的增加，聚合物分子链高度缠结，使其在电场力作用下被均匀拉伸，形成长且光滑的纺丝，珠状和串珠状现象得到了显著的缓解。聚合物溶液的黏度是随溶剂

a)　　　　　　　　　b)

c)　　　　　　　　　d)

图 4-18　聚合物溶液的质量分数对静电纺丝
纤维形貌的影响

中聚合物质量分数的改变而改变的。当聚合物质量分数增大时，聚合物的黏度将随之增大，纺丝直径也会增大。当溶液黏度进一步增大，在射流过程中，由于溶剂挥发不充分，会导致纤维之间明显的黏连。每种聚合物溶液都有一个最佳的黏度和质量分数范围，以获得良好质量的静电纺丝。一般情况下认为，当聚合物溶液质量分数高于 6% 时，在静电纺丝过程中纤维的成型效果会比较好。

（4）聚合物溶液的电导率　静电纺丝过程是在高压静电场的驱动下，通过聚合物溶液表面的电荷相互排斥对溶液进行拉伸的过程。聚合物溶液的电导率将影响静电纺丝的形貌特征。在强电场作用下，增加溶液的电导率，射流的不稳定状态占主导地位，将会导致静电纺丝直径减小，并使纺丝直径分布变宽。Baumgarten 研究发现射流的半径与聚合物溶液电导率的三次方根成正比，即

$$r = \sqrt[3]{\frac{4\varepsilon Q}{K\pi\kappa\rho}}$$

式中，r 为射流半径（μm）；ε 为环境介电常数（F/m）；Q 为溶液流量（mL/s）；K 为电流系数；κ 为溶液的电导率（S/cm）；ρ 为液体密度（g/cm^3）。

无机盐或有机盐在聚合物溶液中会分解生成正离子和负离子，使溶液中离子的数量增加。因此，将少量的无机盐或有机盐添加到聚合物溶液中，能有效提高聚合物溶液的电导率，制备出所需要的纳米微观结构。研究人员研究了 NaCl 的浓度对聚氨酯"蜘蛛网"制备过程的影响，如图 4-19 所示，纯聚氨酯溶液通过静电纺丝技术制备的纤维膜中并未发展"蜘蛛网"的存在，纤维直径为 464μm。当 NaCl 的添加质量分数为 0.1% 时，静电纺丝液电导率的增加使得纤维直径减小至

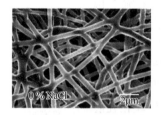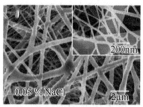
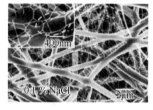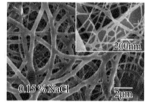

图 4-19　聚合物的质量分数对静电纺丝纤维形貌的影响

418μm。此外，大量类似肥皂泡结构的纳米蛛网纤维覆盖在聚氨酯纤维表面，覆盖率达到了 90%。通过对纳米蛛网纤维直径的分析得知，PU/NaCl（质量分数为 0.1%）纳米蛛网纤维的直径较均匀，直径在 25~35nm 范围内的纤维数量超过 70%，平均直径为 31nm。进一步增加 NaCl 的质量分数同样会减小纤维的直径，但同时会导致纤维间的黏连现象。此外，在聚合物溶液中添加聚电解质（如聚丙烯酰胺氢氧化物）或改变溶剂的组成比例也可以提高聚合物溶液的电导率，从而提高射流的导电性，得到较好形貌的静电纺丝纤维。但当电解质的添加量超过一定比例时，纺丝直径会变粗，甚至无法电纺成丝。

2. 过程参数

在静电纺丝制备过程中，过程参数如施加电压、聚合物的进料速率、纺丝的接收距离及接收装置等，都会对纺丝的形貌产生影响，这些因素往往也具有一定的相关性。

（1）施加电压　在溶液表面施加电压，只有当聚合物流体因表面带电荷而产生的静电斥力能克服溶液表面张力时，才能使聚合物溶液形成喷射。静电作用与表面张力平衡所需的最小电压为临界电压。因此，在静电纺丝过程中，施加在聚合物流体上的电压必须超过临界电压。当纺丝电压低于临界电压时，由于施加的电场力较小，难以克服纺丝液自身的表面张力，这阻碍了纺丝过程中纺丝液的拉伸与分裂，因此，纤维的成形性较差。增大施加电压，溶液射流表面的电荷密度会增加，射流所传导的电流也随之增加，射流的半径将减少，从而使形成的纺丝直径减小。当施加电压过大时，将导致每次射流量加大、射流速度加快，不利于溶液射流的拉伸与分裂，从而使纤维的直径增大、均匀性较低，会再次出现纤维的黏连与串珠现象。但是，对于性质不同的聚合物溶液，作用于射流的电场力和溶液黏应力之间的竞争关系不同。因此，电压对纺丝的影响效果也不同。图 4-20 所示为不同电压下制备的聚乳酸-羟基乙酸共聚物纤维的扫描电镜形貌。将电压从 9kV 升高到 18kV，串珠现象有效得到缓解，纺丝的平均直径随之降低，最终制备得到连续且均匀的聚乳酸-羟基乙酸共聚物静电纺

丝纤维。

（2）聚合物的进料速率　在给定电压下，聚合物的进料速率决定了泰勒锥的相对稳定性。进料速率过低时，泰勒锥形成不稳定，会导致射流不稳定，纺丝珠粒所占的比例会增大。而当进料速率太高时，由于从针尖喷射的溶液体积过大，喷射的溶液需要较长的时间固化。溶剂没有足够的时间挥发，将会沉积在纺丝中，与纺丝相互混合，导致纺丝黏连。因此，聚合物的进料速率与纺丝的形貌密切相关，选择合适的进料速率至关重要。研究人员研究了 0.3~1mL/h 范围内，不同的进料速率对纺丝形貌的影响，如图 4-21 所示。当聚乳酸-羟基乙酸共聚物纺丝液的进料速率为 0.3mL/h 时，会形成珠状和串珠状纤维，随着进料速率的增大，串珠现象得到缓解，纺丝直径随之增大。当给料速率增大至 1mL/h 时，由于溶剂挥发不够充分，会导致纤维之间黏连现象的发生。

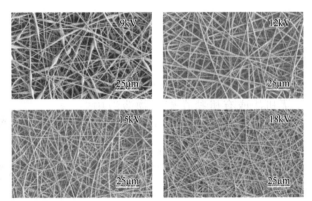

图 4-20　不同电压下制备的聚乳酸-羟基乙酸共聚物
纤维的扫描电镜形貌

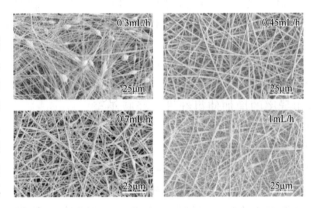

图 4-21　聚合物的进料速率对静电纺丝纤维形貌的影响

（3）纺丝的接收距离　纺丝的接收距离是指喷头末端到接收装置之间的距离。纺丝的接收距离会影响电场强度、纺丝拉伸程度和沉积时间，从而影响纺丝的形貌和直径。图 4-22 所示为纺丝的接收距离对静电纺丝纤维形貌的影响。研究表明纺丝的接收距离对其直径的影响具有两面性：一方面，当接收距离从 8cm 增大到 10cm 时，纺丝直径减小，纤维的均匀性提升。这是因为增大接收距离有利于射流充分拉伸、加快溶剂的挥发速率，

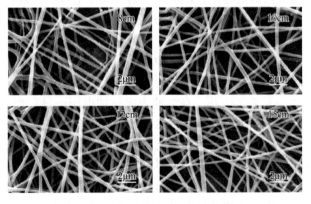

图 4-22　纺丝的接收距离对静电纺丝纤维形貌的影响

从而减小了纺丝的直径；另一方面，当纺丝的接收距离从 12cm 增大到 15cm 时，纺丝直径随之增大。这可能是因为增大接收距离时，电场力作用减弱，拉伸作用减弱，直径增大。因此，选择合适的纺丝接收距离对于调控静电纺丝的形貌和直径具有重要意义。

（4）接收装置　在大多数的静电纺丝试验中，接收装置通常采用导电材料（如铝箔、铜板、不锈钢板等）制成，能够保证喷头与接收装置之间形成一个稳定的电压差，有利于

纺丝上残余电荷的快速消散，使更多的纺丝沉积在接收装置上。如果使用非导电材料作为接收装置，射流上的电荷将会堆积到接收装置上，从而使沉积到接收装置上的纺丝减少。同时接收装置的孔隙率将影响纺丝的沉积质量。与光滑的金属箔相比，多孔接收器（如纸和金属网）具有较低的堆积密度。由于多孔接收器具有较大的接触面积，所以溶剂的挥发较快。而在光滑的金属箔表面，则会堆积部分溶剂，从而影响纺丝质量。

3. 环境参数

（1）环境温度　环境温度对静电纺丝的影响主要表现在两方面，即影响溶液的黏度和溶剂的挥发速率。利用静电纺丝技术制备聚氨酯纺丝时，升高温度会使聚合物溶液黏度减小、溶液的导电性增强、溶剂挥发速率加快、纺丝的固化速率加快，进而得到结构更加均匀的纺丝结构。在室温下，由于蛋白质大分子和凝胶的黏度较大而不能进行静电纺丝。升高温度能减小蛋白质溶液的黏度，从而使蛋白质的静电纺丝过程顺利进行。同时在一定范围内升温，有利于形成直径较小的静电纺丝。

（2）环境湿度　环境湿度的影响主要表现在对溶剂挥发速率的影响。液滴从喷射器末端经过射流到达接收器的过程中，溶剂挥发接触到的主要环境介质是空气。空气与溶剂表面蒸气会发生对流。若溶剂与空气中的水蒸气具有较好的相溶性，则当空气湿度较小时，溶剂的挥发速率较快，纺丝的固化速率也会较快；当空气湿度较大时，纺丝区域内的水蒸气压力较大，溶剂从液体内部到表面的扩散速率较慢，从而导致溶剂的挥发速率较慢。残留在纺丝表面的溶剂会导致纺丝黏结缠绕，从而影响纺丝的质量。

静电纺丝技术以其纺丝成本低廉、可纺物质种类繁多、制造装置简单、工艺可控等优点，已成为有效制备纤维材料的主要途径之一。目前，静电纺丝技术已经制备了种类丰富的纺丝，包括有机、无机/有机复合和无机静电纺丝。随着静电纺丝越来越多地应用到各个领域，如何制备出满足应用需要、高性能、多功能的复合静电纺丝成为一个重要课题。因此，结构多样的静电纺丝材料不断涌现，并伴随出现了新的静电纺丝装置、新的制备方法以及不同的接收装置等。

4.5.3　静电纺丝的种类

在静电纺丝技术发展初期，该技术主要集中在有机静电纺丝的制备。随着复合材料的优异性逐渐被发现，静电纺丝技术的研究重点就迅速转移到无机/有机复合静电纺丝材料的制备上，即把金属、无机氧化物、半导体、碳纳米管等纳米材料掺杂到聚合物基质中，以获得具有特殊功能的复合静电纺丝。通过一些特殊工艺除去无机/有机复合静电纺丝中的有机成分后，还可得到形态特异且功能多样的无机静电纺丝。

1. 有机静电纺丝

（1）天然高分子纺丝　天然高分子及合成的聚合物在溶液中能够相互缠结，并且具有一定黏度，因此能够运用静电纺丝技术制备成纤维。到目前为止，已经有100多种天然和合成的聚合物通过静电纺丝工艺被成功地制备成纤维。常见的可用于静电纺丝的天然高分子可分为三大类，分别为多糖类生物高分子、蛋白类生物高分子和核酸类生物高分子，见表4-3。

纤维素是植物细胞壁的主要成分，是地球上最古老、最丰富的天然高分子，是人类最宝贵的天然可再生资源。对废弃物中的纤维素加以充分利用，可以大大降低生产成本、减少资源浪费。福瑞（Frey）等最早以废弃物中的纤维素为原料，成功制备出了直径低于100nm

的纤维素静电纺丝纤维。在制备纤维素静电纺丝时，首先将纤维素溶于1-乙基-3-甲基咪唑乙酸离子液体（[C₂mim][OAc]）和乙酰二甲胺（DMAc）的共溶剂中，配制浓度分别为8.3%、7.2%和6.3%的静电纺丝溶液，最后得到直径分别为800nm、650nm和580nm的静电纺丝纤维。当共溶剂为[C₂mim][OAc]和二甲基甲酰胺（DMF），其他条件不变时，得到的静电纺丝纤维直径分别为430nm、400nm和370nm。

表 4-3　静电纺丝用的天然高分子

分类	天然高分子
多糖类生物高分子	纤维素、醋酸纤维素、乙基纤维素、羟丙基甲基纤维素、甲壳素、壳聚糖、透明质酸、葡萄糖等
蛋白类生物高分子	胶原、明胶、弹性蛋白、纤维蛋白原、丝素蛋白、小麦蛋白、玉米蛋白等
核酸类生物高分子	脱氧核糖核酸

明胶作为一种与胶原蛋白组成和性质相似的水溶性聚合物，具有许多优良特性，如侧链基团反应活性高、溶胶与凝胶能可逆转变等，因此在许多领域得到广泛应用。Skotak 等将明胶溶于三氟乙醇中通过静电纺丝工艺制备了明胶纤维，再将明胶纤维浸没在叔丁醛与戊二醛的混合溶液中进行交联处理，处理后的明胶纤维既可保持其形貌，又能有效增强明胶纤维的拉伸模量，使明胶纤维在生物医学领域具有潜在的应用价值。透明质酸、脱氧核糖核酸等典型天然高分子制备的静电纺丝纤维如图 4-23 所示。

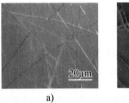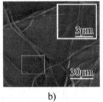

图 4-23　典型天然高分子制备的
静电纺丝纤维
a）透明质酸纤维　b）脱氧核糖核酸纤维

（2）合成聚合物静电纺丝　除了上述天然高分子材料外，由于合成聚合物的性能优异，因此更多的合成聚合物静电纺丝被制备。例如，芳香族的聚酰亚胺（PI）是一类含有酰胺基大分子重复单元的聚合物，其具有优异的热稳定性、力学性能（例如低蠕变和高强度）和良好的耐化学性。传统 PI 纺丝的直径为几微米到几百微米，利用静电纺丝技术制备的 PI 纺丝的直径可减小至数十纳米到几微米。这些纺丝可以用来做防护服、高温废气过滤器、飞机内部组件等。此外，常见的合成聚合物静电纺丝纤维还包括聚氨酯、聚酰胺、聚偏氟乙烯等，如图 4-24 所示。

常见的用于静电纺丝的合成聚合物见表 4-4。

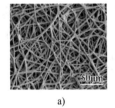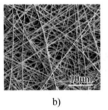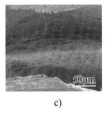

图 4-24　常见的合成聚合物静电纺丝纤维
a）聚氨酯纤维　b）聚酰胺纤维　c）聚偏氟乙烯纤维

（3）复合静电纺丝　不同的有机纳米材料具有各自独特的优势，当单组分纺丝不能满足某些领域的要求时，人们便利用静电纺丝技术制备出复合静电纺丝，同时发挥不同聚合物的功能甚至协同作用，来满足特定领域的需求。目前，利用静电纺丝技术制备多组分高分子复合静电纺丝的方法有共混静电纺丝、多喷头静电纺丝、同轴静电纺丝等。如图 4-25a 所示，

表 4-4　常见的静电纺丝用合成聚合物

分类	常见的静电纺丝用合成聚合物
水溶性高分子	聚氧化乙烯（PEO）、聚乙烯醇（PVA）、聚丙烯酸（PAA）、聚乙烯吡咯烷酮（PVP）、羟丙基纤维素等
溶于有机溶剂的高分子	聚苯乙烯（PS）、聚丙烯腈（PAN）、聚醋酸乙烯酯（PVAc）、聚碳酸酯（PC）、聚酰亚胺（PI）、聚苯并咪唑（PBI）、聚对苯二甲酸乙二酯（PET）、聚对苯二甲酸丙二酯、聚氨酯（PU）、乙烯 - 醋酸乙烯共聚物、聚氯乙烯、聚甲基丙烯酸甲酯（PMMA）、聚偏氯乙烯（PVdE）、聚酰胺（PA）、聚对苯二甲酸丙二醇酯（PBT）等
可生物降解的高分子	聚乳酸、聚谷氨酸、聚己内酯（PCL）、聚羟丁酸酯、聚酯型聚氨酯等
可熔融静电纺丝的高分子	聚乙烯（PE）、聚丙烯、聚对苯二甲酸乙二醇酯、聚酰胺-12、聚己内酯、聚氨酯等

将聚对苯二甲酸丁二醇酯（PBT）和再生丝素（SF）分别溶于三氟乙酸与二氯甲烷（体积比为 1∶1）的混合溶剂中，通过共混静电纺丝制备出复合纺丝，改善了 PBT 纺丝的亲水性。如图 4-25b 所示，通过双喷头静电纺丝技术来制备聚环氧乙烷@ 聚丙烯腈/聚砜（PEO@PAN/PSU）的复合纤维材料。使用蓬松的 PSU 微米纤维和极细的 PAN 纳米纤维作为纤维过滤膜的结构，同时在结构中使用 PEO 形成粘结结构制备出一种小孔径、低密度的稳定的纳米纤维过滤材料。如图 4-25c 所示，采用同轴静电纺丝制备了柔性核壳聚丙烯腈（PAN）/碳纳米管（CNTs）@ 聚偏氟乙烯-共六氟丙烯（PVDF-HFP）/Uio-66-NH$_2$（PC@ PU）杂化纳米纤维膜。在静电纺丝过程中，采用 PAN 聚合物和 CNTs 颗粒作为核心，提高膜结构的稳定性，保证隔膜的热稳定性。采用 PVDF-HFP 和 Uio-66-NH$_2$ 纳米颗粒增强隔膜对电解质的亲和力。PC@ PU 复合膜具有较高的热稳定性和优异的电解质亲和力（545.76%）。

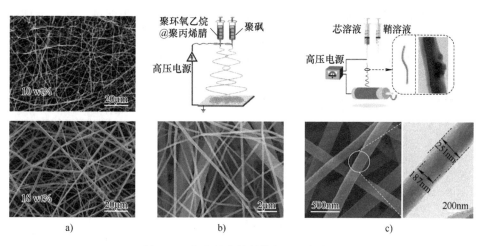

图 4-25　复合静电纺丝的加工制备方法
a）共混静电纺丝　b）多喷头静电纺丝　c）同轴静电纺丝

2. 无机/有机复合静电纺丝

纳米复合材料是当前复合材料研究的新兴领域之一。无机/有机复合静电纺丝是指把无机材料分散在有机聚合物材料中形成的复合静电纺丝纤维，其中无机材料为分散相，聚合物材料为连续相。这种纺丝同时具备无机和有机纳米材料的特点。无机/有机复合静电纺丝纤维的性能不仅与无机纳米粒子的结构有关，还与纳米粒子的聚集方式、协同性能、聚合物基体的结构性能、粒子与基体的界面结构性能及加工复合工艺等有关。

目前，静电纺制备无机/有机复合静电纺丝的主要途径为：①共纺，即将无机材料或其前驱体溶液分散在聚合物溶液中进行电纺得到复合纺丝；②后修饰，即以聚合物溶液为前驱体进行静电纺丝，然后通过原位还原、原位聚合、紫外照射、交联剂处理等方法将无机物修饰在纺丝表面，从而得到无机/有机复合静电纺丝。通过共纺制备的无机/有机复合静电纺丝纤维如图4-26所示。利用一步微流体静电纺丝技术与气体辅助的方法制备了具有多层次空间孔道结构的纳米纤维膜。通过简单的一步微流体静电纺丝方法，制备出钴基异质结纳米颗粒，使其在纤维轴向上均匀分布，最大限度地暴露出活性位点，避免了粉状活性材料堆积造成的性能下降，从而大大提高电催化性能。SEM（扫描电子显微镜）和TEM（透射电子显微镜）图像显示所得碳化纳

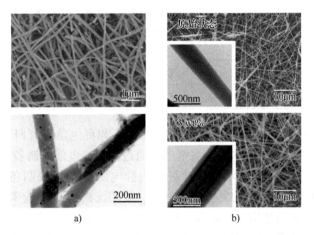

图 4-26　通过共纺制备的无机/有机复合静电纺丝纤维

米纤维膜具有三维网络结构和内部纳米孔道，如图4-26a所示。如图4-26b所示，通过共纺制备了聚偏氟乙烯-银纳米线复合纤维，静电纺丝工艺有利于聚合物链的单轴拉伸，促进了聚偏氟乙烯中高取向结晶β相的形成，形成聚偏氟乙烯的最极性结晶相。此外，银纳米线的加入使其与聚偏氟乙烯链偶极子之间产生静电相互作用，进一步促进了β相晶体的形成，制备的复合纤维薄膜表现出优异的压电性能。

常见的无机/有机复合静电纺丝的制备方法及组成见表4-5。

表 4-5　常见的无机/有机复合静电纺丝的制备方法及组成

制备方法	无机组分	聚合物
共纺	Ni	聚苯乙烯
	石墨烯	聚乙烯醇
	TiO_2	聚乙烯醇
	SiO_2	聚乙烯吡咯烷酮
	Eu	聚酰亚胺
	In_2O_3	聚乙烯吡咯烷酮
	$SnO_2\text{-}In_2O_3$	聚乙烯吡咯烷酮
	SnO_2	聚乙烯吡咯烷酮
	$TiO_2\text{-}In_2O_3$	钛酸丁酯与聚乙烯吡咯烷酮
	Ag	尼龙-6（聚己内酰胺）
	LiCl	聚乙烯醇
	$NaCl$、$CaCl_2$	聚（2-丙烯酰胺-2-甲基-1-丙磺酸）（PAPMS）

（续）

制备方法	无机组分	聚合物
共纺	银纳米线	聚偏氟乙烯
	$AgNO_3$	聚乙烯吡咯烷酮
	CdS	聚乙烯吡咯烷酮
	Ag_2S	聚乙烯吡咯烷酮
	Pd	聚丙烯腈 - 丙烯酸
	Cu	聚乙烯醇

通过后修饰法制备的无机/有机复合静电纺丝纤维如图 4-27 所示。如图 4-27a 所示，研究人员以聚丙烯腈/聚乙烯吡咯烷酮复合物为前驱体制备聚合物纺丝，经碳化后将 Ag^+ 原位还原在纺丝表面，再将 Pt 沉积，得到多孔的碳复合纺丝。如图 4-27b 所示，通过静电纺丝工艺制备了聚氨酯纤维薄膜，进一步通过超声浸涂改性工艺使碳纳米管渗透到聚氨酯纤维薄膜内部，碳纳米管附着于聚氨酯纤维表面，相互连接构成了空间导电网络，制备的碳纳米管/聚氨酯复合纤维不仅保留了聚氨酯纤维基底的力学性能，而且还获得了碳纳米管优良的导电性能。制备的碳纳米管/聚氨酯复合纤维在柔性电子器件的构筑方面表现出巨大的潜力。

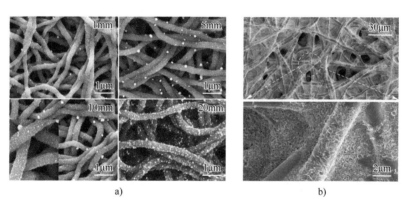

图 4-27　后修饰法制备的无机/有机复合静电纺丝纤维

3. 无机静电纺丝

无机静电纺丝因其在光电、环境和生物医学等领域具有潜在的应用价值，已成为材料科学的研究重点之一。利用静电纺丝技术制备有机高分子纳米纺丝或者无机/有机复合静电纺丝，再经过煅烧等处理可得到无机静电纺丝。目前，已成功制备了碳化物纺丝、氮化物纺丝、氧化物纺丝以及金属纺丝等。

图 4-28 所示为无机静电纺丝纤维实例。如图 4-28a 所示，通过静电纺丝制备了直径为 300~500nm 的聚乙烯醇纳米纤维，聚乙烯醇纳米纤维互相缠绕形成纳米网格，在聚乙烯醇网格上面沉积 70~100nm 厚的金属，制备纳米网格导体。随后将纳米网格导体放置在皮肤上并喷水，聚乙烯醇在水环境中快速溶解，而金属纳米网格则附着于人体皮肤表面形成了紧密的接触。这种金属纳米网格具有高透气性、超薄、轻质和可拉伸等众多优势，为薄膜电子设备与皮肤的共形集成开辟了新的道路。如图 4-28b 所示，研究人员首先制备了 $SnCl_4 \cdot 5H_2O$/$SbCl_3$/PVP 混合溶液，通过静电纺丝技术获得了定向氧化锡锑纳米纤维前驱体。随后在空气

环境下对前驱体膜进行煅烧处理（以 1℃/min 的速率加热至 700℃），在此煅烧过程中 PVP 载体完全分解，形成厚度约 10μm 的柔性导电氧化锡锑纳米纤维膜。

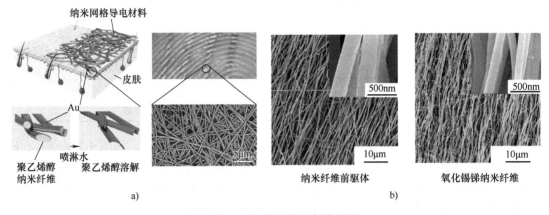

图 4-28　无机静电纺丝纤维实例

第 5 章

纳米材料的固相法制备

纳米材料的固相法制备是一种通过固相反应来制备纳米材料的方法。这种方法通常在较低的温度下进行，通过固体原料之间的反应来合成纳米材料。固相法制备纳米材料具有操作简单、条件温和、可控制备形貌和尺寸等优点，该方法主要通过物理或化学手段将固体原料转化为纳米尺度的材料。固相法主要包括球磨、固相反应等。固相法制备纳米材料的应用范围广泛，包括能源、环境、医疗等多个领域。总之，固相法是一种有效且经济的纳米材料制备技术，对于推动纳米科技的发展具有重要意义，未来的研究应着重于提高产品的质量、控制材料的微观结构以及开发新的合成路线。

5.1 球 磨 法

球磨法就是在球磨过程中，通过球的反复碰撞、挤压、摩擦，使复合颗粒或薄片不断地发生塑性变形而加工硬化，到一定程度又导致破碎。这种反复的焊合和破碎的过程就形成了多层结构的复合颗粒。通常在这种强制作用力的作用下，粉末颗粒中引入大量的应变和纳米量级的微结构，同时在各层内又积蓄了大量能使原子充分进行短程扩散的空位、位错等缺陷，使粉末具有很高的晶格畸变能和表面能，使扩散和反应更易进行，可以在新鲜细小的微结构的表面上发生扩散和反应。进一步的球磨，使粒子变硬、塑性下降，大的复合颗粒很容易产生裂纹，又被破碎，此时粒子焊合与破碎的趋势达到平衡，粒子尺寸恒定在一个较窄的范围内，粒子表面活性增强。由于高能量的作用，材料在球磨过程中发生一系列的显微组织结构变化和非平衡态相变，导致各类非平衡态结构的形成，如纳米晶、非晶、亚稳相、过饱和固溶体等。所以经过球磨处理后的材料，变得更加活泼、不稳定。通常人们以球磨法得到的粉末作为原料，经过简单的热处理，来制备一维纳米材料。此外这种方式也可以用来直接合成纳米复合材料和纳米晶。球磨法因可以合成常规方法难以获得的高熔点金属、合金材料和复合材料，且工艺简单、成本低、效率高（一次可获得公斤量级的产品），以及适合工业化生产，而被广泛研究。

科学实验和理论研究表明：球磨机筒体的回转速度（简称为转速）对于球磨介质粉碎物料的研磨作用有很大影响。当用不同的转速转动同一条件的球磨机时，机内研磨介质会出现三种不同的状态。当转速很低时，全部介质被提升的高度较低，只向上偏转一定角度，其中每个介质都绕自身的轴线转动。由于转速太低，衬板对介质的提升摩擦力不足以将它们带到一定的高度，研磨介质达到其自然休止角时，介质沿斜坡滚下，这种运动称为泻落状态。

在泻落状态工作的球磨机，物料在介质间主要受到磨剥作用，冲击动能小，故粉碎效率不高。当转速太高时，球磨介质会产生很大的离心惯性力，从而使它们贴随球磨机筒体衬板的内表面上并与之一起做等速圆周运动。在这种情况下，既无介质的冲击作用，磨剥作用也很弱，粉碎作用几乎停止，这种情形称为离心状态。球磨机转速适中时，衬板的提升摩擦力赋予球磨以一定的高度，因而球磨介质具有较大的冲击动能。这种状态称为瀑布状态或抛落状态。在抛落状态工作的球磨机中，物料在圆曲线运动区受到介质的磨剥作用，在介质落下的地方，物料受到介质的冲击和强烈翻滚的磨剥作用，故这种状态的粉碎效率较高。

球磨法已经被广泛应用于制备超微粉末及纳米粉末、纳米复合材料、弥散强化合金结构材料、金属精炼、矿物和废物处理、高分子改性以及新物质的合成等，并且表现出独特的优势。球磨法经过几十年的发展，不断地被延伸和拓展，除了利用球磨技术直接制备纳米晶和纳米复合材料外，还经常将球磨粉通过高温热处理或化学处理来制备一维或二维纳米材料。虽然已经对球磨法做了大量调查和研究，但是作为推进纳米材料产业化方法之一，它仍然存在着许多未知的领域需要人们去探索，还需要不断进行完善和补充，如原材料的选择、合成工艺的拓展、纳米材料的生长机理等。

球磨法的特点是利用硬球对原料进行强烈的撞击、研磨和搅拌，其中金属或合金的粉末颗粒经压延、压合、又碾碎、再压合的反复处理，获得组织和成分分布均匀的纯金属或合金粉末。关于纳米结构形成机理的研究认为球磨过程是一个颗粒被循环剪切变形的过程。在这一过程中，晶格缺陷不断在大颗粒的晶粒内部大量产生，从而导致颗粒中晶界的重新组合。在单组元材料中，纳米晶的形成是机械驱动下的结构演变。晶粒尺寸随球磨时间延长而减小，应变随球磨时间增加而增大。在球磨过程中，由于样品的反复形变，局部应变带中缺陷密度达到临界值时，晶粒开始破碎，这个过程不断重复，晶粒不断细化直到形成纳米结构。当球磨时间延长到一定程度时，应变对晶粒的破碎作用趋于饱和，晶粒尺寸将保持在一定数值。

球磨作用过程的机理比较复杂，归结起来有五种。①局部升温模型。机械力化学过程中球磨筒的温升并不是很高，但在局部碰撞点中可能产生很高的温度，并可能引起纳米尺度范围内的热化学反应，且在碰撞处因为高的碰撞力会导致晶体缺陷的扩散和原子的局部重排。②缺陷和位错模型。一般地，活性固体在热力学上和结构上均处于不稳定的状态，其玄姆霍兹自由能和熵值较稳定物质都高。缺陷和位错影响到固体的反应活性。在受到机械力作用时，物体接触点处或裂纹顶端就会产生应力集中，这一应力场的衰减取决于物质的性质、机械作用的状态（压应力与剪应力的关系）及其他有关条件。局部应力的释放往往伴随着结构缺陷的产生以及热能的转变。③摩擦等离子区模型。物质在受到高速冲击时，在一个极短的时间和极小的空间里，对固体结构造成破坏，导致晶格松弛和结构裂解，释放出电子、离子，形成等离子区。④新生表面和共价键开裂理论。固体受到机械力作用时，材料破坏并产生新生表面，这些新生表面具有非常高的活性。⑤综合作用模型。上述机械力化学作用有可能是一种，也有可能是几种机理共同作用的结果。

球磨法的装置主要由球磨机、球磨罐和磨球组成。不同的球磨设备存在不同的运转规律、球磨效率以及其他不同的辅助设备。球磨法主要依赖于球磨机来实现，根据不同的需求和物料特性，球磨机可以分为多种类型，如干式和湿式，以及格子型和溢流型等。目前，常用的球磨机主要有振动球磨机、行星球磨机、搅拌球磨机等。行星式球磨机相对于振动球磨机来说，能量要小得多。由球磨罐环绕自己的轴心转动和支承盘的旋转所产生的离心力作用于装有球磨原料和磨球的球磨罐上。对于振动球磨机，一次只能运转一个球磨罐，靠电动机和轴承的作用可使球磨罐来回运动的速度达到 1200r/min，球磨罐中磨球的运转速度快，作用于粉末的压力很大，是一种高效的高能球磨设备。水平滚筒式是混粉用的传统球磨机。由于临界转速的限制，磨球的运动速度低，只有当筒径为 1m 以上时才可能产生机械合金化所需的足够能量，这显然不适于实验室研究。搅拌式球磨机利用泵高速循环达到较好的研磨效果及较窄的粒径分布。快速循环的物料通过搅动激烈地研磨介质层，这种现象有利于得到较窄的粒径分布，它允许较小的微粒迅速通过，而相对较粗的微粒则要滞留较长的时间，对粗粒有优先破碎效果。

5.1.1　干法球磨

干法球磨，简称为干磨，指的是当物料在球磨机内经历了一定的破碎操作并达到要求时，会被向筒体外输出的气流带出。干磨过程中用到的球磨机就是干式球磨机，如图 5-1 所示，干式球磨机在空气或惰性气体环境中工作，干法粉碎生产过程不用加水，要求物料必须是干的，所以被称为干磨，该设备是直筒状，安有引风装置、排尘管道和除尘器。它在各种矿物的选矿作业生产中扮演着重要的"研磨"的角色，

图 5-1　干式球磨机

达到要求的产品被风或气流带出。适用于遇水会发生反应的物料，如水泥、石灰、大理石等建筑石料，它们遇水可能会产生其他物质，所以不适合采用湿磨，一些产品要求以粉末的形式进行存贮和销售，也适合采用干磨；另外有些干旱地区由于水资源比较匮乏，为了节约用水也可采用干磨。

干式球磨机为筒形旋转装置，外沿齿轮传动，有两仓，是格子形球磨机。物料由进料装置经入料中空轴螺旋均匀地进入球磨机第一仓，该仓内有阶梯衬板或波纹衬板，内装不同规格钢球（即磨球），筒体转动产生离心力将钢球带到一定高度后落下，对物料产生重击和研磨作用。物料在第一仓达到粗磨后，经单层隔仓板进入第二仓，该仓内镶有平衬板、内有钢球，用于将物料进一步研磨。粉状物通过卸料箅板排出，即完成粉磨作业。

5.1.2　湿法球磨

湿法球磨在水或有机溶中进行湿法粉碎，湿法粉碎除了湿法研磨之外还包括湿法分散。湿法分散是将颗粒团聚体分散成单个颗粒，以使其均匀分布在溶剂中。另一方面，破碎是向固体颗粒施加机械能来减少凝集颗粒的大小而几乎不形成固体新生表面的操作。由于干式粉碎获得的颗粒的粒径大，所以在需要进行超微粉碎时，湿法粉碎是必要的。湿法粉碎机的对象是微粒子和超微粒子，研磨后的颗粒粒径可至微米乃至数十纳米。湿法球磨是指矿石进入球磨机后，会在磨矿介质及矿石自身的相互作用下完成一定的磨碎，并满足用户的磨碎需要，同时在此过程中还会有水流参与，矿石的移动则是需要由水流带动的。湿磨过程用到的球磨机就是湿式球磨机，湿式球磨机是一种可以分散从亚微米到数十纳米的微粉碎碎和纳米

尺寸的装置，如图 5-2 所示。按运动特征，湿式球磨机分为简单摆动型湿式球磨机、复杂摆动型湿式球磨机和混合摆动型湿式球磨机三种形式。湿磨适用于大多数物料，各种金属矿、非金属矿均可，只要遇水不会产生反应，进而影响成品质量的物料，都可用湿磨，常见的包括铜矿、铁矿、钼矿、磷矿、长石矿、萤石矿等。湿磨时钢球、物料、水的比例为 4：2：1，具体的比例需要通过磨矿试验来确定。

湿式球磨机的工作原理与干磨球磨机基本相同，就是在粉磨过程中需要加入液体介质，必须注意磨矿浓度控制得当。加水量一般根据泥料用途、配方中

图 5-2　湿式球磨机

黏土用量及黏土吸水值的大小而定。物料在冲击和研磨作用下逐步被粉碎。被粉碎的矿石经排料部分排出筒外。排出的矿物在螺旋分级机中分级出合格产品后，粗砂通过联合进料器再回到球磨机内继续粉磨。供料机连续均匀地喂料，矿石经联合进料器连续均匀地进入球磨机，被磨碎的物料源源不断地从球磨机中排出。

磨珠粒径是影响研磨效率的重要因素。作为球径选择的标准，需要使用物料最大粒径的 10~20 倍的球径。另外，物料的目标粒径大约是研磨珠直径的 1/1000。湿式珠磨机中使用的珠径为 0.03~2.0mm，但如果要进行纳米尺寸的微粉研磨，则需要选择 0.1mm 以下的微珠。根据材料的大小不同，使用的珠径越小，研磨粒径越小，能量效率也越高。另外，一般情况下，料仓的填充率一般为 70%~90%，搅拌器周速设定为 6~15m/s。磨珠填充率和搅拌器周速是根据研磨腔和搅拌器的形状而定。但是，研磨球填充率越高，搅拌器速越快，粉碎速度也就更快。然而，由于通过提高珠子填充率并加速搅拌器的周速来研磨的话，会使浆料发热、磨珠和研磨机内部部件的磨损会加剧，因此有必要考虑发热和磨损来确定运行条件。

湿式研磨机的运行方法可概括为：通过泵的作用将混合了物料和溶剂的浆料连续输送到研磨腔内，并设置重复路径以使其达到目标粒径的路径和搅拌器，以达到循环研磨的效果。批量研磨是面向大量生产，用于易研磨、分散性较好的浆料。湿式研磨机的运行示意图如图 5-3 所示。

由于供给量少，即使每一次的处理时间（滞留时间）长，到达粒子直径也有限制，所

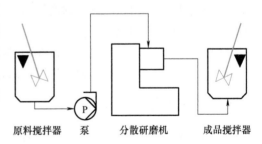

原料搅拌器　　泵　　分散研磨机　　成品搅拌器

图 5-3　湿式研磨机的运行示意图

以对于在 1 次未达到目标粒子直径的浆料，将进行再次研磨处理。循环试研磨的工作性较好，适用于长时间处理的、难以粉碎的、分散的浆料。在球磨机中，为了控制粒度分布，如果是相同的滞留时间，则最好增加路径次数而不是只有一个路径。即使在相同的滞留时间下，做两次分散的话粗粒子也会变少。因此，发现如果是相同的滞留时间，通过增加循环次数可以使粒子粒径分布变得尖锐。但是，为了在相同停留时间内增加路径次数，需要在大流

量下运行。大流量循环型球磨机，通过球对研磨腔、分离器形状、分离器等进行大流量循环的改良和开发，可以在大流量下循环运行浆料。通过使用大流量循环珠磨机，可以增加浆料，通过球磨机的次数，并且由于浆料中的小颗粒在球磨机中多次通过，所以获得了尖锐的粒径分布。另外，由于研磨、分散随着时间的推移而进行，因此可以进行粒径控制和自动化运转，也可以加入适量添加剂以改善运行中研磨、分散的效果。此外，在循环方法中，通过缩短每条路径的滞留时间，可以减少磨腔中浆料的温度上升。通过使用保持罐和冷却器等进行外部冷却，可以进行浆料的温度控制和低温处理。

5.2　固相反应法

固相反应在广义上的定义为凡是有固相参与的化学反应，如固体与固体、固体与液体之间或固体本身发生的氧化、还原及热解等反应。固体材料在高温环境中的反应是一个普遍的物理化学现象。从较窄范围定义的固相反应为固体与固体间由于化学反应而生成新固体产物的过程。固相反应有着不同的分类方式，按反应机理不同，分为扩散控制过程、化学反应速度控制过程、晶核成核速率控制过程和升华控制过程等；按反应物状态不同，可分为纯固相反应、气固相反应（有气体参与的反应）、液固相反应（有液体参与的反应）及气液固相反应（有气体和液体参与的三相反应）；按反应性质不同，分为氧化反应、还原反应、加成反应、置换反应和分解反应。

两种或两种以上的物质（质点）通过化学反应生成新的物质，其微观过程应该是：反应物分子或离子接触+反应生成新物质（键的断裂和形成）。在溶液反应中，反应物分子或离子可以直接接触。在固相反应中，反应物一般以粉末形态混合，粉末的粒度大多在微米量级，反应物接触是很不充分的。实际上固体反应是反应物通过颗粒接触面在晶格中扩散进行的，扩散速率通常是固相反应速度和程度的决定因素。先按规定的组成称量、用水作为分散剂进行混合，为达到目的，需在球磨机内用玛瑙球将两相进行混合，混合均匀后用压滤机脱水，在电炉上焙烧，加热至粉末状时，固相反应意外的现象也在同时进行，即颗粒增长、烧结，且这两种现象同时在原料和反应物间出现。固相反应在室温下进行的比较慢，为了提高反应速率，需要加热至 $1000 \sim 1500℃$，因此热力学和动力学在固相反应中都有很重要的意义。

固相反应的影响因素较多，主要有：

（1）原料性质　原料性质的不同导致破坏其晶格结构的难易程度不同，对反应速度也会产生一定的影响。

（2）时间和温度　根据热力学定律，温度较低时，反应物分子的扩散和迁移速度很慢，化学反应活性低，因此提高反应温度可加速固相反应。另外，需要足够的时间以保证反应物离子的充分结合，促进反应完全进行。

（3）生料的细度和均匀性　生料越细，颗粒的几何尺寸越小，表面活性能越大，越有利于反应和扩散的进行。但随着颗粒尺寸的进一步减小，易导致团聚现象，不利于产品均匀性，同时能耗也会急剧增大，因此，需要对反应条件进行优化，使各组分间充分接触，以此来加快固相反应的进行。

固相反应的优点主要体现在产量高、工艺简单，适合于大规模工业化生产，而且由于制备方法的特殊性，所以能够制备具有独特性能的材料。

5.2.1 纯固相反应

纯固相反应法按工艺特点可分为化学反应法和物理粉碎法。化学反应法是把金属盐或金属氧化物按配方充分混合，经研磨后再进行煅烧，发生固相反应，反应得到的粉末易固结，需再次粉碎后再进行煅烧，发生固相反应，如此重复直到得到所需的超细粉体，**此方法能耗大且易引入杂质。**室温纯固相化学反应法是目前最常采用的固相制备纳米微粒方法。室温纯固相化学反应法就是在室温下直接研磨反应物，合成一些中间化合物，然后再对中间化合物进行适当处理得到所需的纳米产品。物理粉碎法是物理方法的一种，通过机械粉碎、电火花爆炸等将粗颗粒物质利用介质和物料间相互研磨和冲击得到纳米粒子。该方法操作简单、成本低，但颗粒分布不均匀，很难使粒径小于 100nm。

高能球磨法是纯固相反应法制备纳米粉体的代表性方法，主要是利用球磨机的转动、振动使磨球对原料进行强烈的撞击、研磨和搅拌，将其粉碎为纳米颗粒。近年来高能球磨法和气流粉碎与分级联合方法的出现，在一些对粉体的纯度和粒度要求不太高的场合仍然适用。然而由于其固有的缺陷，如能耗大、效率低、所得粉体不够细、杂质易混入、粒子易氧化和变形等，因而在高科技领域中很少采用此方法。

5.2.2 气固相反应

气固相反应可分为气固催化反应与气固非催化反应，前者主要是气相发生化学变化，而固相主要起催化作用。而对于气固非催化反应，随着反应的进行，固体反应物逐渐消耗，并在固体反应物表面生成固体产物层。气固相反应在工业生产中占有很重要的地位，如铁的氧化，碳的燃烧与气化，氧化钙、氧化镁等与二氧化硫的反应，金属氧化物脱除 H_2S 的反应，金属氧化物的还原等。

虽然气固相反应体系由于反应对象的不同而发生不同类型的反应，但所涉及的微观物理/化学步骤是相似的。固体相反应物通常是多孔颗粒，气体分子可通过孔隙扩散到颗粒内部并发生反应，气固相反应步骤包括：①气体分子从气相主体扩散到颗粒外表面，即外扩散；②气体分子进一步通过颗粒内部的孔隙进行扩散，即内扩散；③气体分子到达局部固体反应物表面后发生化学反应；④反应物分子/离子通过产物层扩散后进一步反应；⑤固体产物逐渐生长并导致颗粒结构变化。上述气固相反应步骤同时进行，并相互影响制约，是典型的多尺度、多物理/化学步骤耦合系统。化学反应发生在表界面上属于原子/电子尺度，而反应物分子/离子通过产物层的体相扩散发生在纳米或微米晶粒尺度上；气体分子的外扩散则发生在微米或毫米的颗粒尺度上。气固相反应对象跨越原子、微米与毫米尺度，需采用不同的数学物理模型。同时气固相反应是动态变化过程，固体产物在颗粒内各个位置处不断生长，固体产物与固体反应物的摩尔体积存在差别，故固体产物的生长将导致颗粒孔隙结构尺寸逐渐变化，进而影响气体内扩散阻力。因此，反应过程中固体产物的生长将改变反应控制步骤。例如，初始反应时，颗粒内部孔隙尺寸较大，气体传质阻力较小，此时反应界面处的表面化学反应为控制步骤；若该反应过程中生成的固体产物体积大于消耗的固体反应物体积，则颗粒内固体产物取代固体反应物后将导致颗粒内孔隙尺寸减小，甚至出现颗粒孔隙堵塞现象，最终气体内扩散取代表面化学反应成为控制步骤。

5.2.3　液固相反应

液固相反应也称为液-固反应，是指在化学反应过程中，至少有一个反应物是固体，而另一个反应物是液体的化学反应。这种类型的反应在工业和实验室中都非常常见，涉及材料合成、金属腐蚀、矿物处理、化学合成等多个领域。固液相反应为固体和液体之间发生的反应，有的产物溶于液相，如金属氧化物溶于酸，有的产物在固相反应物上形成覆盖层，如锌置换铜的反应。若如产物溶入液相，则液相有机会接触到反应固体。因此反应速率取决于界面上的化学反应，与液相反应物浓度和晶面结构、缺陷有关。形成覆盖层的反应与固气相反应类似。

5.2.4　气液固相反应

1960 年，Wanger 等首次提出 VLS（气-液-固）反应机制，用于解释晶须的生长过程。这一机制强调了在气相、液相和固相的相互作用下，材料如何通过成核和生长形成一维纳米结构。这一理论最初被用于解释 SiC 晶须的生长，在 VLS 反应机制中，原料中反应生成的 SiO 气体首先扩散至富碳的催化剂熔球表面并进入液相催化剂内部，当温度达到合成温度时，气相反应物持续地溶入催化剂，从而达到过饱和状态，最终在界面处沿着具有低表面能的（111）晶面生长成为一定直径的 SiC 的最终产物。

SiC 晶须的生成一般都是通过气-液-固反应机制。只要温度升高达到熔点形成液滴，晶须的增长就总是在固液界面开始。从含 SiO_2、CH_4、CO_2 的气相中，溶解出硅和碳而成为反应物。当硅和碳在熔体中达到超饱和时，SiC 沉积在液滴底部，即固液相界面。如果液滴已经形成，增长的晶须推着液滴一直前进，一直保持在顶端。气液固相法是制备无机材料的纳米线最常用的方法，可用来制备的纳米线体系包括元素半导体（Si，Ge）、Ⅲ-Ⅴ族半导体（GaN，GaAs，GaP，InP，InAs）、Ⅱ-Ⅵ族半导体（ZnS，ZnSe，Cds，CdSe），以及氧化物（ZnO，GaO，SiO_2）等。

反应系统中存在气相反应物（B）（原子、离子、分子及其团簇）和含量较少的金属催化剂（A）。二者通过碰撞、集聚形成合金团簇，达到一定尺寸后形成液相生核核心（简称为合金液滴）。合金液滴的存在使得气相反应物（B）不断溶入其中。当熔体达到过饱和状态时，合金液滴中即析出晶体（B）。析出晶体后的合金液滴成分又回到欠饱和状态，通过继续吸收气相反应物（B），可使晶体再析出生长。如此反复，在合金液滴的约束下，可形成一维结构的晶体（B）纳米线。通过物理或化学的方法让生长材料的组元形成气相。生长材料的组元以气相分子或原子的形式被传输到基底表面，在一定的温度下，基体表面的催化剂与生长材料的组元互熔形成液态的合金共熔物，生长材料的组元不断地从气相中获得，当液态中溶质组元达到过饱和后，溶质将在固-液界面析出，沿着该择优方向形成纳米线。

拓展 1：固相烧结法

1. 烧结的概述

烧结是利用热能使粉末坯体致密化的技术，其具体的定义是指多孔状态的坯体在高温条件下，表面积减小、孔隙率降低、力学性能提高的致密化过程。坯体在烧结过程中要发生一系列的物理变化，如膨胀、收缩、气体的产生、液相的出现、旧晶相的消失、新晶相的形成等。在不同的温度、气氛条件下，所发生变化的内容与程度也不相同，从而形成不同的晶相组成和显微结构，决定了陶瓷制品不同的质量和性能。坯体表面的釉层在烧结过程中也会发生各种物理化学变化，最终形成玻璃态物质，从而具有各种物理化学性能和装饰效果。

2. 烧结的驱动力

坯体的颗粒间只有点接触，强度很低，虽然在烧结时既无外力又无化学反应，却能通过烧结使点接触的颗粒紧密结成坚硬而强度很高的瓷体。烧结的动力是粉粒表面能。粉料在制备过程中，粉碎、球磨等机械能或其他能量以表面能形式储存在粉体中，造成粉料表面的许多晶格缺陷，使粉体具有较高的活性。粉体的过剩表面能为烧结的推动力（烧结后总表面积降低 3 个数量级以上），烧结不能自动进行，必须对粉体加温、补充能量，才能使之转变为烧结体。除了推动力外，还必须有物质的传递过程，使气孔逐渐得到填充，使坯体由疏松变得致密。在烧结过程中可能有几种传质机理在起作用，在一定条件下，某种机理在起作用，当条件改变时，起主导作用的机理有可能随之改变。

3. 固相烧结过程及机理

固相烧结是一种没有液相参与的固态物质间的烧结过程。固相烧结一般可表现为三个阶段：初始阶段，主要表现为颗粒形状改变；中间阶段，主要表现为气孔形状改变；最终阶段，主要表现为气孔尺寸减小。固相烧结的主要传质方式是扩散传质，存在表面扩散，晶界扩散和体积扩散，不是每种扩散传质均会导致材料收缩或气孔率降低。物质以表面扩散或晶格扩散方式从表面传递到颈部，不会引起中心间距的减小，不会导致收缩和气孔率降低。颗粒传质从颗粒体积内或从晶界上传质到颈部，会引起材料的收缩和气孔消失，真正导致材料致密化。材料的组成、颗粒大小、显微结构（气孔，晶界），以及温度、气氛和添加剂等会影响扩散传质，进而影响材料的烧结。

4. 采用固相烧结法制备 Al_2O_3

将 Al_2O_3 在较高温度下烧结制备出片状 $\alpha\text{-}Al_2O_3$ 的方法是固相烧结法。通过加入烧结助剂降低烧结温度，最常用的烧结助剂是含氟化合物。含氟化合物加入后，氟与 Al_2O_3 前驱体在高温下发生反应生成气态中间化合物，由于在 $\alpha\text{-}Al_2O_3$ 的晶胞中，（0001）及其对称晶面表面张力小，吸附气态中间化合物的能力较弱，气相传输转移的原子变少造成该晶面沿所在轴方向生长缓慢，而（1010）晶面的驱动力大，生长速率相对较快，易于形成规则的片状 $\alpha\text{-}Al_2O_3$ 晶体。

目前，固相烧结法因其成本低、效率高而被广泛应用于大规模生产。主要生产厂家包括日本 Fujimi 公司的 PWA 系列片状 $\alpha\text{-}Al_2O_3$、美国 Micro Abrasives Corporation 的 WCA 系列片状 $\alpha\text{-}Al_2O_3$、日本 DIC 株式会社的 CeramNex TM AP10 板状 $\alpha\text{-}Al_2O_3$ 等，中铝郑州研究院精细氧化铝材料厂采用固相烧结法以及独特的生产工艺制备出 $\alpha\text{-}Al_2O_3$ 系列产品，该产品颗粒尺寸均匀、分散性好、径厚比大，晶体形貌为六角平板状，如图 5-4 所示。

图 5-4　六角平板状的 $\alpha\text{-}Al_2O_3$

拓展 2：机械剥离法

机械剥离法是目前制备二维材料薄膜最普遍的方法之一，主要用于物理、物性和器件研究。机械剥离法操作过程简单，制备的二维材料样品质量高。需要使用专用 3M 胶带（胶带胶粘连会少些）撕取少量的二维材料晶体，经过反复粘贴后，贴至目标衬底，零散的二维材料薄膜会散落在整个衬底上，接着利用光学显微镜就可以在衬底上找到所需的二维材料样品，然而这样制备的样品的产量低、可控性差，也就没办法实现大面积和规模化制备。

早期的机械剥离法中最著名的是石墨烯制备法，它属于一种"自上而下"的策略。该方法起始于石墨材料，通过施加适度的纵向或横向机械力，从石墨表面将其片层剥离。这种方法可以制得缺陷较少的石墨烯材料，并能将其转移至不同的基底表面上。石墨是由石墨烯层堆叠而成的结构，每层石墨烯之间通过范德瓦尔斯力相连，层间距为 0.335nm，层间结合能为 $2eV/m^2$。在机械剥离法中，施加约 300N/nm 的外力即可从石墨表面获得单层石墨烯。石墨片层的内部应力是由于片层上部分填满的轨道交叠形成的，也包括分子间的范德瓦尔斯力。

剥离过程是堆叠的逆向过程，相较于石墨片层内部碳原子之间的作用力，石墨层间距较大，相互作用力较小，因此施加外力时容易在垂直于片层方向进行剥离，从而形成单层石墨烯结构。机械剥离法可以得到不同厚度的石墨烯片层，可使用高定向热解石墨、单晶石墨或天然石墨作为石墨化材料。机械剥离法包括"撕胶带"、超声、电场力和转印等方式。使用带有环氧树脂黏结剂的基底有助于获得单层和少层石墨烯片层，转印方法可以得到宏观的石墨烯图案。机械剥离法目前是制备高质量石墨烯成本最低的方法之一。通过光学显微镜、拉曼光谱和原子力显微镜等手段可以对机械剥离法制备的石墨烯进行表征。原子力显微镜是最直观确定石墨烯片层形貌和层数的方法之一。光学显微镜可通过在硅圆片上热生长 300nm 的 SiO_2 薄层作为基底时，观察不同层数石墨烯的光学对比度来辨识层数。拉曼光谱也是常用的方法之一，因为不同层数的石墨烯对应着特定的拉曼峰形状。Geim 研究团队通过经典的"撕胶带"法成功制备了单层石墨烯。主要的制备过程可以概括为：首先，使用胶带将从高定向热解石墨上撕下的碎片不断减薄；然后，将得到的样品转移至硅片上；最后，通过丙酮溶解来移除胶带。制备得到的石墨烯样品厚度分布从单层到多层都有，并且片层的尺寸范围覆盖了纳米至微米尺度。许多研究者从这种方法制备的石墨烯中发现了许多独特的物理性质。然而，这种方法制备的样品均匀性较差，而且产率低，难以实现大规模制备。

第 6 章

纳米材料的表面改性技术

纳米材料的表面改性是用物理或化学的方法对纳米材料表面进行处理，使其充分分散，以最大限度地发挥纳米材料自身的优异性能，满足具体应用领域对纳米材料的要求。纳米材料的表面改性的目的主要为改善纳米材料的分散性能、赋予纳米材料新功能以及改善纳米材料与其他物质之间的界面作用。本章将纳米材料改性方法分为两类：物理改性方法和化学改性方法。

6.1 物理改性方法

纳米材料的物理改性是材料科学中的一个重要领域，它涉及通过物理手段改变纳米材料的物理和化学性质来改善其性能，这种改性方法主要包括改变纳米材料的尺寸、形状、结构和表面性质等。物理改性是一种调控和优化纳米材料性能的有效方法，为纳米材料在各种领域的应用提供了广阔的可能。然而，这也需要我们对纳米材料的物理特性有深入的理解和精确的控制，以实现预期的改性效果。

6.1.1 表面机械改性

纳米材料以其独特的物理化学性能，在许多领域显示出了广泛的应用前景。然而，这些性能往往与其表面性质息息相关，因此对纳米材料进行表面机械改性，以增强其应用性能，成为研究的重要课题。表面机械改性通常指通过施加外力改变材料表面的微观结构、形貌或应力状态，从而优化其性能。对于纳米材料而言，这种改性尤为重要，因为纳米尺度下，表面积与体积的比例大幅增加，表面效应显著，从而影响材料的物理化学性能。

表面机械改性过程主要基于四个基本原理。一是应力诱导原理。当外力作用于材料表面时，会引入局部应力，进而导致晶格畸变或缺陷的产生。这些结构变化会影响材料表面的电子结构和原子排列，进而调节其表面能和化学反应活性。例如，在纳米颗粒表面施加压力，可以增强其硬度和耐磨性。二是表面形貌改变原理。机械加工可以在纳米材料表面形成特定的微观结构，如凹槽、褶皱等，这些结构对光波、声波具有不同的散射和吸收特性，从而实现光学、声学性质的定制。三是表面相变原理。在特定条件下，机械能的输入可能引发材料表面的相变现象，如非晶化或晶型转变。这一变化可导致硬度、弹性模量等宏观物理性质的显著变化。四是能量积累原理。机械力作用下的能量积累可能导致表面层中原子间键合的断裂和新键的形成，进而引起材料表面化学性质的改变，这为进一步的表面化学修饰提供了可能性。以上原理并非孤立存在，它们往往相互作用，共同决定着表面机械改性的效果。例如，表面形貌的改变可能会影响表面应力分布，而表面应力分布又能够影响相变过程。

纳米材料表面机械改性的几种常见方法如下。

（1）机械摩擦法　如图 6-1 所示，通过使用硬粒子或研磨介质对材料表面进行摩擦处理，可以有效引入缺陷、改变表面粗糙度，甚至产生局部的非晶化，从而增加材料的比表面积，提高其在催化、传感等领域的应用性能。这种改性方法的优势在于操作简便，不需要复杂的设备和条件，而且可以通过改变处理条件，如刻蚀深度和时间，来调控表面粗糙度和相应的性能。这一方法适用于金属、陶瓷等硬质纳米材料，通过改善表面能态，有助于催化活性的提升。

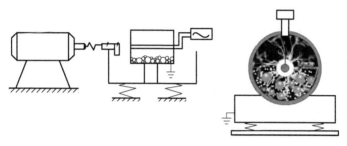

图 6-1　机械摩擦法

（2）冲击强化法　利用高速运动的颗粒流或气流对材料表面施加冲击力，引起表层材料的塑性变形与加工硬化。这种方法能够提升材料的疲劳强度和抗磨损能力，特别适用于承受动态载荷的工程部件。

（3）表面压痕技术　通过施加静态压力于材料表面，产生微米至纳米级的凹坑或划痕，进而改变局部区域的力学行为和电子结构。这一技术常用于半导体材料，以调整其电学特性或提高传感器的灵敏度。

（4）表面机械合金化处理　通过高能球磨等方法，可以在纳米粒子表面形成一层合金层，从而改变其化学组成和晶体结构。这种改性方法的优势在于能够显著提高纳米粒子的热稳定性和耐蚀性，同时还能通过调节合金层的组成，实现对纳米粒子磁性、电导率等性质的精确控制。

（5）超声波冲击处理　通过超声波能量使材料表面产生微小的塑性变形和疲劳裂纹，从而达到表面强化的效果。该技术操作简便，成本较低，适合于大规模生产。

上述方法各有特点和适用范围，选择适宜的表面机械改性方法需要根据具体的材料类型和应用需求来决定。例如，对于需要提高硬度和耐磨损能力的材料，可能更倾向于使用冲击强化法，而对于需调控电子性能的材料，则可能采用表面压痕技术。纳米材料的表面机械改性技术种类繁多，通过合理的设计和选择，可以有效提升纳米材料的性能，拓宽其应用领域。然而，这些表面机械改性技术也存在一些挑战，如改性效果的稳定性和可控性，以及改性后的纳米材料的安全性和环境影响等，这些都是未来研究的重要方向。

6.1.2　表面沉积改性

表面沉积改性是一种通过物理或化学手段，在纳米材料的表面沉积一层新的功能性涂层或结构，使纳米材料表面形成无化学结合的异质包覆层的方法。这种技术可以有效调整材料的亲水或疏水性、增强其化学稳定性，以及为后续的功能化提供活性位点。具体来说，表面沉积改性可以分为几个主要类型：无机物沉积、有机物沉积及生物分子沉积。

无机物沉积通常涉及金属或金属氧化物的镀层，金、银或氧化钛等材料可以通过物理气相沉积（PVD）或化学气相沉积（CVD）的方式沉积到纳米材料表面。例如，TiO_2 纳米材料被无机 Al_2O_3 或金属材料包裹。此外，无机纳米材料的包覆也可以通过溶胶法实现，例如，将 $ZnFeO_3$ 纳米材料放入 TiO_2 溶液中时，TiO_2 溶胶会沉积在 $ZnFeO_3$ 纳米材料的表面。这些处理方式不仅可以提高纳米材料的导电性和催化性，还能增强其耐蚀性和热稳定性。在半导体工业中，通过在硅纳米颗粒表面沉积金属薄膜，可以显著提高其电导率，这对于电子设备的小型化和性能提升至关重要。同样，将磁性材料如铁、钴、镍等金属或其合金沉积在非磁性纳米粒子上，可以制备具有优异磁性能的复合材料，广泛应用于数据存储和传感器等领域。

有机物沉积则多采用自组装单分子层（SAMs）或聚合物涂层的方式。通过形成有序的分子层，可以在纳米材料表面引入特定的官能团，从而调控材料的亲水和疏水性、黏附力及生物相容性等特性。此外，通过层层自组装（LBL）技术，可以构建出多层复合结构的薄膜，进一步优化材料的性能。

生物分子沉积利用蛋白质、酶或 DNA 等生物大分子对纳米材料进行修饰。这种方法能够赋予材料良好的生物相容性和特异性识别能力，使其在生物医学领域如药物输送和生物传感器中的应用成为可能。这种技术的应用，不仅增强了纳米材料在生物环境中的稳定性，还使其能够特异性识别并结合目标分子，为精准医疗开辟了新天地。另外，以纳米 TiO_2 为例，通过在其表面沉积银或其他抗菌材料，可以制备出具有持久抗菌效果的环境净化剂。这类材料不仅能有效抑制细菌和病毒的生长，还能分解有机污染物，保护人类健康和环境安全。

在进行表面沉积改性时，需要考虑的关键因素包括沉积层的厚度、均匀性以及与基底材料的结合强度。沉积过程中的温度、压力、pH 值以及反应时间等参数都需要精确控制，以确保获得理想的表面性能。表面沉积改性过程中确保涂层与纳米材料之间的界面稳定是一个难题，因为不恰当的界面可能导致涂层脱落或功能丧失。另外，涂层的均匀性和批次间的重复性也是制备过程中需要克服的问题。

6.1.3 表面活性剂改性

由于具有极大的比表面积，纳米材料表现出显著不同于宏观块体材料的性质，如高反应性、优异的吸附能力和独特的光学特性等。然而，这些特性往往也导致纳米粒子之间存在强烈的团聚倾向，进而影响其在实际应用中的分散稳定性和功能表现。因此，通过适当的表面修饰来改善纳米粒子的分散性和稳定性，是实现其功能化的前提。表面活性剂是一类能在液体表面形成有序排列并能降低表面张力的物质，它们通常由亲水性头部和疏水性尾部组成，这种独特的两亲性结构使得表面活性剂能有效地吸附在纳米粒子的表面，并通过其分子间的排斥作用抑制粒子间的聚集。

在纳米材料的表面活性剂改性中，常用的方法包括物理吸附法、化学键合法、层层自组装法等。物理吸附法是通过物理作用力将表面活性剂吸附在纳米颗粒的表面，该方法简单易行，但吸附层的稳定性相对较差。化学键合法涉及在纳米颗粒表面形成稳定的化学键，这通常需要对纳米颗粒进行表面预处理,以引入可与表面活性剂反应的官能团。层层自组装法则是基于带电粒子间的静电相互作用,实现表面活性剂分子层与层之间的有序组装。

在纳米材料的表面活性剂改性中,改性剂的选择至关重要。一般而言,表面活性剂的亲水头部会与纳米材料表面的官能团发生化学反应或物理吸附,而疏水尾部则向外伸展,形成一层保护膜以阻止颗粒间的直接接触。此过程涉及多种作用力的综合效应,包括范德华力、静电斥力、氢键以及疏水相互作用等。不同类型的表面活性剂根据其分子结构中亲水头基和疏水尾链的不同,可以分为阳离子型、阴离子型、非离子型和两性型等。在实施表面活性剂改性时,必须考虑纳米材料表面的化学性质和所选表面活性剂的特性。例如,对于金属氧化物纳米粒子,常用含有羧酸、磷酸或硫酸根基团的离子型表面活性剂进行改性;而对于非极性的纳米粒子,如碳纳米管或石墨烯,非离子型的长链烷基表面活性剂则更为合适。

表面活性剂的浓度也是调控纳米材料表面性质的重要参数。在一定浓度下,表面活性剂可在纳米粒子表面形成单分子层,有效防止粒子聚集;而当浓度超过临界胶束浓度时,表面活性剂分子将自发地组装成胶束,这不仅增加了溶液的黏度,还可能引起纳米粒子的二次聚集。选择合适的表面活性剂进行改性,需考虑纳米材料的表面特性以及预期的应用环境。例如,在生物医学领域,通常倾向于使用生物相容性好的非离子型或两性型表面活性剂;而在催化领域,则可能更偏好使用能够提供特定功能的阴、阳离子型表面活性剂。表面活性剂的选择和改性过程还需要考虑其对纳米材料本身性质的影响。过度的改性可能会掩盖纳米材料的原有特性,而不足的改性又无法达到预期的分散和稳定效果。因此,在实施改性时,科研人员需要进行细致的实验设计,通过调节表面活性剂的浓度、反应时间和温度等因素,来精确控制改性程度。除了上述常规方法,还有一些新兴技术被应用于纳米材料的表面活性剂改性中。例如,原子转移自由基聚合(ATRP)允许在纳米颗粒表面接枝高分子刷状结构,这不仅提供了良好的抗团聚性能,还能赋予材料新的功能性。另外,点击化学由于其高效率和特异性,也被广泛应用于纳米材料的精准表面修饰中。

表面活性剂改性在纳米材料的应用过程中不仅提高了材料的分散性和稳定性,还有助于增强材料的界面相容性,这对于构建复合材料而言至关重要。例如,在聚合物基复合材料中,通过适当的表面活性剂处理,可以改善纳米填料与聚合物基体之间的结合力,从而提高材料的力学性能、热稳定性以及其他相关功能。表面活性剂改性后的纳米材料在催化、传感、药物输送等领域显示出卓越的性能。例如,通过特定表面活性剂的修饰,金纳米粒子可作为高效的催化剂载体,提高反应的选择性和产率;银纳米粒子经过改性后在生物标记和检测方面有着广泛的应用;同时,某些表面活性剂还可赋予纳米材料良好的生物相容性,为纳米医药的发展提供了新的可能。值得注意的是,表面活性剂改性也可能带来一些问题。比如,过量的表面活性剂可能会引起不必要的副作用,如降低材料的导电性或改变其化学性质。此外,环境问题也不容忽视,一些传统表面活性剂可能对环境造成污染,因此寻找环保型活性剂成为当前研究的热点之一。

6.1.4　等离子体改性

在材料科学的领域中,纳米材料因其具有高比表面积和量子效应,从而在光学、电学和磁学等领域展现出非凡的性能。为了进一步提升纳米材料的应用性能,研究人员不断探索各种表面改性技术,其中,等离子体改性技术因其高效率和环境友好的优点成为研究的热点。

等离子体是物质的第四态，由自由电子、正离子和中性粒子组成，具有高度活跃的化学反应性。根据热力学平衡可将其分为以下三类：

1）完全热力学平衡等离子体（complete thermal equilibrium plasma），也称为高温等离子体，如太阳内部的核聚变、托卡马克装置产生的可控核聚变产生的等离子体等。

2）局部热力学平衡等离子体（local thermal equilibrium plasma），也称为热等离子体，如电弧等离子体、高频等离子体。

3）非热力学平衡等离子体（non-thermal equilibrium plasma），即冷等离子体，常用的包括电晕放电、辉光放电、介质阻挡放电、微波等离子体等。

通常，用于处理纳米材料的是非热力学平衡等离子体，因为其拥有高电子能量及较低的离子及气体温度。一方面，电子具有足够的能量使反应物分子激发、离解和电离；另一方面，该反应体系又得以保持低温，使反应体系能耗减少，并可节约投资，这也是冷等离子体在有机材料表面改性中有着广泛用途的原因。

当材料暴露于等离子体中时，其表面会发生一系列复杂的物理和化学反应，如刻蚀、氧化、沉积和聚合等，从而实现对材料表面性质的精确控制。等离子体改性技术具有以下优点：

1）较之传统的化学处理，等离子体改性是一种干式工艺，不需要水和化学试剂，因此具有节能、无公害的优点，是一种更经济、更环保的处理技术。

2）与同为干式工艺的放射线处理、电子束处理、电晕处理等相比，等离子体改性的独特之处在于其作用深度仅为表面极薄的一层，一般在离表面 $50 \sim 100nm$ 的表层发生物理或化学变化，因而能使界面物性显著改善，而纤维的本体性能不受影响。

在纳米材料的改性过程中，等离子体改性技术可以有效地调控其表面特性，包括改善亲水性、增强生物相容性和提高催化活性等。

等离子体改性技术的核心在于等离子体源的选择和工艺参数的优化。常见的等离子体源包括直流放电、射频放电和微波放电等。每种等离子体源都有其特点，例如，射频放电等离子体具有较高的稳定性和均匀性，适用于大面积改性，而微波放电等离子体则能产生更高密度的等离子体，适用于深层改性。此外，工艺参数如气体种类、压力、功率和处理时间等也会影响改性效果。因此，通过精细调整这些工艺参数，可以实现对纳米材料表面性质的精确调控。

纳米材料的等离子体改性不仅改变了其表面性质，还可能引发新的功能。例如，金属纳米颗粒经过等离子体改性后，其表面可以形成一层氧化物或有机化合物的保护层，从而提高其在高温或腐蚀性环境中的稳定性。同样，碳纳米管经过等离子体处理后，其表面的缺陷可以得到修复，导电性得到提升。这些改性后的纳米材料在电子器件、能源存储和生物医学等领域展现出巨大的应用潜力。

尽管等离子体改性技术在纳米材料领域取得了重大进展，但仍面临一些挑战。例如，如何在不同尺度上实现均匀的改性仍然是一个难题。此外，对于某些特殊的纳米材料，如二维材料和拓扑绝缘体等，如何在保持其本征性质的同时实现有效的表面改性也是研究人员需要解决的问题。

6.1.5　电晕改性

电晕改性是利用电晕放电产生等离子体，对纳米材料表面的物理结构和化学组成进行修饰的一种方法。电晕放电是一种发生在非对称电极系统中的放电现象，通常在大气压或接近大气压的条件下进行。当高电压施加于电极之一时，会在该电极周围产生一层薄薄的等离子体层，即电晕。这个等离子体层富含高能电子、自由基、离子以及其他活性粒子，它们具有极强的化学反应能力，能够与纳米材料表面的原子或分子发生反应，从而改变材料的表面性质。

纳米材料的电晕改性过程的关键步骤有两个。首先，待处理的纳米材料被放置于电晕放电的环境中。随后，高能粒子与材料表面相互作用，导致表面分子链的断裂、交联或引入新的官能团。这些改变直接影响到材料的表面能、表面粗糙度以及表面化学性质。

电晕改性可以有效改变纳米材料的亲水、疏水性。通过调整放电条件，如气体种类、放电功率和处理时间，可以在纳米材料表面引入不同的官能团，如羟基（—OH）、羧基（—COOH）等，从而改变材料的表面能和亲水、疏水性。这种改变对于提高纳米材料在复合材料中的分散性、增强其与基体材料的相容性等方面具有重要意义。

电晕改性还能够改善纳米材料的化学稳定性。在电晕放电过程中，等离子体中的高能电子和活性粒子能够打断材料表面的化学键，形成新的活性位点。这些新形成的活性位点可以进一步与环境中的其他化学物质反应，形成稳定的化学结构。例如，通过电晕改性，可以在纳米氧化物表面形成一层有机薄膜，有效防止其在潮湿环境中的溶解或聚集。

电晕改性对纳米材料的电学性能也有显著影响。等离子体中的带电粒子能够在材料表面形成电荷积累，改变材料的导电性和介电性能。这对于制备高性能的电子器件和传感器具有重要的应用价值。另外，电晕改性技术还具有操作简便、成本低廉的优势。相比其他复杂的表面改性技术，电晕处理无需昂贵的设备和严格的实验条件，只需要简单的电源和适当的放电空间即可进行。这使得其在工业生产中的应用前景十分广阔。

尽管电晕改性技术在纳米材料表面改性方面展现出巨大的潜力，但也存在一些挑战和问题。例如，放电参数的选择对于改性效果有着决定性的影响，不当的参数设置可能导致材料表面的损伤或者功能团的过度引入。因此，针对不同的纳米材料和应用需求，优化放电条件是实现有效电晕改性的关键。

6.1.6 紫外线照射改性

纳米材料之所以具有卓越的性质，与其极小的粒径有着密不可分的关系。当材料的尺寸降至纳米级别时，其表面原子所占比例显著增加，导致表面能增大，从而使得材料的物理化学性质出现明显的变化。然而，这种变化并非总是向着人们期望的方向发展。因此，科学家们开始探索各种方法来优化纳米材料的性能，而紫外线照射改性便是其中之一。

紫外线是一种高能量的电磁波，其波长分为三段：UV-A 为 $315\sim400\mathrm{nm}$；UV-B 为 $280\sim315\mathrm{nm}$；UV-C 为 $100\sim280\mathrm{nm}$。能量根据其波长的长短有所差异，但与大多数有机物的化学结合能基本属于同一个范畴，足以引起物质内部电子状态的改变。当紫外线照射到纳米材料上时，可能会导致材料的电子结构发生变化，引发光化学反应或者光物理过程，进而影响材料的光学、电学、磁学、亲水性等性质。例如，某些半导体纳米材料在紫外线照射下会产生光生电荷，导致其导电性显著增强或减弱。紫外线照射改性通常伴随着光催化剂的使用，如二氧化钛（TiO_2）。在紫外线的作用下，光催化剂会产生电子-空穴对，这些高活性粒子能够与材料表面的分子发生反应，从而实现改性。

紫外线照射改性的方法多种多样，包括直接照射法、光敏剂辅助法等。直接照射法简单直接，但受限于材料自身对紫外线的吸收能力。而光敏剂辅助法则通过添加特定的光敏剂来增强材料对紫外线的吸收，提高改性效率。

此外，还有研究团队通过控制紫外线的波长、强度以及照射时间等参数，实现了对纳米材料改性过程的精确调控。其中一种常见的方法是在纳米材料的表面引入特定的化学基团，这些基团可以在紫外线的作用下发生结构变化，从而改变纳米材料的性质，这种方法被称为表面修饰或表面改性。通过精心设计的表面修饰剂，可以有效调控纳米材料的亲水性、疏水性、生物相容性以及催化活性等。另一种方法是利用紫外线引发的光化学反应来合成新的纳米材料。在这种方法中，前驱体分子在紫外线的照射下发生光解或光聚合反应，生成具有特定结构的纳米颗粒。这种方法的优势在于可以在室温和常压下进行，避免了传统高温高压合成过程中可能出现的副反应。除了上述两种方法外，还有其他技术也被用于实现纳米材料的紫外线照射改性，如光致发光、光致变色、光致各向异性等。

经过紫外线照射改性后，纳米材料的性能往往会有显著提升。例如，在光催化领域，改性后的纳米材料展现出更高的催化效率和稳定性，能够在环境污染治理、能源转换等方面发挥更大的作用。在生物医学领域，紫外线改性的纳米材料被用作药物载体，提高了药物的靶向性和生物相容性。此外，紫外线照射还能够改变纳米材料的光学、电学性质，为光电器件的发展提供了新的可能。值得注意的是，紫外线照射改性不仅改变了纳米材料的性质，还可能带来一些副作用。例如，长时间的紫外线照射可能导致纳米材料的结构和组成发生变化，从而降低其稳定性和应用性能。因此，在进行紫外线照射改性时，需要对材料的光照条件进行优化，确保既能实现预期的性能提升，又不会对材料的基本属性造成损害。

6.1.7 高能射线改性

高能射线指的是具有较高能量的电磁辐射或粒子流，例如 γ 射线、电子束、X 射线等。当高能射线辐照到材料上时，其能量足以使原子或分子电离或激发，从而诱导出一系列复杂的物理化学反应。在纳米尺度下，高能射线的影响尤为显著。射线与纳米材料作用时，由于材料的小尺寸效应，比表面积大，使得表面原子占比较高，因而更易受到射线的影响。这种影响首先表现为能量的吸收，射线能量被材料中的电子吸收后，产生初级电子和次级电子。这些电子进一步与其他原子发生非弹性碰撞，导致局部区域的能量沉积。

能量沉积引发的第一个直接结果是材料的晶格畸变。在射线的作用下，原子可能脱离其平衡位置，形成晶格缺陷。这一过程对材料的力学性能有显著影响，如硬度和韧性的改变。此外，射线诱导的化学改性同样重要。例如，射线可以在材料中诱发化学反应，生成新的相或化合物，甚至可能导致表面功能化，改善材料的化学稳定性和反应活性。除了晶格结构和化学结构的变化外，纳米材料的尺寸和形状也受高能射线的影响。射线辐照可导致纳米颗粒的熔融、重结晶或相变，改变其尺寸分布和形态。在某些情况下，这种改性可用于精确控制材料的微观结构，以满足特定的应用需求。

高能射线改性包括以下三种常见方式：

（1）电子束辐照 电子束辐照是一种利用高速电子流撞击材料表面的改性手段。当电子束作用于纳米材料时，会引发材料内部电子的激发和电离，进而导致原子间化学键的断裂和新化学键的形成。通过精细地控制辐照剂量和能量，我们能够在分子层面上精确调整材料的微观结构。例如，辐照技术可以用来改变聚合物的结晶度，即聚合物内部分子链排列的有序程度。较高的结晶度通常会提高材料的硬度和模量，但可能会降低韧性，因此通过仔细调节辐照条件，可以平衡这些性质，达到所需的力学性能指标。辐照还能影响高分子材料的交联程度。交联指的是材料中不同分子链间的化学键合，它能够显著提升材料的强度和耐温性。适度的交联能提高聚合物的抗拉强度、耐磨性和耐化学腐蚀性；而过度的交联可能导致材料变得脆弱。通过调控辐照剂量和能量，可以实现交联程度的优化，以适应具体应用的需求。辐照处理可用于改善材料表面粗糙度和纹理，从而增强材料的附着力、减少摩擦或者改善涂层的均匀性。例如，在医疗器械或生物植入物领域，表面的细微结构可以调节细胞黏附行为，促进组织整合。另外，辐照技术可以通过形成更稳定的化学结构来提高材料的抗高温能力，防止其在极端环境下分解。同时，通过创建交联网络或其他耐化学物质的防护层，辐照处理也有助于提升材料的耐化学性和耐蚀性。

（2）γ 射线辐照　γ 射线辐照则主要依靠放射性同位素释放的 γ 射线来对材料进行改性。γ 射线穿透力极强，能够在不破坏材料整体结构的前提下，深入到材料内部引发一系列微观变化。这种改性方法，通常被用于要求材料保持高度完整性和稳定性的应用场合，如生物医用材料领域，材料的完整性对于其功能的实现至关重要，因为它们往往需要直接与人体组织接触，并且必须具备良好的生物相容性和结构稳定性。例如，人工关节、心脏瓣膜以及各种植入式医疗器械等，这些应用对材料的耐磨性、耐蚀性和长期稳定性提出了极高要求。

（3）离子束辐照　离子束辐照使用高能离子直接轰击材料，离子束的能量和动量可以被材料吸收并转化为材料的内能，并引起晶格畸变、原子位移甚至非晶化等现象。特别是对于金属纳米颗粒而言，在离子束的作用下，金属的晶格结构可能会发生扭曲或变形，这种现象被称为晶格畸变。晶格畸变会影响原子之间的正常排布和相互作用力，导致原子从其平衡位置移动，这被称作原子位移。在一些情况下，如果辐照的能量足够强，甚至可能导致金属的非晶化，即原本有序排列的原子结构变得无序，形成了类似玻璃状的非晶体结构。这些现象对金属纳米颗粒的性能有着显著影响。例如，在催化领域，金属纳米颗粒的表面和内部结构会直接影响它们的催化活性。通过精确控制离子束辐照的条件，能够产生特定的晶体缺陷，如位错、层错以及空位等。这些缺陷可以在原子尺度上改变材料的电子结构和表面能量分布，从而优化金属纳米颗粒的催化性能。具体来讲，通过引入特定类型的晶体缺陷，金属纳米颗粒的反应活性位点可能增多，或者它们的表面能被重新调整，进而更有效地吸附反应物。此外，这些缺陷还可能导致电子性质的局部变化，从而影响催化过程中的电子转移动力学。这些因素结合起来，可以显著提高金属纳米颗粒的催化效率和选择性，使之成为更加高效和特异性强的催化剂。离子束辐照技术的应用不仅限于催化领域，在材料科学中，它也被用来制造和改善各种功能材料，包括用于电子、光学和磁学应用的材料。这种技术提供了一种精确控制材料微观结构的手段，为开发具有定制特性的高性能材料开辟了新途径。

除了上述三种较为传统的辐照方式，近年来激光辐照也逐渐成为纳米材料改性的研究热点。激光作为一种特殊的光源，具有单色性好、方向性强和能量密度高的优点，可以实现对纳米材料的微区精准改性。首先，激光的单色性好意味着它能够发出波长非常单一的光，这允许研究者针对特定材料的吸收特性，选择最合适的激光类型进行辐照，从而实现高效的能量传递。这种选择性的优势是其他通用型辐照源无法比拟的。其次，激光的方向性强，可以通过光学透镜或光纤精确地将光束聚焦到非常小的区域。这一优点使得激光能够精确作用于纳米材料上，避免了对周围区域的影响，从而保持整体材料的结构完整性和功能不受影响。再者，激光的高能量密度是其用于材料改性的关键所在。特别是飞秒激光，它的脉冲宽度极短，能够在极短的时间内释放大量能量，这使得其能够在不造成热影响区的情况下，实现对材料的冷加工。这种非热作用的加工方式非常适合用于热敏感的纳米材料，可以精确地在纳米尺度上雕刻出复杂的图案和结构。例如，飞秒激光辐照已被应用于各种纳米材料的微纳加工中，包括半导体材料、金属、高分子聚合物以及生物材料等。通过精确控制激光的强度、脉冲持续时间及重复频率，可以在不损害周围材料的前提下，实现对纳米材料的表面形貌、物理性质、甚至化学成分的精准修改和调整。此外，飞秒激光技术还可用于三维微纳制造，为制备复杂三维结构和器件提供了新的手段。

还有一些复合型改性方法，如电子束与等离子体相结合的技术，这种方法不仅可以通过电子束辐照改善材料的本体特性，还同时利用等离子体对材料表面进行刻蚀和修饰，赋予材料更为丰富的表面功能。值得注意的是，不同的高能射线改性技术适应于不同种类的纳米材料，并且每种方法都有其独特的优势和局限性。例如，电子束辐照设备复杂昂贵，且需要严格的安全防护措施；γ射线辐照则受限于放射源的种类和半衰期；而离子束辐照通常需要大型的加速器支持。

6.2　化学改性方法

化学改性是指利用化学反应改变纳米材料的表面性质，使纳米材料能够尽可能地保证单分散状态，最大限度地展示纳米材料特性的改性方法。在实施化学改性方法过程中，通常既有化学变化也有物理变化，但其主要手段为化学反应。被用来与纳米材料发生化学反应的物质或者反应后在纳米材料表面沉积的物质均被称为改性剂。

6.2.1　酯化反应法改性

金属氧化物与醇反应，即酯化反应，可用于纳米材料的表面改性。该反应能将原本亲水疏油的表面转变为亲油疏水的表面，从而增强纳米材料的分散性和疏水性，但耐水性相对较差。采用酯化反应法对纳米材料进行表面修饰时，可以通过对活化指数的测定来评估纳米材料表面亲水或亲油特性转变的情况。

纳米材料表面存在大量的悬浮键，容易水解合成羟基。酯化试剂与纳米材料表面原子反应，酯化试剂的羟基与纳米材料表面的羧基发生缩聚反应脱掉一分子水，使疏水性基团（如长链烷基、链烃基和环烷基等有机物）结合在纳米材料表面。

下面以 TiO_2 为例说明酯化反应的基本过程。表面带有羧基的 TiO_2 纳米颗粒与高沸点的醇的反应方程式为

$$Ti-OH+H-OR \rightarrow Ti-OR+H_2O$$

反应过程中，TiO_2 纳米颗粒表面的钛氧键断裂，Ti 与烷氧基（—OR）结合，完成了 TiO_2 纳米颗粒表面酯化反应。这样就可以避免纳米颗粒因表面羟基的存在而形成氢键，从而减少颗粒间的团聚现象。

酯化反应法对于弱酸性和中性纳米材料具有显著效果，如 SiO_2、Fe_2O_3、TiO_2、Al_2O_3、Fe_3O_4、ZnO 和 Mn_2O_3 等。此外，该方法也可用于碳纳米离子的表面修饰。例如，为了得到

表面亲油疏水的纳米氧化铁，可用铁黄 [α-FeO(OH)] 与高沸点的醇进行反应，经 200℃ 左右脱水后得到 α-Fe$_2$O$_3$，在 275℃ 脱水后成为 Fe$_3$O$_4$，这使氧化铁表面产生了亲油疏水性，类似地，α-Al(OH)$_3$ 经过高沸点醇处理后，也能转化为表面亲油疏水的 α-AlO(OH) 及中间氧化铝。

在酯化反应中，常见的方法包括与蒸汽直接接触的气相法、通过加热溶液并回流反应的常规回流法、在高温高压环境下进行的高压反应釜法，以及用 ^{60}Co 照射反应的 γ 射线照射法。目前，最常用的是常规回流法和高压反应釜法。

在纳米金属氧化物的制备过程中，适量添加聚乙烯醇（PVA）是一种有效的策略。PVA 分子中富含的羟基，在水溶液中能够与金属离子建立稳定的螯合键，从而将金属离子精密地包裹起来，形成由 PVA 链限制形状的有限结构，可以有效地控制合成的纳米材料的尺寸，同时达到表面改性的目的。

6.2.2 偶联剂法改性

无机纳米材料与有机物复合时，纳米材料表面能较高，与表面能比较低的有机体的亲和性差，导致在无机-有机界面上产生空隙。这种空隙结构长期暴露在空气中，易被水分侵入，引发有机基体与无机填料界面处树脂的降解和脆化，削弱材料抵抗外应力的能力。为克服这一难题，人们开发了偶联剂表面修饰技术。偶联剂表面修饰利用其分子一端的基团与纳米材料表面发生反应形成化学键，另外一端与高分子基体发生化学反应或者物理缠绕，将无机纳米材料牢固地连接到高分子基质上，构筑起一座连接两种材料的"分子桥"。经过偶联剂处理，纳米材料不仅避免了团聚现象，还显著提升了其在有机介质中的可溶性，实现了在有机基体中的均匀分散。这不仅增加了纳米材料的填充量，还有效改善了其综合性能，尤其是抗张强度、冲击强度、柔韧性和挠曲强度。由于偶联剂法改性的操作比较简单，改性效果理想，所以已成为纳米材料表面改性领域的常用技术，广泛应用于 SiO$_2$、Al$_2$O$_3$、ZnO、CaCO$_3$ 等多种纳米颗粒的表面改性。

在纳米材料表面改性及其应用领域，主要采用预处理法和整体掺合法两种策略。预处理法是先对纳米材料表面进行改性处理，再加入基体中以形成复合体的方法。预处理法又分为干式处理法和湿式处理法。整体掺和法则是将偶联剂掺入无机填料和聚合物中进行混炼，随后通过成型加工或高剪切混合挤出直接制成母料。具体过程是：在纳米材料填料与高分子聚合物混合物混炼过程中添加偶联剂原液，随后通过成形加工或高剪切混合挤出直接制成母料。预处理法通常被认为比整体掺合法更有效，因为树脂的存在导致偶联剂被稀释，甚至可能因树脂的作用而相互结块。

偶联剂可以提高纳米材料与聚合物材料的亲和性，实现纳米材料在聚合物材料中的分散。用于此类用途的偶联剂分子必须具备两种基团，一种能与无机物表面进行化学反应，另一种与有机物具有反应性或相容性。硅烷偶联剂和钛酸酯偶联剂是最常用的偶联剂。

1. 硅烷偶联剂表面改性

硅烷偶联剂是研究最早、应用最广的偶联剂之一。硅烷偶联剂在无机物和有机物界面存在时，形成有机基体-硅烷偶联剂-无机物的结合。换言之，偶联剂是在没有亲和力或难以相溶的固体界面之间，起乳化剂作用的功能材料，在颗粒填充复合材料的制备方面是不可缺少的。无机-有机界面通过硅烷偶联剂结合之后，消除了界面的空隙，显著改善了由此所合成的复合纳米材料由于外部水的侵入而造成的强度下降。硅烷偶联剂一般用结构式 Y—R—Si≡(OR)₃ 表示，其中：Y 代表与聚合物分子有亲和力或反应能力的活性官能团，如氨基、巯基、乙烯基、环氧基、酰胺基、氨丙基等，根据分子结构中 Y 基团的不同，硅烷偶联剂可以分为氨基硅烷、环氧基硅烷、巯基硅烷、甲基丙烯酰氧基硅烷、乙烯基硅烷、脲基硅烷以及异氰酸酯基硅烷等；R 代表亚烷基。

硅烷偶联剂在无机物表面上的反应机理如图 6-2 所示。

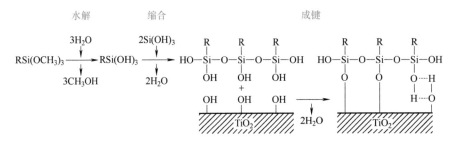

图 6-2　硅烷偶联剂在无机物表面上的反应机理

根据这个反应机理，硅烷偶联剂首先通过空气中的水分水解，然后发生脱水缩合反应成为多聚体，再和无机纳米材料表面的羟基发生氢键结合，通过进一步的加热干燥，与无机纳米材料表面发生脱水反应，最后无机纳米材料表面被硅烷偶联剂所覆盖，被有机基体具有反应性的官能团所置换。由此可见硅烷偶联剂一般对于表面具有羟基的无机纳米材料，相反表面没有羟基的无机纳米材料就难以发挥作用，产生效果。表 6-1 总结了硅烷偶联剂对各种无机物的作用效果。

表 6-1　硅烷偶联剂对各种无机物的作用效果

作用效果	强←──────────→弱			
无机物	玻璃、二氧化硅、氧化铝等	滑石、黏土、云母、高岭土、硅灰石、氢氧化铝、各种金属等	铁氧体、氧化钛、氢氧化镁等	碳酸钙、炭黑、石墨、氮化硼等

选择硅烷偶联剂对无机纳米材料进行表面改性处理时，一定要考虑聚合物基料的种类，应依据改性后无机纳米材料的应用对象和目的来仔细选择硅烷偶联剂。其中，以乙酰氧基、异丙烯氧基、氨基为水解性基的硅烷反应活性强、水解快，但稳定性较差，不便贮存和使用，因此多用于室温硫化硅橡胶的偶联。以氯为水解基的硅烷偶联剂水解产生有腐蚀性的 HCl，现已很少使用。表 6-2 是各种硅烷偶联剂代表的主要物理性质。

2. 钛酸酯偶联剂表面改性

钛酸酯偶联剂是美国 Kenrich 石油化学公司于 20 世纪 70 年代中期开发出的一类新型偶联剂，它对许多干燥的纳米材料有良好的偶联效果。改性纳米材料用于热塑性高聚物时有良好的填充效果。钛酸酯偶联剂的通式为

(RO)$_m$—Ti—(OX—R′—Y)$_n$，其中：$1 \leqslant m \leqslant 4$，$m+n \leqslant 6$；R 为短碳链烷烃基；R′为长碳链烷烃基；X 为 C、N、S、P 等元素；Y 为羟基、氨基、环氧基、双键等基团。(RO)$_m$ 是与纳米材料偶联的基团。通过该烷氧基与纳米材料表面的微量羟基或质子发生化学吸附或

表 6-2　各种硅烷偶联剂代表的主要物理性质

种类	商品名	化学名称	化学结构	密度/(g/cm³)	沸点/℃	丙酮	甲苯	乙醚	四氯化碳	水
氨基硅烷	A-1100	3-氨基丙基三乙氧基硅烷	$NH_2(CH_2)_3Si(OC_2H_5)_3$	0.948	220	反应	可溶	可溶	反应	可溶/水解
	A-1110	3-氨基丙基三甲氧基硅烷	$NH_2(CH_2)_3Si(OCH_3)_3$	1.014	210	反应	可溶	可溶	反应	可溶/水解
	A-1120	N-(2-氨乙基)-3-氨丙基三甲氧基硅烷	$NH_2(CH_2)_2NH(CH_2)_3$ $Si(OCH_3)_3$	1.030	259	反应	可溶	可溶	反应	可溶/水解
	A-1130	二乙烯三氨基丙基三甲氧基硅烷	$NH_2(CH_2)_2NH(CH_2)_2$ $NH(CH_2)_3Si(OCH_3)_3$	1.030	250	反应	可溶	可溶	反应	可溶/水解
	A-1170	二(3-三甲氧基甲硅烷丙基)胺	$(CH_2)_3Si(OCH_3)_3$ $NH(CH_2)_3Si(OCH_3)_3$	1.040	152	反应	可溶	可溶	反应	水解
	A-2120	N-氨乙基-3-氨甲基甲基二甲氧基硅烷	$NH_2(CH_2)_2NH(CH_2)_3$ $SiCH_3(OCH_3)_2$	0.980	85	反应	可溶	可溶	反应	可溶/水解
巯基硅烷	A-189	3-巯丙基三甲氧基硅烷	$HS(CH_2)_3Si(OCH_3)_3$	1.057	213~215	可溶	可溶	可溶	可溶	水解
	A-1289	双-[3-(三乙氧基硅)丙基]-四硫化物	$[(C_2H_5O)_3Si(CH_2)_3]_2S_4$	1.080	250	可溶	可溶	可溶	可溶	不溶
乙烯基硅烷	A-151	乙烯基三乙氧基硅烷	$CH_2=CHSi(OC_2H_5)_3$	0.905	160	可溶	可溶	可溶	可溶	水解
	A-171	乙烯基三甲氧基硅烷	$CH_2=CHSi(OCH_3)_3$	0.967	122	可溶	可溶	可溶	可溶	水解
	A-172	乙烯基(2-甲氧基乙氧基)硅烷	$CH_2=CHSi(OCH_2$ $CH_2OCH_3)_3$	1.035	285	可溶	可溶	可溶	可溶	可溶/水解
甲基丙烯酰氧基硅烷	A-174	γ-(甲基丙烯酰氧基)丙基三甲氧基硅烷	$CH_2=C(CH_3)COO(CH_2)_3$ $Si(OCH_3)_3$	1.045	255	可溶	可溶	可溶	可溶	水解
脲基硅烷	A-1160	γ-脲基丙基三乙氧基硅烷	$NH_2CONH(CH_2)_3$ $Si(OC_2H_5)_3$	0.920	—	可溶	可溶	可溶	可溶	水解
异氰酸酯基硅烷	A-1310	异氰酸酯丙基三乙氧基硅烷	$O=C=N(CH_2)_3$ $Si(OC_2H_5)_3$	0.999	238	反应	可溶	可溶	反应	反应/水解

反应，偶联到纳米材料表面形成单分子层，同时释放出异丙醇。Ti—O⋯为酯基转移和交联基团。某些钛酸酯偶联剂能够和有机高分子中的酯基、羧基等进行酯基转移和交联，使钛酸酯、纳米材料和有机高分子之间发生交联。X 连接钛中心的基团，包括长链、酚基、羧基、磺酸基、磷酸基以及焦磷酸基等，这些基团决定偶联剂的特性和功能。通过这些基团的选择，可以使偶联剂兼有多种功能，如磺酸基具有一定的触变性、磷酸基具有抗氧化性、焦磷酸基可阻燃、防锈、增加粘结性等。R′为长链的纠缠基团，适用于热塑性树脂。长的脂肪族碳链比较柔软，能对有机基料进行弯曲缠绕，增强其与基料的结合力，提高它们的相容性，改善纳米材料和基料体系的熔融流动性和加工性能，缩短混料时间，增加纳米材料充填量，并赋予其柔韧性及应力转移功能，从而提高延伸、撕裂和冲击强度，改善分散性和电性能等。Y 为固化反应基团，适用于热固性树脂。当活性基团连接在钛的有机骨架上时，就能使钛酸酯偶联剂和有机聚合物进行化学反应而交联。n 为非水解基团数。钛酸酯偶联剂分子中非水解基团的数目至少应在 2 个以上。在单烷氧基型钛酸酯偶联剂分子中有 3 个非水解基团，在螯合型钛酸酯偶联剂分子中有 2 个或 3 个非水解基团。分子中有多个非水解基团的作用，可以加强缠绕，并且碳原子数多可以急剧改变表面能，从而可以大幅度降低体系的黏度。

钛酸酯偶联剂通过与 ZnO 纳米颗粒表面的作用机理如图 6-3 所示。通过在 ZnO 纳米颗粒表面形成新的 Ti—O 键，把钛酸酯偶联剂分子与 ZnO 纳米颗粒牢固地结合，并在纳米颗粒表面形成单分子层包覆。这种包覆使 ZnO 纳米颗粒的表面从亲水性变为疏水性，使其能够在熔融的聚丙烯中充分分散，从而制备性能优良的 ZnO/聚丙烯纳米复合材料。

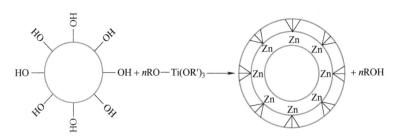

图 6-3　钛酸酯偶联剂通过与 ZnO 纳米颗粒表面的作用机理

钛酸酯偶联剂对许多无机纳米材料具有良好的改性效果。钛酸酯偶联剂一般分为六类：单烷氧型、螯合型、配位型、季铵盐型、新烷氧型、环状杂原子型。其中，单烷氧型品种最为丰富，具有各种功能基团和特点，在塑料、橡胶、涂料和黏结剂等行业得到了广泛应用。除含乙醇氨基和焦磷酸基的单烷氧型外，其他品种通常耐水性较差，只适用于处理干燥的纳米材料，可在无水溶剂涂料中使用。螯合型钛酸酯偶联剂则因其出色的耐水性而能够在水中有效包覆纳米材料，尽管多数品种本身不溶于水，但通过添加水溶性助剂、表面活性剂或采用高速搅拌等手段，促使其乳化分散在水中。配位型钛酸酯偶联剂的使用方法与螯合型的类似。含磷酸基、焦磷酸基及磺酸基的钛酸酯可用胺类试剂使其季铵化后溶解于水。根据待处理物料的特性和应用场合来灵活选择和设计合适的钛酸酯偶联剂，常用的钛酸酯偶联剂的类型见表 6-3。

3. 其他偶联剂表面改性

其他偶联剂（如铝酸酯、锆铝酸酯等），主要应用于对各种高分子的无机纳米材料填料

表 6-3　常用的钛酸酯偶联剂的类型

类型	国外商品牌号	国内商品牌号	化学名称	密度/(g/cm^3)
单烷氧基型	KR-TTS	NDZ-105 NDZ-101 TSC	异丙氧基三（异硬脂酰基）钛酸酯	0.90~0.95
	KR-9S	JN-9 YB-104	异丙氧基三（十二烷基苯磺酰基）钛酸酯	1.00~1.10
	KR-12	NDZ-102 JN-108 YB-203	异丙氧基三（磷酸二辛酯）钛酸酯	1.00~1.10
	KR-38S	NDZ-201 JN-114 YB-201	异丙氧基三（焦磷酸二辛酯）钛酸酯	1.02~1.15
螯合型	KR-138S	NDZ-311 JN-115、115A YB-301、401	二（焦磷酸二辛酯）羟乙酸钛酸酯	1.02~1.15
	KR-201	JN-201	二羧酰基二乙基钛酸酯	0.94~0.98
	KR-138S	JN-644、646 YB-302、402	二（焦磷酸二辛酯）乙基钛酸酯	1.02~1.15
	TILCOMTET	JN-54 YB-404	三乙醇胺钛酸酯	1.03~1.10
	TILCOMAT	JN-AT YB-403	醇胺乙二基钛酸酯	1.05~1.15
		TNF YB-403	醇胺脂肪酸钛酸酯	1.00~1.10
配位型	KR-41B	NDZ-401	四异丙基二（亚磷酸二辛酯）钛酸酯	0.945
	KR-46		二（亚磷酸二月桂酯）四氧辛氧基钛酸酯	0.945

或添加剂表面进行改性，从而增强其与高分子材料的相容性。这些偶联剂再粉体表面的缩合过程和硅烷偶联剂相似，最终形成氧化物网络状结构。其所携带的其他功能性基团（一般是非极性的有机基团）则能够保留在无机纳米材料表面，使原本极性的粉体表面转变为非极性，进一步增强了纳米材料与高聚物基体的相容性和稳定性。

铝酸酯偶联剂是一种新型的偶联剂，其具有与无机粉体表面反应活性高、颜色浅、无毒、味小、热分解温度高、无需稀释、使用方便以及易于包装和运输等特点。铝酸酯偶联剂广泛应用于 $CaCO_3$（碳酸钙）、$MgCO_3$、$Ca_3(PO_4)_2$、$CaSO_4$、$MgSO_4$、ZnO、Al_2O_3、MgO、TiO_2、Fe_2O_3、$Mg(OH)_2$、$Al(OH)_3$、$PbCrO_4$、SiO_2、BaO_4S_2Zn、$Ca_3(Si_3O_9)$、炭黑、粉煤灰、高岭土、膨润土、滑石粉、石棉粉、云母粉、叶蜡石粉、玻璃粉、玻纤等纳米材料的表面改性处理。采用铝酸酯偶联剂对碳酸钙粉末进行表面改性时，改性后碳酸钙的吸湿性和吸油量降低、粒径变小，且易分散在有机介质中，热稳定温度大于 300℃，用于 PVC 时有良好的物理机械反应。

锆铝酸酯偶联剂是含有铝和锆元素的有机络合物的低聚物。锆铝酸盐偶联剂与硅烷等偶联剂相比，其显著特点是分子中的无机特性部分比例大，一般介于 57.7% ~ 75.4%。因此，锆铝酸酯偶联剂分子具有更多的无机反应点，可增强与无机纳米材料表面的作用。通过氢氧化锆和氢氧化铝的缩合作用，它可与羟基化的无机纳米材料表面形成共键连接。但是，它更为重要的特性是能够参与金属表面羟基的形成，并与金属表面形成氧络桥联的复合物。锆铝酸酯偶联剂可以适用于填充聚烯烃、聚酯、环氧树脂、聚酰胺纤维、丙烯酸类树脂、聚氨酯、合成橡胶等无机纳米材料的表面处理。锆铝酸酯偶联剂在很多情况下可以代替硅烷偶联剂。

此外，常用的偶联剂还有铝钛复合偶联剂、硬脂酸类偶联剂、硼酸酯偶联剂、稀土偶联剂等。

6.2.3 表面接枝法改性

通过化学反应将高分子链接到无机纳米材料表面上的改性方法称为表面接枝法。有些无机纳米材料表面具有可以发生自由基反应的活性点，在适当条件下，高分子聚合物活性单体可在这些活性点上反应，并接枝于纳米材料表面上，再引发聚合反应。将聚合物长链接枝在纳米材料表面，聚合物中含亲水基团的长链通过水化伸展在水介质中起立体屏蔽作用。这样纳米材料在介质中的分散稳定性除了依靠静电斥力外还依靠空间位阻，效果十分明显。纳米材料表面接枝后降低了团聚程度，大大提高了其在有机溶剂和高分子中的分散性，可制备高纳米粉含量、均匀分布的复合材料。这种处理方法充分发挥了无机纳米材料与高分子材料各自优势，还可实现功能材料的优化设计。

表面接枝法可以充分发挥无机纳米材料与高分子各自的优点，从而设计并制造出具备创新功能的纳米材料。其次，无机纳米材料经表面接枝聚合物后，极大地改善了其在有机溶剂和高分子中的分散性，使得人们能够按需制备含有量大、分布均匀的纳米填料的高分子复合材料。表面接枝改性可分为三种类型：聚合与表面接枝同步进行法、颗粒表面聚合生长接枝法和偶连接枝法。

1. 聚合与表面接枝同步进行法

聚合与表面接枝同步进行法的条件是无机纳米材料表面对自由基的高效捕获。单体在引发剂作用下完成聚合的同时，立即被无机纳米材料表面强自由基捕获，使高分子的链与无机纳米材料表面化学连接，完成了颗粒表面的接枝。尽管这种方法简单易行，但仅适用于具有较强的自由基捕捉能力的炭黑等，对于其他无机纳米材料的接枝聚合反应不太有效。

炭黑以其出色的着色力、耐候性、补强效果及导电性能，成为高分子材料填充剂、油墨和涂料等的首选着色剂。在各种应用过程中，往往要求炭黑以微细粒子状均匀分散于基质中，否则将降低材料性能或炭黑本身的着色强度。最有效的策略之一是在炭黑表面引入与分散介质相容的聚合物链。除了炭黑粒子表面官能团与聚合物端基间的反应外，还可利用炭黑表面捕获自由基的特性，将可分解出自由基的聚合物牢固地接枝于炭黑粒子表面。李玮等在研究炭黑颗粒表面接枝丙烯酸酚中发现，在适宜条件下，丙烯酸单体可以直接接枝在炭黑颗粒表面，通过透射电镜观察，发现接枝的聚丙烯链携带有亲水基团，在水中能有效展开，形成空间位阻屏障，阻止了炭黑粒子的重新聚集，从而实现了炭黑粒子的均匀分散和稳定性的增强。

2. 颗粒表面聚合生长接枝法

颗粒表面聚合生长接枝法是单体在引发剂作用下直接从无机纳米材料表面开始聚合，促使链增长，并在纳米材料表面形成高分子包覆层的方法。其特点是接枝率较高，但需要预先接枝引发基团，一般是利用原子原有无机纳米材料表面存在的大量羟基，在此纳米材料的表面接枝上具有引发聚合反应作用的偶氮类和过氧化物类引发剂基团，通过加热使其分解，生成活性中心，引发聚合反应。

通过在磁性纳米 $MnFe_2O_4$ 颗粒表面键合 3-氯丙酸，并进一步使用氯化亚铜与联吡啶处理，能够在颗粒表面形成引发的自由基，再利用活性自由基聚合反应在纳米颗粒表面生成聚苯乙烯壳层，从而得到磁性纳米颗粒复合微球，如图 6-4 所示。整个纳米颗粒粉体因呈现非极性而能够稳定地分散于非极性有机溶剂中。

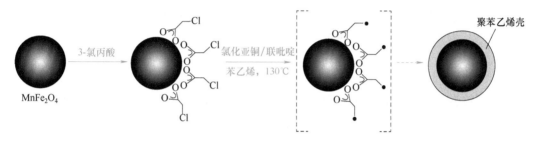

图 6-4　磁性纳米 $MnFe_2O_4$ 颗粒表面的活性自由基聚合反应

3. 偶连接枝法

偶连接枝法通过用有机硅烷偶联剂或钛酸酯偶联剂等在无机纳米材料表面引入双键，能够起到降低纳米材料极性的作用。随后，双键于聚合物单体发生共聚合，进而可以在无机纳米材料表面上再接枝上聚合物链。这种方法的优点是接枝的量可以进行控制，效率高。接枝反应式为

$$颗粒—OH + OCN \sim P— \longrightarrow 颗粒—OCONH \sim P$$
$$颗粒—NCO + HO \sim P— \longrightarrow 颗粒—NHCOO \sim P$$

例如，使用甲苯二异氰酸酯（TDI）对 SiO_2 纳米颗粒进行表面处理，TDI 中的—NCO 基团与 SiO_2 纳米颗粒表面的—OH 反应，改善了 SiO_2 纳米颗粒与聚合物键的连接情况，而且聚合物将无机纳米颗粒隔开防止了团聚。

6.2.4　化学包覆法改性

化学包覆法是通过化学反应的方式在纳米材料表面形成一层或多层其他物质的包覆层。这种表面修饰不仅保留了纳米材料本身的物理化学特性，还可能使纳米材料的原有功能得以强化，同时也可能获得全新的特定功能。常见的化学包覆方法包括利用沉淀、分解、还原、氧化以及金属交换等反应来构建包覆层。

1. 利用沉淀反应生成包覆层

利用沉淀反应修饰纳米粉体往往是采用在其表面包覆无机氧化物的方式。由于沉淀反应法可以在纳米材料表面形成特殊的包覆层，使复合粒子表面具备光、电、磁及抗菌等功能，因此，沉淀反应法在赋予纳米材料新的理化性能和新功能方面，具有重要的应用价值。

通过表面改性技术，SiO_2纳米颗粒的光活性得以降低，改善纳米颗粒的单分散性和水分散性，能增加其与有机硅类化合物的反应活性。制备 SiO_2 包覆 TiO_2 纳米颗粒时，在含有纳米 TiO_2 颗粒的溶液中加入水溶性的硅酸盐（如硅酸钠、偏硅酸钠等）。通过调节反应液的 pH 值，生成 $Si(OH)_4$ 单分子，这些单分子以不同的速率进行聚合，形成具有高活性的 $Si(OH)_4$ 单体和聚合度较低的硅酸聚合物，然后与 TiO_2 表面羟基结合，先在表面形成核点，逐渐形成无定形的 $SiO_2 \cdot nH_2O$ 包覆膜，其反应过程为

$$Si_3^{2-} + 2H^+ + (n-1)H_2O \rightarrow SiO_2 \cdot nH_2O \downarrow$$

用 Al_2O_3 包覆 TiO_2 的基本方法是在含有 TiO_2 纳米颗粒的溶液中加入水溶性的铝盐（如硫酸铝、偏铝酸钠和铝醇盐等）。调节反应液的 pH 值，缓慢生成 $AlO(OH)$ 或 $Al(OH)_3$ 的胶体形式，在该反应过程中由于存在均相成核与异相成核的竞争，所以需要将铝化合物的浓度控制在低于均相成核条件下，然后，$Al(OH)_3$ 或 $AlO(OH)$ 与 TiO_2 表面羟基结合，最终形成无定形的 $Al(OH)_3$ 包覆膜，其反应过程为

$$Al^{3+} + 3OH^- \rightarrow Al(OH)_3$$

$$AlO^{2-} + H_2O + H^+ \rightarrow Al(OH)_3$$

粉体颗粒表面在浆液中也可能发生水解反应，以 α-Al_2O_3 为例，其反应过程为

$$Al^{3+} + H_2O \rightarrow Al(OH)^{2+} + H^+$$

$$Al^{3+} + 2H_2O \rightarrow Al(OH)_2^+ + 2H^+$$

$$Al^{3+} + 3H_2O \rightarrow Al(OH)_3 + 3H^+$$

$$Al^{3+} + 4H_2O \rightarrow Al(OH)_4^- + 4H^+$$

采用沉淀法将 TiO_2 溶胶沉积到 $ZnFeO_3$ 纳米颗粒表面，形成由 TiO_2 作为包覆层的 $TiO_2/ZnFeO_3$ 复合纳米材料，其光催化效率得到了大幅提升。通过非均匀沉淀法在 SiC 纳米颗粒表面均匀包覆 $Al(OH)_3$，改性后的 SiC 纳米颗粒的表面性质被改变，其悬浮液的胶体特性和分散性得以改善，并在 1000℃ 高温环境下展现出卓越的抗氧化能力。

经包覆及表面改性后，纳米材料成为一个复合体，同时兼有内层核和外层壳纳米材料的特性，但有时为了获得更多的特性以适应不同的用途，常需要对纳米材料进行两次或多次包覆及表面处理。值得注意的是，包覆和表面改性的顺序会直接影响复合纳米材料的最终性能。

2. 利用分解反应生成包覆层

分解反应生成表面无机包覆改性层是通过分解改性剂前驱体在被改性纳米材料表面生成改性层的方法，已广泛应用于表面改性领域。常见的有高温分解法和热分解-还原法等。在高温分解反应中，有机金属配合物的纳米材料原有的表面稳定剂由于分子热运动，会从表面脱离并存在脱离-再吸附平衡，从而为改性剂纳米材料附着创造机会。由于高温溶剂热分解反应通常在高沸点的非极性有机溶剂中进行，为了防止改性后的纳米材料二次团聚，改性过程中需要加入携带有长烷烃链的表面稳定剂分子。这些稳定剂分子能够包裹到改性后的材料表面，以提供空间位阻效应，使纳米材料颗粒在溶剂中保持单分散状态。热分解-还原法则适用于对金属的硝酸盐、碳酸盐与碱式盐等易分解的化合物的表面处理。首先需要对核纳米材料进行前期处理，去除纳米材料表面留有的有机杂质和氧化物膜，并预包覆一个均匀的硝酸盐、碳酸盐或碱式盐的包覆层，最后用还原气体对包覆层进行加热还原处理。

将表面被油酸和油胺保护的 4nm 的 $Fe_{58}Pt_{42}$ 纳米颗粒作为种子,在二苯醚、1,2-十六烷二醇、油酸和油胺为表面保护剂的混合物中,通过 265℃分解 $Fe(acac)_3$ 配合物,可以在 $Fe_{58}Pt_{42}$ 纳米颗粒表面生成约 2nm 厚的 Fe_3O_4 包覆层。类似地,将 4~5nm 的 $CoFe_2O_4$ 纳米颗粒作为种子,通过在油酸和三辛胺中高温分解 $Mn(CH_3CO)_2$,能够在 $CoFe_2O_4$ 纳米颗粒表面包覆 2~3nm 的氧化锰(MnO)改性层。

3. 利用还原反应生成包覆层

金属离子及其配合物在适当条件下可还原为金属,进而直接沉积到纳米材料表面形成包覆层。如果材料表面的还原金属原子具有催化作用,促进金属离子的持续还原,则该过程展现自催化特性,上述过程称为化学镀。自 1945 年起,化学镀镍技术率先被应用,如今已拓展至在各类金属与非金属表面镀覆镍、铜、金、银等。纳米材料上的金属镀层能够赋予粉体新的功能,如抑制分解、增强耐蚀性、赋予导电性及美化外观等。纳米材料化学镀改性成功的关键在于优化镀液体系,包括选择适当的还原剂、溶剂、络合剂、稳定剂及 pH 值,确保金属均匀沉积于材料表面,避免纳米材料聚集。很多情况下,很难判断化学还原法中纳米材料表面金属沉积改性过程是否存在自催化过程,因此将化学镀及其他以还原剂还原金属离子对纳米材料表面进行改性的方法统称为化学还原法。

对 Mo 粉进行预处理,在其表面先附着上一层 Pd 纳米颗粒。在化学镀的过程中,铜首先沉积到 Pd 纳米颗粒表面,随着还原反应的进行开始生长,最终将整个 Mo 粉完全包覆。在 SiO_2 纳米颗粒表面包覆 Au 时,可以先用 APTES(3-aminopropyltriethoxysilane,3-氨基丙基三乙氧基硅烷)在 SiO_2 纳米颗粒表面引入氨基,然后将处理过的 SiO_2 纳米颗粒和 $HAuCl_4$ 在 pH 值为 7 的水溶液中混合,在其表面生成的金纳米微核作为下一步表面金沉积生长的种子。由于 SiO_2 纳米颗粒表面氨基和硅羟基之间的氢键作用,氨基会转化为氨基正离子并吸附水溶液中的 $[AuCl(OH)_3]^-$,使其在 SiO_2 纳米颗粒表面被缓慢还原成金纳米微核。最后使用 $NaBH_4$ 为还原剂,将 $HAuCl_4$ 还原为金属金并沉积到 SiO_2 纳米颗粒表面。金在 SiO_2 纳米颗粒表面的包覆过程如图 6-5 所示。

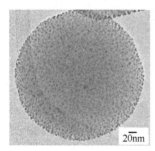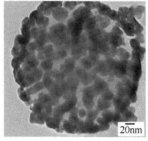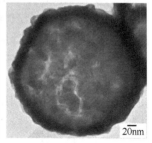

图 6-5　金在 SiO_2 纳米颗粒表面的包覆过程

4. 利用氧化反应生成包覆层

在高温下,氧气能够氧化金属纳米材料表面的金属原子,从而形成金属氧化物改性层。这种方式简单易行,能够用来制备多种金属-金属氧化物的核-壳结构的纳米材料。反应过程只需要选择适合的溶剂、反应温度以及表面稳定剂即可。有些金属(尤其是活泼金属)可以在室温下被氧化;而难氧化的金属则需要提高氧化反应的温度,此时需要注意反应溶剂以及表面稳定剂分子在该温度下的稳定性。

在 200~360℃ 的温度下，在气相或有机溶剂中对 Ag 纳米颗粒进行热处理，氧化纳米银粉表面的 Ag 原子，获得了 Ag-Ag$_2$O 纳米颗粒。当反应温度高于 360℃ 时，Ag$_2$O 会分解为 Ag 和 O$_2$。同样，将表面被三辛基氧膦保护的镍纳米颗粒分散于正己烷中，然后在室温下用氧气氧化表面镍原子，可以获得 Ni-NiO 核-壳结构的纳米颗粒。

5. 利用金属交换反应生成包覆层

纳米材料的金属交换反应既可以是没有氧化还原过程的纯离子交换反应，也可以是通过氧化还原反应产生的金属置换过程。对于通过氧化还原反应进行的金属交换反应，纳米材料与改性剂之间的电极电势之差必须满足氧化还原反应自发进行的条件，即发生还原反应的物质在反应条件下的电极电势应高于发生氧化反应的物质。

Zhou 等采用该方法合成了核-壳结构的 CdS-PbS 纳米颗粒。当 CdS 纳米颗粒与二乙酸铅在水溶液中混合后，其表面 Cd^{2+} 就会和溶液中 Pb^{2+} 发生交换反应。该反应的摩尔吉布斯自由能为 -4.618 kJ/mol，表明反应能够自发进行。通过调整 CdS 与 Pb(CH$_3$COO)$_2$ 的比例及反应时间，可以控制 PbS 表面层的厚度。通过 CdS-PbS 固相混合物的相图，可以看出这两种硫化物无法相互混合，因此将形成核-壳结构。Lee 等利用在 Co 纳米颗粒表面通过置换还原不同金属的有机酸盐，如 Pd(hfac)$_2$、Pt(hfac)$_2$、Cu(hfac)$_2$ 等（hfac 表示 1,1,1,5,5,5-hexafluoroacetylacetonate，六氟乙酰丙酮），合成了一系列核-壳结构的 Co-M 纳米粉体。

6.2.5 配体交换法改性

配体交换主要应用于有机小分子对纳米材料的表面改性。在纳米材料的制备过程中一般会加入表面稳定剂以阻止材料颗粒聚集，但是由于纳米材料制备过程条件限制，所用的表面稳定剂往往不能满足纳米材料功能化应用的需要，因此需在材料表面引入新的改性剂分子以取代原有表面稳定剂。为了能使表面配体交换顺利进行，需满足以下四个条件。第一，引入的改性剂要对材料表面有更强的结合能力，否则新配体难以取代原有稳定剂分子。第二，改性剂用量应超过原有表面稳定剂的量，以推动化学平衡向目标方向发展。第三，需选择合适的溶剂体系，确保纳米材料与改性剂配体能够充分混合，从而促进配体交换反应。第四，需要选择适当方式促进配体交换反应进行，如加热、剧烈搅拌、超声波等。

硫醇衍生物可以用于金属-有机杂化纳米材料的表面改性。胶体金的合成经常使用柠檬酸三钠作还原剂和表面稳定剂，生成的胶体金具有很好的水溶性。如果需要在金纳米颗粒表面引入其他活性基团，则可以利用硫醇衍生物来取代表面上原有的柠檬酸根分子。用基丁二酸取代柠檬酸进行配体交换反应，获得巯基丁二酸表面改性的金纳米颗粒。改性后的金纳米颗粒具有更好的溶液稳定性，可以在更广的 pH 值变化范围内稳定地保持单分散装态，同时表面上还具有自由羧基，有利于进一步引入其他功能基团进行改性。硫醇与金原子间的结合力强于柠檬酸根的氧原子，所以硫醇可取代金纳米颗粒表面的柠檬酸根，进而发生表面配体交换反应。Ag$_{44}$ 纳米团簇的表面改性可以在短时间内快速进行，5-巯基-2-硝基苯甲酸（MNBA）配体替换为 4-氟硫代苯酚（4-FTP）配体，使原本溶于水不溶于二氯甲烷的 Ag$_{44}$ 纳米团簇溶于二氯甲烷而难溶于水，并且使得原本不具有发光效果的 Ag$_{44}$ 纳米团簇具有了光致发光行为。

磷酸根是另一种使用较多的能够和纳米材料表面金属原子稳定键合的锚定基团，所以有机磷酸衍生物多被用来作为金属及金属氧化物纳米材料的表面改性剂。通过用含有叠氮基的有机磷酸衍生物取代油酸分子，对磁性纳米 Fe_2O_3 颗粒表面进行改性。这种改性使得纳米 Fe_2O_3 表面带有叠氮基，可以通过点击反应进一步在表面引入其他功能基团。有机磷酸衍生物能够取代 Y_2O_3 纳米粉体表面的碳酸根，从而实现对其表面的改性。改性后 Y_2O_3 纳米粉体的水溶性可以通过磷酸根上携带的有机基团进行调控。有机磷酸还可和表面带有羟基的氧化物粉体直接反应而键合到氧化物粉体表面。其他一些能够提供电子对和微纳米粉体表面金属成键的物质（如有机磺酸衍生物、羧酸衍生物等）也可以用作表面改性剂。

6.2.6 其他化学改性方法

1. 微乳液法改性

微乳液是由两种或两种以上互不相溶液体形成的热力学稳定、各向同性、外观透明或半透明的分散体系，微观上液滴由表面活性剂界面膜所稳定。微乳液通常由表面活性剂、助表面活性剂、有机溶剂和水溶液四个组分组成。常用的表面活性剂有阴离子型 AOT［二-(2-乙基己基）磺化琥珀酸钠］、SDS（十二烷基硫酸钠），阳离子型 CTAB（十六烷基三甲基溴化铵）以及非离子型 Triton X（聚氧乙烯醚类）等。用作助表面活性剂的是中等碳链的脂肪醇，有机溶剂多为 $C_6 \sim C_8$ 直链烃或环烷烃。微乳液法的配制方法有两种：Shah 法和 Schulman 法。Shah 法是把有机溶剂、表面活性剂、醇混合为乳化体系，再向该体系中加入水，体系会在某一瞬间变得透明，该法通常用于制备 W/O 型微乳液；Schulman 法是先将有机溶剂、水、表面活性剂混合均匀，然后向乳液中滴加助表面活性剂，体系也会突然间变得透明，该法通常用于制备 O/W 型微乳液。

微乳液法改性在制备纳米材料的过程中进行，控制一定的反应条件，使一种纳米微粒在另一种纳米微粒的表面形成。所得粒子表面包裹有一层表面活性剂分子，使粒子间不易聚结。通过选择不同的表面活性剂、助表面活性剂，可对粒子进行修饰，并控制颗粒的大小。此外，聚合单体和纳米材料的比例也会影响聚合物对粉体表面的包覆。微乳液法的缺点在于：首先，微乳液中容易包含多个纳米材料颗粒，这会产生粉体聚积；其次，聚合反应不是都在纳米材料表面进行，溶液本体中聚合产生的聚合物链会和已经吸附到各个粉体颗粒表面的聚合物链相互缠绕，使多个粉体颗粒交联在一起，再被聚合物包覆形成更大的粉体颗粒。例如，在非离子型表面活性剂 TX-405 形成的微乳液中，用 AIBN（偶氮二异丁腈）作为自由基引发剂，在 SiO_2 纳米颗粒表面形成 PMMA（聚甲基丙烯酸甲酯）改性层。

2. 插层改性

插层改性法是利用层状结构无机纳米材料（如石墨、蒙脱石、高岭石、蛭石）晶体层之间结合力较弱（如分子键或范德华力）或存在可交换阳离子的特性，通过离子交换反应或化学吸附，改变纳米材料的界/表面性质和其他性质的改性方法。改性剂的插入过程也是熵减过程，需要较大的反应热才能使插层改性在热力学上成为自发过程。所以改性剂分子需要和片层表面有比较强的吸引作用，这样才能从外部扩散进片层之间。

将自由基引发剂 AIBN 的季铵盐衍生物通过静电相互作用和超声辅助扩散，插入到带负电的层状蒙脱土纳米颗粒片层中获得 AIBN 插层蒙脱土。然后分别通过本体聚合、溶液聚合以及分散聚合等方法，在蒙脱土片层表面引发了甲基丙烯酸甲酯的自由基聚合反应，制备聚甲基丙烯酸甲酯插层改性的纳米蒙脱土。

3. 共沉淀反应改性

共沉淀反应可以用于对纳米材料表面进行修饰。例如，通过共沉淀的竞争反应可以制备表面为双十六烷基二硫代磷酸吡啶盐（PyDDP）修饰的无机 ZnS 纳米微粒。其制备过程为：在乙醇和水的混合溶剂中，依次加入 PyDDP 和 Na_2S，再升温至 55℃并滴加 $Zn(Ac)_2$水溶液，恒温反应 3h 陈化、过滤、洗涤、真空干燥，得到表面修饰的 ZnS 纳米微粒。修饰后的 ZnS 纳米颗粒清晰，呈不规则的类球状，粒径约为 4nm，而且基本上不发生团聚，表面的氧化稳定性也得到了提高。表面修饰剂的疏水基团有助于 ZnS 纳米粒子在有机溶剂和润滑油中分散。

第 7 章

纳米材料的加工技术

纳米材料的加工技术，是指在纳米尺度上对材料进行精确操控和加工的技术。它具有高精度、高效率和高可控性的优点，能够制备出具有特殊物理、化学性质的纳米材料。这一技术涵盖了多种加工方法，如光学曝光技术、电子束曝光技术、激光加工技术和聚焦离子束技术等。这些技术各有特色，适用于不同材料和不同需求的纳米加工。纳米材料的加工技术在电子、光学、生物医学、环境保护等多个领域有着广泛的应用。例如，它可以制备出高性能的纳米电子器件、纳米传感器和纳米催化剂等，为科技进步和产业发展提供了有力支撑。

7.1 光学曝光技术

在高度信息化的当今，微电子技术作为现代科技的核心驱动力之一，其发展速度和创新程度令人瞩目。而在微电子制造的众多关键工艺中，光学曝光技术无疑是最为重要和基础的环节之一。它不仅决定了集成电路的性能、集成度和可靠性，更是整个微电子产业不断向前发展的关键。

光学曝光技术是一个涉及多个学科交叉融合的复杂体系。这种多学科的交叉应用赋予了光学曝光技术强大的生命力和创新能力，使其能够不断适应微电子制造日益提高的要求，推动着产业的持续进步。

首先，光学曝光技术在分辨率方面表现出色，能够实现极其精细的图案和结构制造，满足集成电路不断微型化和高性能的需求。其高精度确保了图案和结构的准确性与一致性，大大降低了误差率。高对比度是光学曝光技术的又一亮点，这使得所形成的图案边缘清晰、线条锐利，有效提升了产品的质量和性能。其次，光学曝光技术能够在相对较短的时间内完成大量芯片的制造，适应了现代工业大规模生产的节奏。此外，成本优势也不容忽视。与其他一些先进的光刻技术相比，光学曝光技术在材料消耗、设备投资及维护方面的成本相对较低，这为企业降低了生产成本，提高了市场竞争力。综上所述，光学曝光技术凭借其高分辨率、高精度、高对比度、高效率和低成本等优势，成为微电子制造等众多领域中不可或缺的关键技术，有力地推动了相关产业的发展和进步。

7.1.1 光学曝光系统的基本组成

光学曝光系统是一种用于在感光材料上形成微细图形的系统，广泛应用于半导体制造、微纳加工等领域。它通过特定的光源和光学系统，将掩模上的图案转移到光刻胶上，进而通过后续的显影、刻蚀等工艺步骤，将图形转移到衬底材料上。光学曝光系统主要包括光源、光学系统、掩模、样品台、曝光控制系统、显影和刻蚀设备。如图 7-1 所示是光学曝光机。

图 7-1　光学曝光机

（1）光源　在现代科技的众多领域中，尤其是在微纳加工、半导体制造、光刻技术等方面，光学曝光系统扮演着至关重要的角色。而在这一复杂而精密的系统中，光源无疑是其最为关键的组件之一。光源在光学曝光系统中起着提供能量和信息的关键作用。它所发出的光线经过一系列的光学元件和处理过程，最终在光刻胶或其他感光材料上形成所需的图案和结构。

通常使用紫外光源或激光器作为曝光光源。紫外光源可以是汞灯、氙灯等。汞灯通过汞蒸气放电产生紫外线，其光谱分布相对较宽，包含多个紫外波长的谱线。汞灯的优点在于其成本相对较低，且能够提供一定强度的紫外光。然而，其缺点也较为明显。由于光谱较宽，所以需要通过滤波等手段来获取所需的特定波长，这可能导致能量的损失。此外，汞灯的发光稳定性相对较差，在长时间使用过程中可能会出现光强衰减和波长漂移的现象。氙灯也是一种常用的紫外光源，它通过氙气放电产生光辐射。氙灯的光谱范围较宽，从紫外到可见光区域都有一定的输出。氙灯的优势在于其具有较高的光输出强度和较短的闪光时间，适用于一些对曝光速度有要求的应用场景。但与汞灯类似，氙灯的光谱较宽，需要进行滤波处理，且其发光稳定性也有待提高。

激光器则可以提供单色性好、方向性好和高强度的光源。激光器包括气体激光器、固体激光器、半导体激光器等。气体激光器如氦氖激光器、氩离子激光器等，在光学曝光系统中有一定程度的应用。气体激光器的优点在于其输出波长稳定、单色性好，能够提供高精度的曝光。然而，气体激光器通常体积较大，维护成本较高，且输出功率相对有限。固体激光器如 Nd：YAG 激光器、钛宝石激光器等，具有较高的输出功率和较好的光束质量。固体激光器的优势在于其结构紧凑、效率高、输出功率大，适用于对曝光强度要求较高的场合。但固体激光器的成本相对较高，且在长期运行中可能存在热效应等问题，进而影响其稳定性和光束质量。半导体激光器又称激光二极管，具有体积小、功耗低、易于集成等优点。半导体激光器的优点在于其能够直接调制输出频率和功率，响应速度快，故在光学曝光系统中的应用越来越广泛。但半导体激光器的输出光束质量相对较差，需要通过光学系统进行整形和优化。

优质的光源应具备稳定的输出、适当的波长、足够的强度和良好的方向性等特性。这些特性不仅影响到曝光的精度和分辨率，还关系到整个系统的工作效率和成本。光源的特性直接决定了光学曝光系统的性能、精度和适用范围，进而影响到最终产品的质量和功能。不稳定的光源输出可能导致曝光不均匀，进而影响产品的一致性；不合适的波长可能无法有效地激发光刻胶的化学反应，导致曝光效果不佳；而强度不足则可能延长曝光时间，降低生产率。光源的光谱特性决定了其与光刻胶等感光材料的吸收光谱的匹配程度。光源的波长与光刻胶的吸收峰不匹配，可能导致曝光效率低下，甚至无法实现有效的曝光。对于某些特定的光刻胶，需要使用特定波长的紫外光才能引发有效的化学反应。光源的波长偏离了这个范围，可能会导致光刻胶的感光度下降，从而需要更长的曝光时间或者更高的光强来达到相同的曝光效果。发光强度直接影响曝光的速度和效率。高强度的光源可以在短时间内提供足够的能量，实现快速曝光，从而提高生产率。然而，过高的光强也可能带来一些问题，如热效应导致光刻胶的性能变化或者基底材料的损伤。在选择光源时，需要根据具体的工艺要求和材料特性，权衡光强与其他因素的关系。光源的方向性决定了光线的传播和聚焦特性。具有良好方向性的光源，如激光器，能够更容易地实现高精度的聚焦，从而提高曝光的分辨率和精度。相反，方向性较差的光源，如一些宽谱的紫外光源，可能会导致光线的散射和扩散，影响曝光的精度和均匀性。

（2）光学系统　光学系统主要用于控制和调节光源的光束形状、方向、强度和波长等参数。光学系统的设计和优化对于光学曝光的成像分辨率和加工精度具有重要影响。

在当今高度精密的制造领域，光学曝光技术作为实现微纳尺度加工的重要手段，其性能和精度在很大程度上取决于光学系统的质量和优化程度。光学系统不仅是光源与光刻胶之间的桥梁，更是决定曝光效果和产品质量的关键因素。因此，深入理解光学系统的组成、功能及其对光学曝光的影响，对于推动相关技术的发展和创新具有重要的意义。

光学系统的主要由光学镜片、透镜、光学滤波器等组件。光学镜片是光学系统的基础组件之一，通常由高质量的光学玻璃或晶体材料制成。其表面经过精密研磨和抛光，以确保光线能够以最小的损失和失真通过。根据不同的功能需求，光学镜片可以分为平面镜、凸面镜和凹面镜等。平面镜主要用于改变光路方向，凸面镜用于会聚光线，凹面镜则用于发散光线。在光学曝光系统中，合理组合和使用不同类型的光学镜片，可以实现对光源光束的初步整形和调整。透镜是光学系统中用于聚焦和成像的重要组件。根据其形状和功能，可分为凸透镜和凹透镜。凸透镜具有会聚光线的作用，能够将平行光线会聚到一个焦点上，从而实现对光线的聚焦和成像。凹透镜则具有发散光线的作用，常用于校正光路中的像差和扩展光束。在光学曝光系统中，透镜的质量和性能直接影响到曝光的分辨率和精度。高精度的透镜能够有效地减少像差和彗差等光学缺陷，确保光线在光刻胶表面形成清晰、准确的图案。光学滤波器是用于选择和过滤特定波长光线的组件。它可以根据不同的原理，如干涉、衍射和吸收等，实现对光源光谱的精细调节。在光学曝光中，通过选择合适的光学滤波器，可以去除光源中的杂散光和不需要的波长成分，提高曝光的纯度和对比度。例如，在某些特定的光刻工艺中，需要使用窄带滤波器来选择特定波长的光线，以提高光刻胶的感光度和曝光精度。

光学系统可以通过组合光学镜片和透镜，将光源发出的原始光束整形为各种形状，如圆形、方形等。这对于适应不同的光刻胶曝光区域和提高曝光效率具有重要意义。例如，在大面积光刻中，通过使用特殊设计的光学系统，可以将光源光束整形为均匀的矩形光斑，实现一次性大面积曝光，提高生产率。通过反射镜和折射镜的巧妙布置，光学系统能够精确地控制光束的传播方向。这使得光源能够准确地照射到光刻胶的指定位置，确保曝光图案的准确性和一致性。在复杂的光学曝光系统中，还可以通过多轴光路控制实现对光束方向的动态调整，以满足不同的曝光需求。利用中性密度滤波器、可变衰减器等组件，光学系统能够对光束的强度进行连续或分级调节。这对于适应不同感光度的光刻胶以及优化曝光剂量至关重要。通过精确控制光束强度，可以避免过度曝光导致的光刻胶损伤，同时确保在感光度较低的光刻胶上也能实现有效的曝光。光学滤波器在光学系统中起到了关键的波长选择和过滤作用。通过选择特定波长的光线进行曝光，可以提高光刻胶的化学反应效率和曝光精度。此外，波长的选择还与光刻工艺的分辨率极限密切相关，较短波长的光线通常能够实现更高的分辨率。

成像分辨率是光学曝光系统的关键性能指标之一，它直接决定了能够形成的最小图案尺寸。光学系统的设计，包括透镜的数值孔径、像差校正和焦深等参数的优化，对成像分辨率起着决定性的作用。高数值孔径的透镜能够收集更多的衍射光，从而提高分辨率；良好的像差校正能够减少图像的失真和模糊，使图案更加清晰锐利；合理的控制焦深可以确保在一定的曝光深度范围内都能获得高分辨率的图像。加工精度不仅取决于成像分辨率，还受到光学系统的稳定性、重复性和对准精度等因素的影响。优化后的光学系统能够减少光路中的振动和漂移、提高系统的稳定性和重复性，从而保证在不同批次的曝光中都能获得一致的加工精度。此外，精确的对准系统和误差补偿机制也是提高加工精度的关键，它们能够确保光刻胶与掩模版之间的精确对准，进而减少误差积累。

（3）掩模 掩模，又称为掩膜，是一种在光学曝光过程中用于定义和传递图形信息的物理模板。掩模是光学曝光系统中用于形成所需图案的关键组件。它的主要功能是通过选择性地阻挡或透过光线，在光刻胶上形成与设计要求相符的图案。可以说，掩模是将设计图纸上的抽象图案转化为实际物理结构的桥梁，直接决定了最终产品的几何形状和尺寸。掩模上面覆盖有金属或二氧化硅等材料制成的图案，通过掩模上的开口来控制光束的传播，形成所需的曝光图案。

在现代微纳制造和集成电路生产等领域，光学曝光技术凭借其高精度和可重复成为关键的工艺手段。而在光学曝光系统中，掩模作为决定图案形成的关键组件，对于实现复杂、精细的图形转移起着不可或缺的作用。理解掩模的工作原理、结构特点以及其在整个工艺过程中的影响，对于优化光学曝光工艺、提高产品质量和性能具有重要的理论和实际意义。

掩模的材料选择、制作工艺和性能特点对光学曝光的效果和最终产品的质量有着至关重要的影响。

掩模主要选用硅片、玻璃板等材料。硅片由于其良好的平整性、热稳定性和机械强度，常被用作掩模的基底材料。其表面可以通过化学气相沉积（CVD）等方法生长一层二氧化硅作为绝缘层，以提高掩模的电学性能和耐腐蚀能力。玻璃板具有出色的光学透明度和均匀性，适合用于对光学性能要求较高的掩模。例如，在一些需要高精度成像的应用中，采用高质量的光学玻璃作为基底可以减少光线的散射和折射，提高图案的清晰度和对比度。

图案形成材料主要选用金属、二氧化硅等。金属材料如铬（Cr）、铝（Al）等常用于制作掩模上的图案。这些金属具有良好的遮光性能，可以有效地阻挡光线的通过。通过光刻和刻蚀工艺，可以在金属层上精确地形成所需的图案。二氧化硅在掩模制作中也有广泛应用，它可以通过热氧化或化学气相沉积的方法在基底上生长，并通过光刻和干法刻蚀工艺形成具有特定形状和尺寸的透光区域或反射区域。

掩模的制作是一个高度精密和复杂的过程，通常包括图案设计、光刻胶涂布、曝光、显影、刻蚀、清洗和检测等主要步骤。图案设计，使用专业的电子设计自动化（EDA）软件，根据产品的要求设计出掩模上的图案。这一过程需要考虑到图形的尺寸、形状、间距以及与后续工艺的兼容性等因素。光刻胶涂布，在选定的基底材料上均匀涂上一层光刻胶。光刻胶的类型和厚度根据具体的工艺要求进行选择。曝光，将设计好的图案通过光刻设备投射到光刻胶上，使光刻胶在曝光区域发生化学变化。显影，通过显影液去除曝光区域或未曝光区域的光刻胶，露出下方的基底材料。刻蚀，根据所使用的图案形成材料，选择合适的刻蚀方法（如干法刻蚀或湿法刻蚀），将未被光刻胶保护的区域刻蚀掉，形成所需的图案。清洗和检测，完成刻蚀后，对掩模进行清洗以去除残留的刻蚀剂和光刻胶，并通过高精度的检测设备（如电子显微镜、光学干涉仪等）对掩模的图案精度、缺陷密度等参数进行检测和评估。

在光学曝光系统中，光源发出的光线经过光学系统的准直和聚焦后，照射到掩模上。掩模上的图案区域（通常是透光区域）允许光线通过，而未图案化的区域（遮光区域）则阻挡光线。通过掩模的光线继续传播并投射到光刻胶上，由于光线在通过掩模时受到图案的调制，在光刻胶上形成了与掩模图案相对应的光强分布。这种光强分布在光刻胶中引发光化学反应，导致光刻胶在曝光区域和未曝光区域的化学性质发生变化。在后续的显影过程中，根据光刻胶的类型（正性光刻胶或负性光刻胶），曝光区域或未曝光区域被选择性地去除，从而在光刻胶上形成了与掩模图案相同或相反的图案。

（4）样品台　样品台是支撑待加工样品的平台，通常具有三维移动和旋转的功能，以便调整样品的位置和方向，使其与掩模上的图案对齐并保持稳定。

在现代光学曝光技术的复杂体系中，每一个组件都扮演着不可或缺的角色，共同致力于实现高精度、高质量的图案转移和制造。其中，样品台作为承载待加工样品的关键部件，其性能和功能的优劣直接关系到整个光学曝光过程的成败。它不仅需要提供稳定的支撑，还必须具备精确的位置和方向调整能力，以满足日益严苛的工艺要求。样品台的首要功能是为待加工的样品提供一个稳固的支撑平台。在光学曝光过程中，样品需要保持静止且稳定，以确保光线能够准确地照射到指定位置，从而实现精确的图案曝光。同时，样品台还承担着调整样品位置和方向的重要任务。

样品台通过具有三维移动和旋转的功能，能够在 X、Y、Z 三个方向上进行平移，并绕 X、Y、Z 轴进行旋转。这种多自由度的运动使得样品可以在空间中进行精细的位置调整，从而与掩模上的图案实现精确对齐。精确的对齐对于保证曝光图案的准确性和一致性至关重要，尤其是在制造高精度的微纳结构和集成电路等产品时，微小的偏差都可能导致产品性能的下降甚至失效。样品台在曝光过程中还需要保持样品的稳定性，防止由于外界干扰或内部振动等因素导致样品位置的偏移。精确的样品位置有助于确保曝光的均匀性和重复性，提高产品的质量和良率。

样品台的结构主要包括基座、导轨和滑块、旋转机构、驱动系统、控制系统。基座是样品台的基础部分，其材料通常为花岗岩或特殊合金。基座的主要作用是提供一个坚固且稳定的支撑，减少外界振动和干扰对样品台的影响。样品台通常采用高精度的直线导轨和滑块，使样品在三维移动方向上做平稳的直线运动。导轨的精度和直线度直接影响到样品台的移动精度，而滑块与导轨之间的配合精度和润滑情况则决定了运动的顺畅性和稳定性。旋转机构的旋转功能通常通过精密的旋转轴和轴承来实现。旋转轴的精度和同心度以及轴承的摩擦力和稳定性对于旋转运动的准确性和重复性至关重要。驱动系统负责为样品台的移动和旋转提供动力。常见的驱动方式包括电动机驱动（如步进电动机、直流电动机或伺服电动机）、压电驱动和液压驱动等。不同的驱动方式具有不同的特点和适用范围，如电动机驱动适用于较大行程和速度的运动，而压电驱动更适合于微小位移的高精度控制，液压驱动则适合于较大传动功率和需要低速平稳、过载保护能力的控制。为了实现精确的位置和运动控制，样品台上通常配备有多种传感器，如位置传感器（光栅尺、激光干涉仪等）、速度传感器和加速度传感器等。这些传感器能够实时监测样品台的位置、速度和运动状态，并将信息反馈给控制系统。

样品台的位置精度直接决定了曝光图案与掩模图案的对齐精度。样品台的位置精度不足，可能导致图案偏移、重叠或缺失，影响产品的性能和功能。例如，在集成电路制造中，微小的线宽偏差可能导致电路短路或断路，严重影响芯片的可靠性。样品台的重复精度是指在多次相同的位置调整操作中，能够达到相同位置的一致性程度。高重复精度能够保证在批量生产中每个产品的曝光效果一致，有助于提高产品的质量稳定性和良率。分辨率是指样品台能够实现的最小位置调整量。高分辨率的样品台能够进行更精细的位置调整，适用于对曝光精度要求极高的应用场景。样品台的移动速度和响应时间影响着光学曝光的效率。在保证精度的前提下，较快的移动速度可以缩短曝光时间，提高生产率。特别是在大规模生产中，高效的样品台能够显著降低生产成本。在长时间的曝光过程中，样品台需要保持稳定的位置和方向，不受外界干扰和内部因素的影响。任何微小的振动或漂移都可能导致曝光图案的失真或不均匀。因此，样品台的稳定性和可靠性是保证光学曝光工艺质量的关键因素之一。

（5）曝光控制系统　曝光控制系统用于控制光源的开关、光束的强度、曝光时间等参数，以实现对加工过程的精确控制。该系统通常由计算机软件控制，可以实现自动化的加工流程。而在光学曝光的整个工艺流程中，曝光控制系统犹如指挥中枢，精准地掌控着每一个关键参数，确保加工过程的准确性、稳定性和高效性。深入理解和研究曝光控制系统的原理、功能及其应用，对于提升光学曝光技术的水平，满足日益苛刻的微纳加工需求具有至关重要的意义。

曝光控制系统的核心任务是对光源的特性和曝光过程进行精确的调节和管理。光源的开关控制决定了曝光的起始和结束时刻，光束强度的调节影响着光刻胶的反应程度，而曝光时间的设定则直接关系到图案的清晰度和精度。在实际操作中，这些参数的控制通常基于对光的物理特性和光刻胶的化学响应的深入理解，如光源的发光机制、光的传播和衰减规律以及光刻胶在不同光强和曝光时间下的溶解度变化等。通过对这些基本原理的掌握，曝光控制系统能够实现对曝光过程的精准量化控制。这不仅需要考虑到整个加工流程的时序安排，还需要与其他工艺步骤（如光刻胶涂布、样品定位等）实现无缝衔接，以提高生产率和减少误差。曝光控制系统能够实时调整光源发出的光束强度。这对于适应不同类型和感光度的光刻胶至关重要。通过调节光束强度，可以在保证光刻胶充分曝光的前提下，避免过度曝光导致的图案失真或光刻胶损伤。同时，光束强度的微调还可以用于优化曝光的对比度和分辨率，提高图案的质量。曝光时间是决定光刻图案质量的关键参数之一。曝光控制系统可以根据光刻胶的特性、图案的复杂度和精度要求，精确设定曝光时间。短时间的曝光可能导致光刻胶反应不足，图案不清晰；而长时间的曝光则可能引起光刻胶过度反应，导致线条变宽、分辨率下降等问题。因此，精确的曝光时间设定对于获得理想的光刻图案至关重要。

（6）显影和刻蚀设备　对于需要后续显影和刻蚀处理的样品，光学曝光系统通常还配备有显影和刻蚀设备，用于去除未曝光区域或形成化学变化的区域，从而制造出所需的纳米结构或器件。光学曝光技术作为实现纳米级图案转移和结构制造的重要手段之一，其性能和精度在很大程度上取决于配套的显影和刻蚀设备。这些设备不仅是光学曝光流程中的后续关键环节，更是决定最终产品质量和性能的决定性因素之一。

在光学曝光过程中，光刻胶受到特定波长和强度的光线照射后，其内部的化学结构发生了变化。然而，这种变化仅是在光刻胶层中形成了潜在的图案信息，要将这些潜在的图案转化为实际的物理结构，就必须依靠后续的显影和刻蚀处理。通过这些处理步骤，可以精确地去除不需要的部分，或者在特定区域引发化学变化，从而实现对材料的精细加工，制造出具有特定功能和性能的纳米结构或器件。

显影过程的核心原理是基于光刻胶在显影液中的溶解性差异。光刻胶通常分为正性光刻胶和负性光刻胶两种类型。对于正性光刻胶，其在曝光区域的化学结构发生改变，使得这些区域在显影液中的溶解性增加。在显影过程中，显影液与光刻胶表面接触，通过化学反应溶解掉曝光区域的光刻胶，从而显露出下方的基底材料。负性光刻胶则相反，未曝光区域在显影液中具有更高的溶解性。因此，在显影过程中，未曝光区域的光刻胶被溶解，而曝光区域的光刻胶得以保留，形成与掩模图案相反的结构。

刻蚀的目的是将光刻胶上的图案转移到下方的基底材料上。刻蚀主要分为湿法刻蚀和干法刻蚀两种方式。湿法刻蚀是利用化学溶液与基底材料发生化学反应，从而去除未被光刻胶保护的部分。这种方法通常具有较高的选择性，但由于化学溶液的各向同性，刻蚀的方向性较差，故难以实现高精度的垂直刻蚀。干法刻蚀则主要依靠物理或化学的方式，如等离子体刻蚀、反应离子刻蚀等。在这些过程中，高能粒子或活性气体与基底材料相互作用，实现材料的去除。干法刻蚀具有更好的方向性和刻蚀精度，能够满足纳米级制造的要求。

显影设备主要由显影槽、搅拌系统、温度控制系统、喷淋系统构成。显影槽是容纳显影液的主要部件，通常由耐化学腐蚀的材料制成，如聚四氟乙烯、石英或特殊的不锈钢。其设计需要考虑到显影液的流动性、温度均匀性以及与其他部件的连接方式。为了确保显影液在整个显影槽内均匀分布，提高显影的一致性和稳定性，搅拌系统是必不可少的。常见的搅拌方式包括磁力搅拌、机械搅拌和气体搅拌等。磁力搅拌通过在槽外施加磁场的方式驱动内部的磁力转子旋转，实现对显影液的搅动；机械搅拌则通过电动机驱动搅拌桨直接在显影液中搅拌；气体搅拌则是通过向显影液中通入惰性气体，形成气泡来实现搅拌。温度控制系统通常包括加热元件（如电阻丝、加热棒）、温度传感器（如热电偶、热敏电阻）和控制器。通过精确控制加热元件的功率输出，使显影液的温度保持在预设的范围内，通常在几摄氏度到几十摄氏度之间，以实现最佳的显影性能。这是因为显影液的温度对显影速度和效果有着显著的影响。在一些先进的显影设备中，采用喷淋系统将显影液均匀地喷洒在光刻胶表面。喷淋系统由喷头、供液管道和压力控制装置组成。喷头的设计和布局需要保证显影液能够均匀地覆盖整个样品表面，供液管道负责将显影液稳定、连续地输送到喷头，压力控制装置则用于调节喷淋的压力和流量，以适应不同的工艺需求。

显影液的浓度、显影时间、显影温度是影响显影效果的关键参数。过高的显影液浓度可能导致显影速度过快，造成图案边缘粗糙、分辨率下降；过低的显影液浓度则可能使显影不完全，残留未溶解的光刻胶。因此，需要根据光刻胶的类型、厚度和曝光条件等因素，精确调配显影液的浓度。显影时间的长短直接决定了光刻胶被去除的程度。显微时间过短，未曝光区域的光刻胶可能无法充分溶解，影响图案的清晰度和完整性；显微时间过长，则可能导致过度显影，使曝光区域的光刻胶也受到侵蚀，从而破坏图案的精度和形状。通常，显影时间在几十秒到几分钟之间，需要通过实验和经验来确定最优值。显微温度对显影反应的速率和平衡有着重要的影响。一般来说，显微温度升高会加快显影反应的速度，但同时也可能增加光刻胶的热膨胀和变形，从而影响图案的精度。因此，在实际操作中，需要根据光刻胶的特性和工艺要求，选择合适的显影温度，并通过温度控制系统将其稳定在一定的范围内。

湿法刻蚀和干法刻蚀的设备不同。湿法刻蚀设备相对简单，主要由刻蚀槽、加热装置、搅拌装置和排液系统组成。刻蚀槽用于容纳刻蚀液，加热装置用于控制刻蚀液的温度，搅拌装置确保刻蚀液的均匀性，排液系统用于更换刻蚀液。湿法刻蚀的优点是成本较低，操作简便，但由于刻蚀液的各向同性，所以刻蚀精度和方向性较差，通常用于对精度要求不高的大面积刻蚀。干法刻蚀设备主要由反应离子刻蚀（RIE）设备、电感耦合等离子体刻蚀（ICP）设备构成。RIE 设备利用射频电源产生等离子体，使反应气体在电场作用下形成活性离子，这些离子具有较高的能量和方向性，能够实现对基底材料的垂直刻蚀。RIE 设备通常包括真空腔室、射频电源、气体供应系统、电极和温度控制系统等，其优点是刻蚀速率较高，选择性较好，但设备成本和维护费用相对较高。ICP 设备通过电感耦合的方式产生高密度的等离子体，从而提高刻蚀速率和均匀性。它由电感线圈、射频电源、真空系统、气体流量控制器和温度控制器等组成。ICP 设备能够实现高深宽比的刻蚀，适用于制造复杂的纳米结构，但工艺参数的控制相对较为复杂。

刻蚀气体的选择取决于基底材料和刻蚀要求。常见的刻蚀气体包括氟化物（如 CF_4、SF_6）、氯化物（如 Cl_2、BCl_3）和氧化物（如 O_2）等。不同的气体具有不同的化学活性和刻蚀特性。流量的控制则直接影响到刻蚀反应的速率和均匀性，通常通过质量流量控制器来进行精确调节。刻蚀设备的射频功率决定了等离子体的密度和能量。较高的射频功率可以产生更多的活性离子和自由基，从而提高刻蚀速率，但同时也可能导致过度刻蚀和损伤基底。因此，需要根据具体的刻蚀材料和结构，优化射频功率的设置。刻蚀腔室压力影响着气体分子的平均自由程和碰撞频率。较低的压力有助于提高等离子体的方向性，实现更垂直的刻蚀；较高的压力则可以增加刻蚀的均匀性，但可能会降低刻蚀的选择性。通过调节真空泵的抽速和进气流量，可以控制腔室的压力在合适的范围内。

7.1.2　光学曝光技术的基本原理与特征

光学曝光技术利用光的照射和控制，通过在感光材料表面形成或去除光刻图案的方式，实现对材料的加工和处理，通常包括光刻胶的涂布、光刻图案的制备（曝光）、显影和刻蚀等步骤。

在现代科技的众多领域中，材料的精确加工和处理是实现高性能、微型化和集成化的关键。光学曝光技术作为一种重要的微纳加工手段，凭借其独特的原理和优势，在半导体、集成电路、微机电系统等领域发挥着不可替代的作用。光学曝光技术本质上是一种利用光来控制材料表面化学和物理变化的方法。其基本思路是通过精确控制光的照射，在感光材料上引发特定的反应，从而实现预定的图案转移和材料加工。光在这个过程中扮演着"信息载体"的角色。不同波长、强度和偏振态的光具有不同的能量和穿透能力，这些特性决定了光能够在感光材料中产生的作用深度和效果。而感光材料则是对光敏感的关键媒介。它们能够在光的作用下发生化学反应或物理变化，如化学键的断裂或形成、分子结构的改变等，从而导致材料的溶解性、导电性或其他性质发生变化。

光是一种电磁波，具有波粒二象性。在光学曝光技术中，主要利用光的波动性，特别是其衍射和干涉现象。当光线通过狭小的缝隙或遇到障碍物时，会发生衍射，使得光线扩散开来。而当两束或多束光线相遇时，会产生干涉现象，形成明暗相间的条纹。这些光学现象为在感光材料表面精确地形成光刻图案提供了基础。光刻胶是光学曝光过程中的关键材料，它对特定波长的光具有敏感性，通常分为正性光刻胶和负性光刻胶两种。正性光刻胶在曝光区域会变得容易溶解于显影液，而负性光刻胶则在曝光区域变得难以溶解。在光学曝光技术中，光刻图案的制备是核心步骤。这一过程首先需要一个掩模版，掩模版上具有预先设计好的图案。光源发出的光线经过光学系统的调整和滤波，以特定的波长和强度照射到掩模版上。透过掩模版的光线再投射到涂有光刻胶的材料表面，使得光刻胶在与掩模版图案对应的区域发生化学或物理变化。

光学曝光技术的详细步骤如下：

（1）光刻胶的涂布　光刻胶的涂布是光学曝光的第一步，也是确保后续工艺成功的基础。光刻胶通常是由聚合物树脂、感光剂和溶剂等成分组成的混合物。

在涂布过程中，首先需要对待加工的基板进行清洁处理，以去除表面的杂质和污染物，确保光刻胶能够均匀附着。然后，将光刻胶滴在基板的中心位置，通过高速旋转的方式将光刻胶均匀地铺展在基板表面，形成一层厚度均匀的薄膜。

旋转速度、旋转时间以及光刻胶的初始浓度和黏度等参数都会影响最终的涂布厚度和均匀性。涂布完成后，通常需要进行软烘处理，以去除光刻胶中的部分溶剂，提高光刻胶与基板的附着力，并使其达到一定的硬度和稳定性。

（2）光刻图案的制备（曝光）　曝光是光学曝光技术的核心步骤，它决定了最终形成的光刻图案的精度和质量。曝光过程中，通过使用特定波长和强度的光源，照射在感光材料表面，形成光刻图案。常见的曝光方式包括直接光刻和投影光刻，前者直接将图案投影在样品表面，后者则通过光学系统将图案投影到感光材料表面。

在曝光过程中，光源发出的光线经过一系列的光学元件，如透镜、反射镜和滤波器等，进行整形、聚焦和滤波，以获得具有特定波长、强度和均匀性的光线，这束光线通过带有预先设计好图案的掩模版，掩模版上的透明区域允许光线通过，而不透明区域则阻挡光线。透过掩模版的光线照射到涂有光刻胶的基板上，使光刻胶在曝光区域发生化学反应。

曝光的方式可以分为接触式曝光、接近式曝光和投影式曝光等。接触式曝光中，掩模版与光刻胶直接接触，能够获得较高的分辨率，但容易损伤掩模版和光刻胶。接近式曝光则是掩模版与光刻胶保持一定的微小间隙，减少了掩模版和光刻胶的损伤，但分辨率相对较低。投影式曝光通过光学投影系统将掩模版上的图案缩小并投影到光刻胶上，具有较高的分辨率和较大的曝光面积，适用于大规模生产。曝光的时间、强度和波长等参数需要根据光刻胶的特性、图案的精度要求以及基板的材料等因素进行精确控制。过长或过强的曝光可能导致光刻胶过度反应，而过短或过弱的曝光则可能导致图案不完整或分辨率降低。

（3）显影　显影是在曝光后将潜在的光刻图案显现出来的过程。曝光后的感光材料经历了光化学反应，其化学性质在曝光区域和未曝光区域产生了差异。显影处理正是基于这种化学性质的变化，通过特定的化学溶液来选择性地去除或保留这些区域。对于正性光刻胶，曝光区域在显影液中变得易于溶解，从而被去除；而对于负性光刻胶，未曝光区域在显影液中更易溶解、被洗掉，留下曝光区域。

显影液的选择至关重要，它需要与光刻胶的化学性质相匹配，以实现有效的显影效果。常见的显影液成分包括碱溶液（如氢氧化钠、氢氧化钾）和有机溶剂（如二甲苯、丙酮）。显影液的主要作用是通过化学反应或物理溶解来去除光刻胶的特定区域。在这个过程中，显影液的浓度、温度和显影时间都会显著影响显影的质量和精度。为了获得高质量的显影结果，需要对显影过程进行精确的控制。严格控制显影液的温度和浓度，以确保化学反应的速率和稳定程度；控制显影时间，避免过度显影导致图案变形或分辨率降低，同时也要防止显影不足导致的残留未显影的光刻胶。显影设备的设计和操作条件也会对显影效果产生影响。均匀的搅拌可以保证显影液在整个表面的均匀分布，从而实现均匀的显影。

（4）刻蚀　刻蚀是将光刻胶上的图案转移到基板材料上的关键步骤。刻蚀是在显影后，将暴露在表面的材料区域去除，以形成所需的纳米结构或器件。根据刻蚀机制的不同，可以分为干法刻蚀和湿法刻蚀两大类。干法刻蚀通常采用等离子体、反应离子束等手段，具有较高的刻蚀选择性和各向异性，能够实现精确的图案转移和垂直的刻蚀轮廓。常见的干法刻蚀技术包括反应离子刻蚀（RIE）、电感耦合等离子体刻蚀（ICP）等。湿法刻蚀则是通过将样品浸泡在化学溶液中，利用化学反应来溶解材料。

干法刻蚀具有刻蚀速率高、选择性好、各向异性强（即能够实现垂直方向的刻蚀，减少横向刻蚀）等优点。这使得它在制造高深宽比的纳米结构和对精度要求较高的器件中具有广泛的应用。在制造半导体存储器中的垂直晶体管结构时，干法刻蚀能够精确地控制刻蚀深度和轮廓，确保器件的性能和可靠性。

湿法刻蚀虽然成本较低，但刻蚀选择性和各向异性相对较差。在刻蚀过程中，光刻胶作为掩蔽层，保护下方的基板区域不被刻蚀。刻蚀的深度和速率需要根据基板材料的性质、刻蚀方法以及图案的要求进行精确控制。刻蚀完成后，通常需要去除剩余的光刻胶，完成整个光学曝光的工艺流程。由于湿法刻蚀各向同性的刻蚀特性，所以在一些对精度要求极高的场合应用受限。然而，在某些特定的情况下，如制造大面积的均匀结构或对材料损伤要求较低的情况，湿法刻蚀仍然是一种合适的选择。在制造太阳能电池的硅片表面纹理结构时，湿法刻蚀可以快速地形成均匀的微结构，进而提高光的吸收效率。

刻蚀过程的控制参数包括刻蚀气体的种类和流量、等离子体功率、反应室压力、温度等。通过优化这些参数，可以实现对刻蚀速率、选择性和刻蚀轮廓的精确控制。为了避免刻蚀过程中的损伤和污染，需要采取适当的保护措施，如在刻蚀前沉积一层掩蔽层或在刻蚀后进行清洗处理。显影和刻蚀是相互关联、相互影响的工艺环节。显影的质量直接影响到刻蚀的精度和效果，而刻蚀的结果则决定了最终纳米结构或器件的性能和质量。

1. 光学曝光技术对分辨率的调控

光学曝光技术具有较高的分辨率，通常能够实现亚微米甚至纳米级别的加工精度，这取决于所使用的光学系统和光刻胶的性能。光学曝光技术实现高分辨率的关键在于对光的精确控制和利用。

在现代材料科学和微纳制造领域，对加工精度的追求永无止境。光学曝光技术作为一项关键的微纳加工手段，其分辨率的高低直接决定了所制备器件的性能和应用范围。理解和提升光学曝光技术的分辨率对于推动半导体、集成电路、微机电系统等领域的发展具有至关重要的意义。分辨率是衡量光学曝光技术能够清晰分辨两个相邻物体或图案细节的能力。在微纳制造中，高分辨率意味着能够制造出更小、更精密的结构和器件，从而实现更高的集成度、更好的性能和更多的功能。例如，在集成电路制造中，更高的分辨率可以使芯片上容纳更多的晶体管，进而提高其计算速度和存储容量；在微机电系统中，高分辨率能够制造出更微小、更灵敏的传感器和执行器。

光具有波动性和粒子性，在光学曝光过程中，其波动性表现为衍射和干涉现象。当光通过狭缝或遇到障碍物时，会发生衍射，导致光的传播范围扩大，从而限制了分辨率。为了克服衍射的影响，光学曝光技术采用了一系列的方法和技术。

首先，缩短光源的波长是提高分辨率的重要手段。较短波长的光具有更小的衍射效应，能够实现更精细的图案曝光。从传统的紫外线到深紫外线，再到极紫外线，光源波长的不断缩短显著提高了光学曝光技术的分辨率。

其次，优化光学系统的设计也是提升分辨率的关键。高质量的透镜、反射镜和遮光罩等光学元件能够减少像差、提高光的聚焦精度和均匀性，从而在光刻胶表面形成更清晰、更精确的光场分布。

最后，采用相移掩模技术可以通过改变掩模上相邻透光区域的相位差，增强光的干涉效果，进一步提高分辨率。

光学系统对分辨率的影响如下：①光源。光源的特性对分辨率起着决定性的作用。不同类型的光源，如汞灯、准分子激光器和极紫外光源，具有不同的波长和能量分布。极紫外光源由于其极短的波长（通常为 13.5nm 左右），能够实现更高的分辨率，但同时也面临着光源强度低、产生和传输困难等挑战。②透镜系统。透镜的质量和数值孔径（NA）是影响分辨率的重要因素。高数值孔径的透镜能够收集更多的衍射光，从而提高分辨率。然而，增大数值孔径也会带来景深减小、制造难度增加等问题。③照明方式。照明方式包括均匀照明、环形照明和离轴照明等。不同的照明方式会影响光在掩模上的分布和衍射情况，进而对分辨率产生影响。离轴照明通过改变入射光的角度，可以有效地抑制衍射效应，提高分辨率。

光刻胶的性能在很大程度上决定了光学曝光技术的分辨率极限。光刻胶的感光度、对比度和分辨率是三个关键参数。感光度决定了光刻胶对光的响应速度，过高的感光度可能导致光刻胶在曝光过程中过度反应，进而影响分辨率；对比度反映了光刻胶在曝光和未曝光区域之间的溶解性差异，高对比度的光刻胶能够形成更清晰的图案边界；分辨率直接决定了光刻胶能够实现的最小图案尺寸。光刻胶的厚度也会对分辨率产生影响。较薄的光刻胶虽然能够减少光的散射和衍射，但同时也会降低对基底的保护作用；较厚的光刻胶虽然能够提供更好的保护，但会增加光的传播路径，导致分辨率下降。为了提高光刻胶的性能，研究人员不断开发新型光刻胶，如化学放大光刻胶、极紫外光刻胶等。这些新型光刻胶在感光度、对比度和分辨率等方面都有了显著的提升，为实现更高精度的光学曝光提供了可能。

2. 光学曝光技术对加工速度的调控

光学曝光技术通常具有较高的加工速度，可以在较短的时间内完成大面积的加工和制备，这使其在大规模生产中具有重要的应用价值。在当今这个高度工业化和科技化的时代，生产率和产能是衡量一项技术在实际应用中可行性和竞争力的重要指标。在众多的微纳加工技术中，光学曝光技术因其独特的优势，尤其是较高的加工速度，在大规模生产领域中占据了重要的地位。

光学曝光技术的加工速度主要取决于光的传播特性和光刻系统的工作效率。光作为信息和能量的载体，在经过精心设计的光学系统时，能够以极高的速度同时照射到大面积的光刻胶表面，引发光刻胶的快速反应。先进的光刻设备能够实现快速的光场切换和精准的对焦，确保在不同位置的光刻胶都能在短时间内接收到均匀且充足的曝光能量，从而大大提高了加工的速度。

光学曝光技术加工速度的影响因素主要有四个。①光源强度和稳定性。高强度且稳定的光源是实现高加工速度的基础。光源的输出功率越大，单位时间内能够提供的光子数量就越多，从而加快光刻胶的曝光过程。同时，光源的稳定性能够保证在长时间的加工过程中，曝光能量的一致性，避免因能量波动导致的加工质量问题和速度下降。②光学系统的效率。包括透镜的透过率、反射镜的反射率以及整个光路的优化设计。高效的光学系统能够最大限度地减少光的损失和散射，确保光源发出的光能够高效地传递到光刻胶表面，提高能量利用效率，进而加快加工速度。③光刻胶的响应速度。光刻胶对光的敏感度和反应速度直接影响加工速度。新一代的光刻胶通常具有更快的感光速度和更短的反应时间，能够在较短的曝光时间内完成图案的转移，从而提高整体的加工效率。④设备的自动化程度。高度自动化的光学曝光设备能够实现快速的样品装载、定位、曝光和卸载，减少人工操作的时间和误差，显著提高生产的连续性和效率。

3. 在短时间内完成大面积加工和制备的实现机制

（1）大面积均匀曝光技术　通过采用特殊的照明系统和光路设计，如均匀的平行光源和大口径的透镜组，能够实现大面积的均匀曝光。这使得在一次曝光过程中，可以同时处理较大面积的光刻胶，而无需进行多次拼接或分步曝光，大大节省了时间。

（2）多光束并行曝光技术　利用多个独立的光源和光学系统，同时对不同区域进行曝光。这种并行处理的方式极大地提高了曝光的效率，尤其适用于大面积的加工需求。例如，在制造大面积的平板显示器或太阳能电池板时，多光束并行曝光技术能够显著缩短加工时间。

（3）高速扫描曝光技术　通过快速移动的光学头或样品台，实现对大面积区域的逐行或逐列扫描曝光。在扫描过程中，精确控制曝光时间和能量，确保每个点都能得到准确的曝光，从而在较短的时间内完成整个大面积的加工。

4. 光学曝光技术对可重复性的调控

可重复性是指在相同的实验条件和操作流程下，一项技术能够多次产生相同或相似结果的能力。光学曝光技术具有良好的可重复性，能够在不同批次和不同样品上实现相同的加工效果，这有助于保证产品的一致性和稳定性。对于光学曝光技术而言，良好的可重复性意味着在不同的时间、不同的操作人员、不同的设备甚至不同的生产批次的条件下，能够在产品上实现高度一致的加工效果，包括图案的形状、尺寸、位置精度等方面。实现良好可重复性的关键因素如下。

（1）精确的光学系统　精确的光学系统包括高质量的光源和精密的透镜和光路。稳定且波长精确的光源是确保可重复性的基础。光源输出波长和强度的稳定性直接影响到曝光能量的一致性。例如，采用先进的激光光源或特定波长的紫外光源，能够提供稳定的光输出，减小因光源波动导致的曝光差异。高精度的透镜和优化后的光路设计能够保证光线的准直性和聚焦精度。这有助于在不同的曝光过程中，使光线以相同的方式照射到光刻胶表面，从而实现相同的曝光效果。

（2）合理的光刻工艺参数　合理的光刻工艺参数包括曝光时间和强度和显影条件。精确控制曝光时间和强度是实现可重复性的关键。通过严格的实验和工艺优化，确定最佳的曝光时间和强度组合，确保每次曝光都能使光刻胶产生相同程度的化学反应，从而形成一致的图案。显影过程中的显影条件主要由温度、时间和显影液浓度等参数反映，它对光刻胶的溶解速率和图案清晰度有重要影响。稳定和优化的显影条件能够保证在不同批次和样品中获得相同的显影效果。

（3）高质量的光刻胶　应保证光刻胶性能的一致性及保存和使用条件的正确性。选择性能稳定、批次间差异小的光刻胶至关重要。光刻胶的感光度、对比度、分辨率等特性的一致性直接影响到曝光和显影后的图案效果。正确的光刻胶保存方法和使用前的预处理步骤能够确保其性能不受影响。例如，光刻胶应在特定的温度和湿度条件下保存，在使用前应进行充分的搅拌和匀胶。

（4）严格的环境控制　环境控制包括洁净度及温度和湿度。保持加工环境的高洁净度，减少空气中的尘埃颗粒和污染物对光刻过程的影响。微小的颗粒可能会附着在光刻胶表面或光学元件上，导致光线散射和曝光不均匀。稳定的温度和湿度环境有助于保证光刻胶的性能和光学系统的稳定性。温度和湿度的变化可能会导致光刻胶的膨胀或收缩，以及光学元件的折射率改变，从而影响曝光精度和可重复性。

7.1.3　光学曝光技术的应用

1. 半导体

光学曝光技术在半导体工业中是一项关键技术，用于制造集成电路（IC）、液晶显示器（LCD）、光刻机芯片等。通过光学曝光技术，可以在硅片表面形成微小的图案和结构，用于电子器件的制造和集成。

光学曝光技术的核心原理是利用光的衍射和干涉特性，将预先设计好的图案通过光学系统投射到涂有光刻胶的硅片表面。光刻胶在受到特定波长和强度的光照后，会发生化学性质的改变，从而在后续的工艺中能够实现图案的转移和保留。

（1）在集成电路（IC）制造中的应用　集成电路是现代电子设备的核心组件，其性能和集成度的提升很大程度上依赖于制造工艺的改进。在集成电路的制造过程中，光学曝光技术发挥着至关重要的作用。首先，通过多次的光学曝光步骤，可以在硅片上逐层形成晶体管、导线等微小结构。每一次曝光都能够精确地定义电路的一部分，从而实现复杂的电路布局。例如，在先进的制程中，光学曝光技术能够制造出几十纳米甚至更小尺寸的晶体管，极大地提高了芯片的集成度和性能。其次，为了实现更高的分辨率和精度，不断发展的光学曝光技术采用了更短波长的光源，如深紫外（DUV）和极紫外（EUV）光源。这些先进的光源能够有效地减弱光的衍射效应，从而在硅片表面形成更加精细的图案。此外，光学曝光技术还与其他工艺技术相结合，如化学机械抛光（CMP）和离子注入等，共同完成集成电路的制造过程。通过这些协同作用，能够保证芯片的电学性能和可靠性。

（2）在液晶显示器（LCD）制造中的应用　液晶显示器在现代显示技术中占据了重要地位，而光学曝光技术在其制造过程中扮演着关键角色。对于液晶显示器而言，其核心部件是薄膜晶体管（TFT）阵列。利用光学曝光技术在玻璃基板上制造出的高精度 TFT 图案，决定了显示器的像素密度、对比度和响应速度等关键性能指标。通过精确控制曝光的参数和光刻胶的特性，可以实现对 TFT 沟道长度、宽度以及电极形状的精确控制，从而优化液晶显示器的性能。而且，随着市场对高分辨率和大尺寸液晶显示器的需求不断增加，光学曝光技术也在不断发展和创新，以满足日益苛刻的制造要求。例如，采用多重曝光技术和先进的光刻胶材料，可以在同一基板上制造出更小尺寸和更高密度的 TFT 阵列，从而实现更高清晰度的显示效果。

（3）在光刻机芯片制造中的应用　光刻机是半导体制造中最为关键的设备之一，而光刻机芯片则是光刻机的核心部件。光学曝光技术在光刻机芯片的制造过程中起着决定性的作用。光刻机芯片上的微结构，如透镜、反射镜和光栅等，需要通过高精度的光学曝光工艺来制造。这些微结构的精度和质量直接影响到光刻机的光刻分辨率和套刻精度。为了实现极紫外（EUV）光刻机所需的超高精度，光学曝光技术需要克服诸多挑战，如光源的稳定性、光学系统的像差校正以及光刻胶的耐蚀性等。通过不断的研发和创新，目前的光学曝光技术已经能够制造出满足先进光刻机要求的芯片，推动了半导体制造工艺向更小制程节点的迈进。

2. 光子学器件

光学曝光技术是制备光子学器件的重要工艺之一。通过光学曝光技术，可以制备光子晶体、光波导、光学波片、光子芯片等器件，用于光子学传感、光学通信、激光器制备等领域。

（1）光子晶体的制备　光子晶体是一种具有周期性介电结构的人工材料，能够控制光子的传播。通过光学曝光技术，可以精确地制备出光子晶体的晶格结构，实现对光子禁带和能带的调控。例如，在二维光子晶体的制备中，可以利用光学曝光技术在半导体材料表面制作出周期性的孔洞阵列，从而有效地限制特定波长的光在其中传播。这种光子晶体在光子学集成回路、滤波器等方面具有重要地位。

（2）光波导的制备　光波导是引导光波传输的结构，是实现光子学信号传输和处理的基础。光学曝光技术能够在不同的材料上制备出高质量的光波导。以硅基光波导为例，通过光学曝光技术定义出波导的形状和尺寸，然后结合刻蚀工艺，可以制造出低损耗、高折射率差的光波导，用于高速光通信和光计算系统。

（3）光学波片的制备　光学波片用于改变光的偏振态，在光学系统中起着重要的作用。利用光学曝光技术，可以制备出具有特定相位延迟的光学波片。例如，通过在液晶材料上进行图案化曝光，可以实现对液晶分子排列的控制，从而制备出高性能的液晶光学波片。

（4）光子芯片的制备　光子芯片是集成光子学系统的核心，类似于电子芯片在电子学中的地位。光学曝光技术在光子芯片的制备过程中发挥着关键作用。它可以用于制作光子芯片中的各种光学元件，如分束器、耦合器、调制器等，实现光子芯片的多功能集成。

光学曝光技术作为制备光子学器件的重要工艺之一，为光子学领域的发展提供了强大的支持。通过制备光子晶体、光波导、光学波片、光子芯片等器件，使光子学传感、光学通信、激光器制备等领域显著发展。尽管仍面临一些挑战，但随着技术的不断发展和创新，光学曝光技术在未来光子学器件制备中的应用前景将更加广阔，有望推动光子学领域取得更多突破性的成果。

3. 纳米生物技术

在纳米生物技术中，光学曝光技术也被广泛应用。例如，可以利用光学曝光技术制备具有特定结构和功能的纳米生物传感器、纳米生物芯片等，用于生物分析、医学诊断、药物传递等领域。

（1）纳米生物传感器的制备　纳米生物传感器是一种能够将生物分子的识别过程转化为可检测的物理或化学信号的器件。通过光学曝光技术，可以精确地制备出具有特定结构和功能的纳米生物传感器。例如，利用光学曝光技术在金纳米颗粒表面制备出周期性的纳米结构，这些结构能够增强局部表面等离子体共振（LSPR）效应，从而显著提高对生物分子的检测灵敏度。当生物分子与金纳米颗粒表面的受体结合时，会引起 LSPR 峰位的移动，通过检测这种移动即可实现对生物分子的定量检测。此外，还可以利用光学曝光技术制备出基于量子点的纳米生物传感器。量子点具有独特的光学性质，如荧光强度高、发射光谱窄等。通过在量子点表面进行光学曝光修饰，引入特定的生物识别分子，如抗体、核酸适配体等，可以实现对目标生物分子的特异性检测。

（2）纳米生物芯片的制备　纳米生物芯片是将大量的生物分子探针固定在纳米尺度的基底上，实现对生物样品的高通量、并行检测的一种技术。光学曝光技术在纳米生物芯片的制备中发挥着关键作用。例如，通过光学曝光技术可以在硅片表面制备出纳米级的微阵列结构，然后将不同的生物分子探针，如 DNA 片段、蛋白质，等固定在这些微阵列上，形成纳米生物芯片。这种芯片可以同时检测多种生物标志物，大大提高了检测效率和准确性。在癌症诊断中，纳米生物芯片可以同时检测多种肿瘤标志物，为早期诊断和个性化治疗提供重要依据。另外，光学曝光技术还可以用于制备基于碳纳米管的纳米生物芯片。碳纳米管具有优异的电学性能和生物相容性，通过在碳纳米管表面进行光学曝光修饰，引入生物分子探针，可以实现对生物分子的高灵敏度检测。

光学曝光技术在纳米生物技术中的广泛应用为生物分析、医学诊断和药物传递等领域带来了革命性的变化。通过制备具有特定结构和功能的纳米生物传感器、纳米生物芯片等，提高了检测的灵敏度和准确性，为疾病的诊断和治疗提供了更有效的手段。尽管目前仍面临一些挑战，但随着技术的不断进步和创新，光学曝光技术在纳米生物技术领域的应用前景将更加广阔，有望为人类健康事业做出更大的贡献。

7.2　电子束曝光技术

随着器件尺寸不断缩小，光学曝光技术面临诸多挑战，其中包括分辨率提高所带来的设备成本大幅上升以及对光刻胶的性能要求也越来越高问题等。相比之下，电子束曝光技术有分辨率高、成本低、稳定性好等优点，引起了人们的关注。

电子束曝光技术利用某些高分子聚合物在电子束照射下发生化学或物理变化的性质形成曝光图形，其原理类似于光学曝光对光刻胶的作用。而光学曝光的分辨率受光波长影响，为了提高其分辨率，光波长经历了从 G 线到 I 线、深紫外线、极紫外线的不断缩短的发展过程。电子是一种带电粒子，其波长可根据波粒二象性得到。电子波长（单位为 nm）的计算公式见式（7-1），即

$$\lambda_e = \frac{1.226}{\sqrt{U}}$$ (7-1)

式中，U 表示相对论修正电压（V）。

由式（7-1）可得，电子能量越高，波长越短。电子波长可以比光波长短百倍或千倍，因此，相比于光学曝光技术，电子束曝光技术的分辨率更高，能够在微观尺度上获得更为精细的图像细节。

电子束曝光系统的核心是对电子束聚焦偏转的电子光学系统，聚焦电子束的应用从 20 世纪初期就开始了。最早期的应用就是阴极射线管在显示器中的应用，然后在 20 世纪 60 年代出现的扫描电子显微镜，其结构已经与电子束曝光机无本质区别了。随着电子束抗蚀剂的问世，利用聚焦电子束曝光制作精细图形成为可能。在 20 世纪 80 年代初，有人认为光学曝光已达极限，将被电子束光刻取代。然而至今，电子束光刻依然无法替代光学曝光，主要原因是电子束曝光的效率仍无法赶超光学曝光。但得益于其灵活性和高分辨率，电子束曝光仍是当今微纳米科学研究与技术开发的重要工具。

7.2.1 电子束曝光系统的组成

电子束曝光系统的核心是一个高分辨率的电子光学系统，该电子光学系统包括三个基本部分：电子枪、电子透镜和电子偏转器。除此之外，还有工作台等辅助部件。图 7-2 所示是电子束曝光机（RAITH150 Two）。

（1）电子枪 电子枪通常由发射电子的阴极和对发射电子束的电子透镜两部分组成，电子束再通过电子光柱的其他部分形成束斑以用于曝光。电子枪的阴极主要有三种：热阴极（thermionic cathode）、场发射阴极（field emission cathode）和肖特基阴极（Schottky cathode）。热阴极通过加热灯丝加热至高温，使电子获得足够能量以

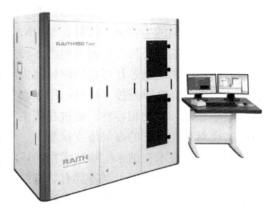

图 7-2 电子束曝光机（RAITH150 Two）

越过电子枪的势垒并发射出来，形成电子源。而场发射阴极则是利用足够强的电场使电子遂穿势垒，从而形成电子源。肖特基阴极类似于热阴极与场发射阴极的组合。

热阴极的材料通常为钨丝或六硼化镧（LaB_6）。将钨丝阴极加热到 2700K 或将 LaB_6 阴极加热到 1800K，在高温的作用下，电子获得足够的能量以克服表面势垒逸出，并在外加电场作用下实现电子发射。

场发射阴极也称为冷阴极，使用细钨丝制成，在钨丝上焊接相同的单晶钨，尖端曲率半径约 100nm 左右。在发射体对面设置金属引出电极，施加上千伏正电压，由于隧道效应，从发射体中发出电子，通过引出电极上的小孔形成电子束，一般要求真空区域的压强为 $10^{-8} Pa$。

肖特基阴极发射体为 ZrO/W，曲率半径为几百纳米的钨单晶体表面镀上 ZrO 涂层，使钨单晶体的工作熵从 4.6eV 降低到 2.6eV，降低了电子枪的工作温度，温度 1800K 即可产生较大电流。

表 7-1 对几种阴极的特征进行了比较。尽管场发射阴极具有高发射电流密度，但因容易受原子吸附影响而导致噪声和漂移，从而带来束流噪声和发射电流漂移问题。由于发射漂移会导致曝光剂量变化，从而严重影响曝光质量，所以在电子束曝光中要尽量减少噪声和漂移。此外，场发射阴极需要在极高真空中操作，因为低真空中的气体分子在电子碰撞下会发生电离，产生的离子在阴极尖端的高电场作用下会损坏阴极尖端表面。如果电子束曝光系统中电子枪的发射阴极是场发射阴极，则需要单独的抽真空系统。近年来先进的电子束曝光系统采用了热场发射阴极，即在传统场发射阴极上加热。在高温下，气体原子在阴极表面的吸附大大减少，提高了阴极工作的稳定性。

表 7-1　几种阴极的特性比较

阴极	热阴极		场发射阴极	肖特基阴极
	钨丝	LaB_6		
工作温度/K	2800	1900	300	1800
阴极半径/μm	60	10	<0.1	<1
寿命	50h	500h	数年	1~2 年
发射电流密度/（$A \cdot cm^{-2}$）	3	30	17000	5300
亮度/（$A \cdot cm^{-2} \cdot rad^{-2}$）	10^5	10^6	10^8	10^8
束流噪声（%）	1	1	5~10	1
发射电流漂移/（$\% \cdot h^{-1}$）	0.1	0.2	5	<0.5
工作真空/Pa	10^{-3}	10^{-5}	10^{-7}	10^{-8}

电子束曝光系统的电子能量通常在 10~100000eV。对电子加速的高压总是加在电子枪的部分，即电子枪保持在一个负高压，与曝光工作台的零电位形成高电压差，对阴极发射的电子进行加速达到预期的能量。

（2）电子枪准直系统　由于加工精度和装配精度有限，以及其他不确定因素的干扰，所以电子枪的阴极尖端与最后一级的透镜膜孔不在同一轴线，电子束曝光系统的同轴性通常无法满足正常工作的要求，因此需要使用准直器准确控制电子束方向和形状。准直器通常包括透镜系统或电磁透镜，可以调整电子束的轨迹，确保电子束能够垂直地击中样品表面。

（3）聚光透镜　聚光透镜与光学聚光透镜的原理相同，能够聚焦电子束的束径，使电子最大限度地到达曝光表面。

（4）电子束快门　电子束快门是一种用于控制电子束的开关装置，其原理是工作时通过偏转器使电子束偏离光轴，使之无法通过中心孔膜，而需要在曝光时才通过光柱到达曝光表面。

（5）变焦透镜　通过变焦透镜可以实现电子束聚焦平面的位置的调整。

（6）消像散器　由于透镜机械加工等误差，X、Y 方向的聚焦不一致，造成电子束斑椭圆化。消像散器由多级透镜组成，能从不同方向对电子束进行校正。

（7）限制膜孔　当电子束曝光系统中的电子枪发射出高速电子束时，这些电子会通过限制膜孔来控制其位置和形状，对束张角加以限制。限制束张角可降低球差，提高系统分辨率，但也会降低系统束流。限制膜孔的位置在 X、Y 方向上可调，以保证孔的中心正好在光柱轴线上。限制膜孔通常是由金属或其他导电材料制成的，可以根据需要制造成各种形状和大小。

（8）投影透镜　投影透镜将通过限制膜孔的电子束进一步聚焦缩小，形成最后到达曝光表面的电子束斑。

（9）偏转器　偏转器是用于控制和调节电子束走向和位置的关键部件，可在投影透镜之前、之中或之后。根据其工作原理和结构，偏转器可以分为两类：电静场偏转器和电磁偏转器。

电静场偏转器利用电场力来改变电子束的方向，通常由带电板或电极构成。施加不同电压会产生不同的电场强度，从而使电子束发生偏转。电静场偏转器适用于小角度偏转和微小调节，适合要求较高分辨率和精度的情景，如纳米加工和微细曝光。电磁偏转器利用线圈产生的磁场来控制电子束的运动轨迹。调节线圈电流可以改变磁场强度和方向，实现对电子束的偏转。电磁偏转器适用于大角度偏转和较大范围的调节，能够实现复杂的电子束扫描和定位，广泛应用于半导体制造等领域。

由于电子束束斑的尺寸很小，在处理大尺寸图案时，电子束曝光系统需要面对曝光精度和效率的挑战。为解决这一问题，引入了主场和子场的概念，以便更好地控制曝光过程。由计算机将图案分成若干个小图形，这些小图案称为主偏转场或主场，然后对每个小图案进行曝光。每个主场又分成了若干个更小的图案，这些更小的图案称为子偏转场。子偏转场的扫描频率很快，且范围比较小，所以精度比较高。

（10）束流检测系统　束流检测系统可以实时监测和记录束流的参数，包括电流、能量、发射度、聚焦度等，以评估束流的质量和稳定性，测量到达曝光表面的电子束流的大小。

（11）反射电子检测系统　通过测量材料表面的反射电子来获取表面形貌、结构以及薄膜厚度等信息。

（12）工作台　经过上述部件处理后的电子束将进入真空工作室（曝光室），在基片上成像为束斑。工作室内装有精密工件台，将工件放于工作台的规定位置，放置后就不允许改变工件与工作台的相对位置。工件台可分为滚珠式和气浮式，由工作室外的驱动系统，如伺服电动机或步进电动机控制，能够在 X 和 Y 方向上分别移动。工作台的移动需要具有良好的平稳直线性，且需随时保持 X 和 Y 的正交性，对于转动和俯仰都有严格的要求。在曝光期间，工件完全通过工作台来移动，使电子束打到工件上的各个位置。工件台的位置，即工件的位置，由激光干涉仪测量精密定位。每个工件在工件台上的位置不可能完全一致，因此曝光室内会设有探测装置，用来探测片夹上的或基片上的套准标志，以此获得实际曝光位置。

工作台被安装在高真空环境中以防止污染。由于需经常更换工件，一般都会设有换片室，且设置自动气锁。整个真空系统（包括电子光柱和工作室）必须互锁，用微处理机控制，以免误操作。工作台还应做到仿磁、防振，以保持精度。此外，工件台还必须具有稳定的冷却系统。

（13）图形发生器与控制电路　图形发生器与控制电路根据计算机发送的数字信号来控制电子束的行为，其中对电子束控制的具体操作包括电子束的偏转信号、束闸的通断信号以及束的成形信号。这些信号控制电子束的位置、能量和曝光时间，实现对成型过程的精确控制。除了图形信号，还有来自探测器的反馈校正信号。这些信号用于监测成形过程中的温度、压力、形貌等参数，并进行反馈校正，以保证成形的准确性和质量。这些反馈信号也需要进行模数转换和处理，以便在控制系统中应用。另外，系统还需要监控和显示成形过程中的图形信息。这些图形显示可以用于实时观察成形效果，帮助操作人员进行调整和优化。

在控制电路方面，对精度要求较高，通常采用 10 位到 16 位的数模转换器。这是因为控制电路需要精确地控制电子束的行为，并且要求快速响应。转换器的频率通常在几兆赫到几十兆赫之间。此外，控制电路的线性和稳定性也是重要考虑因素。例如，偏放的频率响应需要平坦，甚至在 10MHz 范围内也要保持较好的响应。输出电流的范围通常从零点几安培到几安培。

因电子束曝光系统结构复杂，故电子束曝光分辨率受很多因素的影响，具体如下。

（1）最小束直径　束直径直接影响电子束直写的最小线宽，越小的束直径可以实现越高的分辨率，以获得更精细的图案细节。可通过提高加速电压、减小光阑孔径尺寸、减小工作距离、减小扫描场、减小曝光步长等措施获得更小的束直径。

（2）加速电压　加速电压一般是 10~100kV。加速电压高，一般分辨率就高，电子邻近效应就小。

（3）电子束流　电子束流越大，在相同曝光剂量需求下，所需的曝光时间越短，也就是曝光速度越快，但束斑尺寸也就越大，分辨率就越低，因此，通常在分辨率要求不高的情况下增大束流。最大曝光速度受到扫描频率的限制。束流可以通过法拉第杯来测量。

（4）主场大小　主场设置过大会导致聚焦不准，出现散焦，影响曝光的分辨率。但若主场大，则大部分图案可以在主场内就完成曝光，从而减少因拼接带来的误差。

（5）扫描速度　扫描速度越快，所需的曝光时间就越短。但扫描速度过快会导致曝光不充分，过慢会导致过度曝光。在实际使用电子束曝光技术时，要考虑束流大小、曝光剂量，从而选择合适的扫描速度。

（6）拼接精度　在将图案分隔为各个主场的过程中，某些图形可能会被分配到不同主场中，从一个单元图形移动到下一个单元图形时需要准确地对齐位置，可能会存在一定的对位误差。这是因为在实际操作中，由于机械装置或控制系统的不完美，以及其他因素的干扰，无法保证每次对位都完全准确。对位误差的存在可能会导致图形的畸变或偏移。特别是在高精度要求的应用中，如微电子制造中的集成电路生产，对位误差可能会对产品的质量和性能产生负面影响。这种误差会影响到图形拼接精度，即拼接出的图形可能存在误差。拼接精度作为设备的重要指标，直接影响着设备的精度和曝光质量。

除此之外，还有工作台移动精度、套准精度等因素会影响电子束曝光的分辨率。

7.2.2　电子束曝光系统的分类

1. 高斯电子束扫描系统

（1）矢量扫描　矢量扫描方式是有图形才扫描，没有图形则不扫描。具体过程为：设计好的曝光图案转换成电子束控制系统可以理解的矢量数据格式，并将图案分割成场，在工作台停止不动时，电子束对所选择的场进行扫描，以矢量方式从一个单元图形移到另一个单元图形；完成一个扫描场描绘后，移动工件台至下一个场进行描绘，直到完成全部图案的描绘。该系统的优点在于只对需曝光的图形进行扫描，遇到没有图形的部分便快速移动，故扫描速度较快。有部分系统将扫描场分成若干子场，以此提高速度和便于场畸变修正。系统的优点是采用高精度激光控制台面，可达 1nm 以下的分辨率。但使用该系统的生产率远低于光学曝光系统，并随着图形密度增加而显著降低，因此难以进入大规模集成电路（LSI）生产线。

（2）光栅扫描 光栅扫描采用高速扫描方式对整个图形场扫描，利用快速束闸控制电子束通断，在有图案的部分使电子束通过光柱到达曝光表面。具体过程为：工件台在 X 方向做连续移动时，电子束在 Y 方向做短距离重复扫描，从而形成一条光栅扫描图形带。随后工件台在 Y 方向步进，重复上述过程。激光干涉仪对工件台位置进行实时监测并补偿行进中的工件台的位置误差。光栅扫描极大地提高了扫描系统生产率，且生产率不受图形密度的影响。此外，由于光栅扫描为周期性的，要求的偏转带宽低。驱动系统频率特性的过冲能用来补偿扫描中的畸变。光栅扫描的另一优点是只要将输入调制器的信号反向就能改变图形的色调极性。其效果就是将正图形改变为负图形，反之亦然。矢量扫描和光栅扫描的比较如图7-3所示。

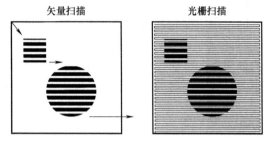

图7-3 矢量扫描与光栅扫描的比较

2. 基于改进扫描电镜（SEM）的电子束曝光系统

由于SEM的工作方式与电子束曝光机十分相近，最初的电子束曝光机是从SEM基础上改装发展起来的。随着计算机等技术不断发展，对基于改进扫描电子显微镜（SEM）的电子束曝光系统的研究工作越来越深入。将SEM改装为曝光机通常需要设计一个图形发生器和数模转换电路，并配备一台PC。PC通过图形发生器和数模转换电路驱动SEM的扫描线圈，从而使电子束偏转。同时通过图形发生器控制束闸的通断，最终在工件上描绘出所要求的图形。通常采用矢量扫描方式描绘图形，即在扫描场内以矢量方式移动电子束，在单元图形内以光栅扫描填充。表7-2列出了几种基于SEM改进的电子束曝光系统的特点。

表7-2 几种基于SEM改进的电子束曝光系统的特点

系统	JC Nabity	Raith GmbH	Leica
型号	NPGS	Elphy-Plus	EBL Nanowriter
对准方式	自动或手动	自动或手动	自动
扫描场	可变，但小于100μm	可变，但小于100μm	可变，50kV可达2mm
能量	0~40kV	0~40kV	10~100kV
DAC（数模转换器）频率	低，100kHz	中，2.6MHz	中，1MHz
控制机	PC兼容机	PC兼容机	PC兼容机

但这种对现有SEM改装的曝光机的性能是非常有限的。这类改装机主要有以下问题：

1）通常情况下，SEM没有装备电子束快门，这导致在从一个曝光图形切换到另一个曝光图形的过程中无法关闭电子束。因此，一些不需要的曝光图形可能会出现在抗蚀剂上。

2）SEM使用光栅扫描方式工作，而改装为电子束曝光机的SEM使用矢量扫描方式工作，这导致SEM中的扫描线圈无法实现完美的矢量扫描。SEM的扫描线圈在接收到脉冲信号后需要较长的稳定时间（settling time），这会对曝光速度产生严重影响。

3）SEM 的工作台通常是手动操作的，这导致当曝光图形大于扫描范围时，拼接精度严重降低。

3. 成形电子束扫描系统

成形电子束扫描系统根据束斑性质可分成固定和可变成形束系统。固定成形束系统在曝光过程中保持束斑形状和大小不变；可变成形束系统在曝光时束斑形状和大小可变。电子束经上方光阑后形成一束方形电子束，再照射到下方方孔光阑上。在偏转器上加上不同的电压，就能改变穿过下方方孔光阑的矩形束斑的尺寸，形成可变的矩形束斑；还可使用特殊设计的成形光阑，从而形成三角形、梯形、圆形及多边形等成形电子束。成形束的最小分辨率一般大于 100nm，但曝光效率高，广泛用于微米、亚微米及深亚微米的曝光领域，如用于掩模版制作和小批量器件生产等。

4. 投影电子束扫描系统

目前的电子束曝光系统虽然可以实现极高的分辨率，但相对于光学曝光，其生产率仍然较低。为了进一步提高生产率，对投影电子束扫描系统的研发不断深入。该系统利用特殊薄膜构成的掩模，通过不同的光阑孔形成需要曝光的图案角度，然后利用分布重复技术生成所需的图案。这种系统具有可以实现纳米级别的曝光分辨率、高生产率、不会产生邻近效应等优点。

投影电子束扫描系统在传统的吸收掩模技术中存在着电荷积累和对高能电子束吸收等问题，限制了其产率和分辨率。为了解决这一问题，引入了散射式掩模技术，其中角度限制散射投影电子束光刻（SCALPEL）技术作为一种高效微细加工手段备受关注。SCALPEL 技术使用了一种特殊的掩模，它由低原子序数的薄膜和高原子序数的图形层构成。这个掩模通过均匀的高能电子束照射，使得整个掩模对电子束是透明的，从而能够减少能量的吸收。高原子序数图形层上的电子束将会发生散射，散射角度通常在几毫弧度范围内。通过将电子束的散射角度限制在一定范围内，位于电子投影透镜焦平面上的光阑可以阻挡那些被散射的电子束，而允许未经散射的电子束通过低原子序数薄膜。这样，在基片上就能够形成高对比度的图案，实现了不失真的图形形成。SCALPEL 技术通过引入散射式掩模技术，解决了传统电子束投影扫描中存在的电荷积累和能量吸收等问题。这一技术的优势在于将光学曝光的高生产率特性与 TEM 均匀照射技术相结合，为微细加工领域提供了高效率的解决方案。

7.2.3 电子束抗蚀剂

电子束抗蚀剂是一类由线性链高分子聚合物组成的材料，可以在特定液体中溶解。曝光后的抗蚀剂在有机溶剂中显影，形成所需要的图形。当这些材料受到电子束照射时，电子束将会与抗蚀剂中原子核周围的电子发生非弹性碰撞，从而激发出大量的二次电子，这些"新电子"的能量（2~50eV），可以引发抗蚀剂中化学键的变化，主要发生交联和降解两种反应。交联反应导致相邻聚合物链之间形成化学键，将它们连接成一个更大的分子，从而扩展到整个辐照区域。简而言之，小分子变成大分子。相反，降解反应涉及复杂的分子分裂成碎片或原子，或者分裂出化学基团，导致大分子变成小分子。二次电子以及入射电子束中的电子便会通过改变抗蚀剂的化学键，进而改变电子束抗蚀剂在显影液中的溶解度。

在电子束抗蚀剂中，交联和降解反应同时存在，但在不同的电子束抗蚀剂中，这两种反应的相对优势不同。主要发生交联反应的电子束抗蚀剂，被称为负电子束抗蚀剂或负胶。由于交联使分子变得更大更复杂，其平均分子量增加。在有机溶剂中显影时，曝光过的负胶由于分子量增大而导致溶解速度降低，具有非溶性，如图 7-4a 所示。

主要发生降解反应的电子束抗蚀剂称为正电子束抗蚀剂或简称为正胶。由于降解导致分子链被剪断并变短，形成较小的分子，其平均分子量减小。在显影时，曝光过的正胶由于分子量减小而使得溶解速率增加，具有良溶性，如图 7-4b 所示。

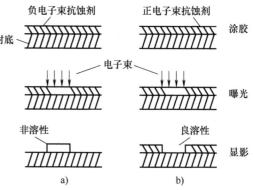

图 7-4　正、负电子束抗蚀剂的曝光变化
a）负电子束抗蚀剂　b）正电子束抗蚀剂

1. 对抗蚀剂性能的要求

抗蚀剂的选择是电子束曝光技术制备微纳米图案的关键。电子束抗蚀剂的性能指标一般包括灵敏度、对比度、分辨率、剂量窗口、与其他工艺的相容性、涂覆后抗蚀剂膜的质量、与衬底的附着力、剂量宽容度、对光的敏感性、储藏寿命等。其中，灵敏度、对比度和分辨率是最为关键的指标。

（1）对比度和灵敏度　对比度和灵敏度是选择任何抗蚀剂时都要考虑的主要因素。对比度在电子束光刻中是指抗蚀剂区分曝光和未曝光区域的能力。抗蚀剂的对比度越大，曝光得到的图形的侧壁就越陡直，分辨率也越高。因此，高分辨率的抗蚀剂一般都具有高的对比度。

灵敏度则表示抗蚀剂对入射粒子束的敏感程度。高灵敏度意味着较小的入射电荷量就能够引起抗蚀剂的交联和降解反应，而低灵敏度则相反。一般来说，抗蚀剂层厚度越厚，抗蚀剂的灵敏度越低；衬底材料原子质量越小，抗蚀剂的灵敏度越低；正性电子束抗蚀剂的分子量越大，抗蚀剂的灵敏度越低。负性电子束抗蚀剂通常比正性电子束抗蚀剂具有更高的灵敏度，因为负性电子束抗蚀剂容易添加乙炔基、环硫化物、环氧基团等，这些材料能加强电子辐照的敏感性，促进辐照效应。在加有这些材料的抗蚀剂中，如果出现了一个原始交联，就会感生出许多交联。一般电子束抗蚀剂的灵敏度是指单位面积上使光刻胶全部发生反应的最小曝光剂量，单位是 C/cm^2。

灵敏度和对比度由式（7-2）表示，即

$$\gamma = \frac{1}{\log \frac{D_{100}}{D_0}}$$

（7-2）

式中，γ 是对比度值；D_0 是抗蚀剂尚未受到电子辐照影响的最高剂量（mL/m^2）（对于正性电子束抗蚀剂，其厚度是原始厚度的 100%，对于负性电子束抗蚀剂，其厚度是 0）；D_{100} 是抗蚀剂完全改变其化学结构的最小剂量。在理想情况下，抗蚀剂必须具有高灵敏度和对比度。然而，在现实中，一个参数的增加会导致另一个参数的下降，反之亦然。因此，抗蚀剂膜厚和固含量通常会进行调整，以便在这两个参数之间取得良好的平衡。抗蚀剂的灵敏度随抗蚀剂类型、电子能量、显影剂和显影条件的不同而发生改变。

（2）分辨率　分辨率是指电子束抗蚀剂能达到的最小特征尺寸，人们一般希望分辨率越高越好，对于小尺寸图形的加工有利。影响分辨率的主要因素有对比度、灵敏度和电子散射。

对比度是取得高分辨率的重要因素。对比度是有限的，对于一种电子束抗蚀剂，其对比度可以通过显影条件的变化在一定的范围内进行调整。正性电子束抗蚀剂的曝光区必须达到所有抗蚀剂膜溶解的最小剂量，非曝光区域又必须低于没有抗蚀剂膜溶解的最大剂量，才能得到高分辨率的图像，如果不满足这个条件，即使具有高的对比度也不能得到满意的分辨率。另外，灵敏度对分辨率的影响是很明显的，高灵敏度的抗蚀剂一般都较难得到高的分辨率。

电子散射也是影响分辨率的重要因素。电子在抗蚀剂中存在的前散射，增加了电子束的直径，背散射使不需要曝光的区域曝光，从而降低了抗蚀剂图形的分辨率，难以得到最小的线宽。

2. 常见的电子束抗蚀剂

很多有机聚合物都可以做电子束抗蚀剂。

（1）聚甲基丙烯酸甲酯电子束抗蚀剂　聚甲基丙烯酸甲酯（polymethyl methacrylate，PMMA）是一种高分子聚合物，是电子束曝光工艺中最常用的正性电子束抗蚀剂，是由单体甲基丙烯酸甲酯（methyl methacrylate，MMA）经聚合反应而成。该聚合物呈线性结构，在电子束辐照下具有良好的链断裂特性。PMMA 胶最主要的特点是高分辨率（极限分辨率为10nm）、高对比度、低灵敏度，可见光高透过率等。

PMMA 胶种类齐全，不同的系列包含了各种分子量、各种溶剂（氯苯，乳酸乙酯，苯甲醚，甲苯，二甲苯等）以及各种固含量（通常在 2%~6% 内）的 PMMA 胶，以满足各类电子束光刻的工艺要求。需要注意的是，PMMA 的分子量会影响光刻的灵敏度，在电子束的辐照下，PMMA 发生解链反应，由于长链分子难以溶解在显影液中，而短链分子容易溶解，因此高分子量的 PMMA 长链分子需要更多的电子束辐照才能被打断成短链分子进而被溶解，所以高相对分子质量的 PMMA 灵敏度更低。PMMA 的溶液即使在高浓度下也不像其他聚合物，如聚碳酸酯那样，容易通过链缠结发生凝胶化，因此，PMMA 具有无限制的保质期。PMMA 胶可用于单层或双层电子束曝光、转移碳纳米管或石墨烯、绝缘层等多种工艺。

另外，PMMA 也可以作为负性电子束抗蚀剂。PMMA 在高曝光剂量的电子束辐射下产生交联，可以显著提高 PMMA 的耐蚀性。但 PMMA 作为负性电子束抗蚀剂需要非常大的曝光剂量，这会导致自由基的过量产生，从而导致 PMMA 膜的整体交联。这种方法的缺点是分辨率的下降，因为交联的 PMMA 在与有机溶剂的曝光过程中容易膨胀，导致形态被破坏。这是因为溶剂分子被困在交联 PMMA 的致密多桥基质中，导致凝胶形成，进而增加体积。

（2）ZEP 电子束抗蚀剂　ZEP 是一种苯乙烯甲基丙烯酸酯基的电子束抗蚀剂，相比于PMMA，其具有更高的灵敏度（20keV 时的灵敏度约为 $30\mu C/cm^2$）和更为优异的耐蚀性，且拥有与 PMMA 相近的分辨率和对比度。该抗蚀剂的缺点是与衬底的附着力较差，且由于高的电子束敏感性，不宜用 SEM 直接观察。在高倍 SEM 成像时，会引起细线条的漂移或膨胀，因此该抗蚀剂的分辨率要通过刻蚀图形来判断。由于较差的吸附性，一般在衬底与 ZEP抗蚀剂之间涂覆一层增黏剂（HMDS），以增加抗蚀剂与衬底的吸附力。

（3）EBR-9 电子束抗蚀剂　EBR-9 是丙烯酸盐基类抗蚀剂。灵敏度比 PMMA 高 10 倍（20keV），但分辨率仅为 PMMA 的 1/10，最小分辨率只有 0.2μm。由于其曝光速度快、寿命长、显影时不膨胀等优点，广泛应用于掩模版制造中。

（4）HSQ 电子束抗蚀剂　氢硅倍半氧烷（hydrogen silsesquioxanc，HSQ）是目前分辨率最高的负性电子束抗蚀剂，能够达到 4.5nm 线宽，9nm 周期的分辨率。HSQ 的溶脱剥离工艺可大面积稳定加工 10nm 的金属间隙，因此，利用 HSQ 高分辨的加工优势制备表面等离激元纳米间隙成为不二选择。HSQ 经过高能量电子束辐照之后会具有非常好的机械稳定性，这使得 HSQ 可以制备不易坍塌的高深宽比的纳米线结构。该抗蚀剂在纳米制造和纳米科学等领域都具有非常广泛的使用。

HSQ 的化学结构如图 7-5 所示。作为一种无机材料，由于其分子尺寸小，且显影时不会发生溶胀，因此作为非化学增幅型负性电子束光致抗蚀剂。它具有良好的等离子体耐蚀性、较低的介电常数、较高的分辨率、易显影性等突出的优点。同时，HSQ 也存在着一些缺点，如保质期较短，以及较为严苛的存储环境（须在 5℃ 以下存储）。此外，HSQ 抗蚀剂的灵敏度相对较低，并且由于曝光后会形成非晶态的 SiO_2，所以不能使用有机溶剂去胶，需要缓冲氢氟酸溶液（buffered hydrofluoric acid，BHF）来实现去胶，对部分衬底材料有限制。因此，即使 HSQ 有很高的分辨率，它的缺点仍限制了其使用。

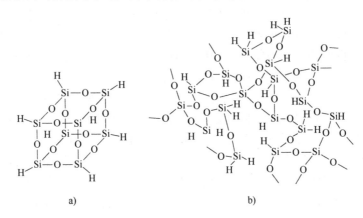

图 7-5　HSQ 的化学结构

a）笼型　b）网络型

（5）COP 电子束抗蚀剂　COP 是一种广泛用于掩模版制造的负性高速抗蚀剂，在 10keV 时的灵敏度为 $0.3\mu C/cm^2$，分辨率约为 $1\mu m$。但 COP 抗干法刻蚀性差、易膨胀，而且在曝光后交联过程仍将继续进行，因此，图形尺寸还将依赖于曝光后直到显影的停留时间。

（6）SAL-601 电子束抗蚀剂　SAL-601 是一种高灵敏度的负性放大胶，其灵敏度比 PMMA 高几十倍。50keV 下的灵敏度为 $3\sim12C/cm^2$，分辨率可达 $0.1\mu m$。SAL-601 抗干法刻蚀性好、不膨胀、热稳定性好，但其图形质量和重复性受多种参数影响，如衬底类型、薄膜厚度、电子束能量、前后烘条件等。SAL-601 是一种化学放大胶，对前、后烘温度，特别是后烘温度很灵敏，若后烘温度控制不好，对图形质量影响很大，烘烤温度范围为 110~115℃，热板后烘 60s，孤立线条，随后烘温度的变化为 $0.02\mu m/℃$。

7.2.4　电子束曝光技术的应用

1. 掩模制造

众所周知，掩模的制造是半导体生产的关键技术。掩模的性能和品质往往决定了半导体器件的性能和品质，同时也会影响半导体生产的成品率和产品成本。20 世纪 80 年代，随着器件集成度的提高，器件的特征尺寸越来越小，在掩模制造中一些落后的加工技术和设备被淘汰，如虹膜图形刻制技术和光学图形发生器，代之以电子束曝光和激光光刻设备。在电子束和激光两类制版设备中，电子束设备在性能上和数量上均占优势。最先进的激光制版系统，其束斑直径在 $0.2\mu m$ 左右，如 Applied Materials 公司的 ALTA3900 型，它可以制作用于 $0.18\mu m$ 和 $0.15\mu m$ 器件生产的掩模，但对特征尺寸要求更小的器件的掩模，只能用电子束曝光系统来制作。

在掩模制造的过程中，由于不需要多次套准，只要用激光干涉仪控制就可以保证掩模制造所要求的图形位置精度。确定工件台 X、Y 轴的精度和旋转正交性的基准标记永久地设置在工件台边缘成像平面上。在掩模制造开始过程中，必须按规定经常返回基准标记位置进行校正，才能保证精度。掩模制造的工艺过程如图 7-6 所示。

图 7-6　掩模制造的工艺过程

2. 电子束直接光刻

电子束曝光系统除了制作掩模以外，另一个重要用途是无掩模直接光刻。直接光刻技术主要用于半导体新产品的开发、新器件和新电路的研制及半导体科学研究。据文献报道，利用电子束直写或电子束直写与光学曝光混合使用的方式，已研制出最小栅长为 $0.1\mu m$ 的高电子迁移率晶体管（high electron mobility transistor，HEMT）器件，响应时间为亚皮秒、叉指宽度为 25nm 的金属-半导体-金属（metal-semiconductor-metal，MSM）光检测器，中心频率为 2.6GHz、叉指宽度为 $0.4\mu m$ 的表面声波（surface acoustic wave，SAW）滤波器，以及最细线宽为 10nm 的纳米器件。

3. 电子束曝光与微机电系统

微机电系统的全称为微电子机械系统（micro-electro-mechanical system，MEMS）。MEMS 是指集微型传感器、微型执行器以及信号处理和控制电路、接口电路、通信和电源于一体的微型机电系统。它起源于硅集成电路制造技术，因此继承了集成电路器件所具有的体积小、精度高、性能稳定、可靠性高、耗能低、工作效率高和制造成本低等优点。由于其微小尺寸和智能化的优点，能够进入极其狭小的空间作业，并能适应复杂的工作环境。其在航空航天、精密机械、生物学、医学、信息通信、环境监测及日常生活等方面有着十分广阔的应用前景。

MEMS 的加工工艺大体可分为三种：第一种是利用传统的机械加工工艺制作微型结构，如车、铣、钻、磨、镀、电加工等；第二种是利用集成电路的制作工艺，如光刻、刻蚀、淀积、外延、扩散、离子注入等；第三种是 LIGA（光刻、镀铬、铸模，lithographie，galvano-formung，abformung）工艺，即利用光刻、电铸和铸塑来形成深层结构的方法。

第一种方法只适宜于制作毫米、亚毫米量级的微结构，它不是 MEMS 制造的主流。第二种方法与传统的集成电路（IC）工艺兼容性较好，可以实现微机械和微电子的系统集成，并适合于批量生产，它已经成为 MEMS 制造的主流技术。第三种方法由于可以得到高深宽比的精细结构，也受到广泛重视。电子束曝光技术以其分辨率高、性能稳定、成本相对较低的优点，已经引起广泛的重视，随着产业界对 MEMS 技术要求的不断提高，电子束光刻已逐渐成为 MEMS 工艺的新支柱。

图 7-7 所示是利用硅 IC 工艺制造微压力传感器的一种加工工艺。这是一种最简单的微机械结构。传感器尺寸为 1mm×1mm，在 4in（1in = 0.0254m）硅片上可制作 6000 个这样的传感器芯片。它的工艺流程为：

1）利用紫外光刻或电子束曝光刻出窗口，如图 7-7a 所示。

2）用等离子体刻蚀或湿法刻蚀制作出深 10μm 的凹坑，如图 7-7b 所示。

3）在 900℃温度以上，将另一片硅片键合到硅片上，将所形成的内腔抽成真空，并将顶部硅片抛光或研磨成对压力敏感的硅薄膜（约厚 170μm），如图 7-7c 所示。

4）在顶部硅膜上光刻图形，通过离子注入形成压电阻抗敏感器件，如图 7-7d 所示。

5）光刻、镀膜制作引线孔和金属引线，如图 7-7e 所示。

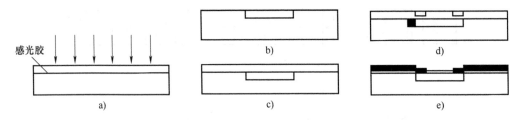

图 7-7　利用硅 IC 工艺制造微压力传感器的一种加工工艺

a）光刻　b）制作凹坑　c）通过键合、抛光形成内腔　d）通过光刻、离子注入制作压电阻抗敏感器件　e）通过光刻、镀膜制作引线孔和金属引线

对于上述简单的静止型的微机械结构就需要 3 次光刻。对于像微电机、微泵等运动型微机械结构及包括微传感器、微执行器和相关电路的微机电系统，在制作过程中往往需要 10 多次光刻。微机电系统制作中的光刻工艺可以用常规 UV 曝光，也可以用电子束曝光。由于电子束曝光图形易于修改，无需制作掩模，因此常被优先采用，特别在实验室研究阶段。

图 7-8 所示是利用 LIGA 工艺制作 MEMS 的基本步骤，具体如下：

1）利用电子束制作 X 射线曝光用掩模，如图 7-8a 所示。

2）用 X 射线对基片进行曝光，由于电铸的需要，基片上有一层导电的金属层（如 Cu 等）作为种子层，如图 7-8b 所示。

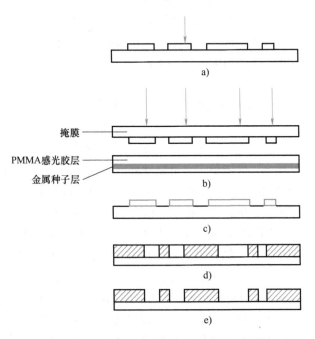

图 7-8　LIGA 工艺制作 MEMS 的基本步骤

a）电子束曝光制造掩模　b）用 X 射线对基片进行曝光

c）显影　d）电铸金属　e）除去感光胶和金属种子层

3）显影形成大深宽比的感光胶图形，如图 7-8c 所示。

4）电铸金属，如图 7-8d 所示。

5）除去感光胶和金属种子层，形成微机械所需结构，如图 7-8e 所示。

LIGA 工艺一般用 X 射线曝光或特种的、能形成大深宽比的紫外光曝光；但其掩膜图形通常由电子束曝光机制作。随着微机械尺寸进入纳米级范围，电子束直写系统及能形成大深宽比图形的电子束投影曝光系统将得到广泛应用。

4. 三维图形制作

利用 3D 剂量校正的电子束直写技术、等离子体-化学刻蚀技术和电化学沉积技术，可以形成微米/纳米的三维微结构。该技术的关键是电子束的 3D 维剂量修正。由于照射剂量的不同，可以得到高低不同的感光胶图形。再通过电化学沉积就形成三维金属图形。利用三维金属图形就可以像盖印章一样复制出有机材料的三维图形。

利用电子束直写直接制作三维图形为 MEMS 研究提供了一种新的加工方法，同时也拓宽了电子束曝光的应用范围。

5. 全息图形制作

电子束与光束一样具有波动性。根据德布罗意假设可计算出，当加速电压为 50~100keV 时，电子波长为 0.00531~0.00370nm，这比通常用于结构分析的 X 射线波长小 1~2 个数量级。利用电子的波动性和近年来成功应用的高亮度热场致发射（TFE）电子源，可以得到间隔优于 100nm 的干涉条纹，应用于纳米范围的物性观察和研究，同时也可以利用电子束的干涉原理制作精细的全息图形。图 7-9 所示是电子束全息干涉光学系统的原理图。电子束经两级透镜会聚后，穿过电子双棱镜，产生两个波的干涉栅状图形。如果设置两个正交的双棱镜，就可以产生四个波的点状图形。用这种方法就能在工件上制作出全息纳米结构图形。

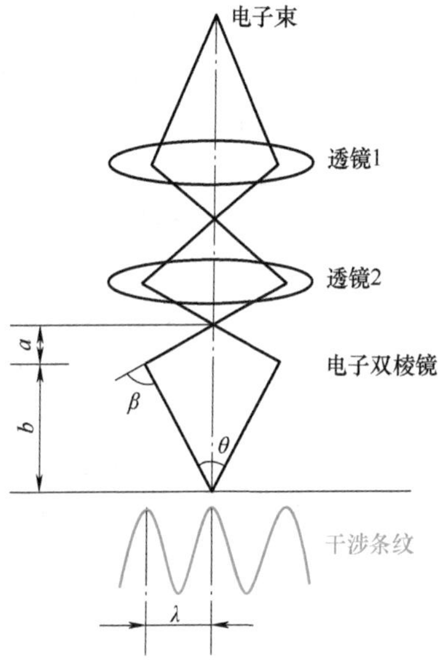

利用电子束曝光技术制作全息图形，由于它具有极高的分辨率（10000 线/mm），因此可用于高级防伪标识的制作，也可用于重要文件的保密缩微保存。

图 7-9　电子束全息干涉光学系统的原理图
a—聚集点和双棱镜之间的距离　b—双棱镜和图像之间距离　θ—重叠角　λ—波长

6. 电子束诱导沉积

电子束诱导沉积技术是利用电子束曝光技术直接产生纳米微结构的方法。在电子束曝光机的工件室中引入源气体物质（如某种金属有机化合物），并使其接近电子探针，于是在探针与工件之间的一个小区域内，高能量高速度聚焦电子使气体分子分解，建立微区等离子体区，分解析出的金属原子沉积在工件表面形成纳米尺寸的图形。从理论上认为，这种加工方法的极限分辨率是由附在工件表面的气体分子的大小和聚焦电子束束斑直径决定的，通常可做到几个纳米的图形特征尺寸。电子束诱导沉积技术不仅可以形成金属图形，也可以形成非金属微结构。电子束诱导沉积技术也可以用于无机材料（如 SiO_2、AlF_3 等）的表面改性。

7.3 激光加工技术

7.3.1 飞秒激光三维加工的基本原理

20世纪60年代，红宝石激光器首次被提出后，其发展对于超短脉冲持续时间的追求开始增长。在随后的几十年里，固态和有机染料激光器的锁模成为研究的热点，不论是在实验还是理论方面都有了重要进展。随后，通过啁啾脉冲放大技术（CPA），实现了超短、超高强度的激光脉冲。该方法通过光栅将锁模的低功率超短脉冲在时间上延长了约10^4倍，然后使用这些具有更低峰值功率的长脉冲安全地放大了几个数量级。随后，这些被放大的脉冲被及时地重新压缩到它们原来的脉冲持续时间，从而获得了比超快激光所能产生的更高数量级的峰值功率。CPA的出现消除了追求高功率超快激光器的巨大障碍，开启了超快激光发展的新时代。飞秒激光器（femtosecond laser）是超快激光中最重要的形式。

飞秒激光器以脉冲形式运转，持续时间一般只有$10\sim100fs$（$1fs=10^{-15}s$），而传统激光的脉冲宽度通常在纳秒级别。飞秒激光与传统激光的工作原理相似，都是通过激光器产生的。其区别在于，传统激光通常通过光学增益介质（如气体、固体或半导体）的受激辐射过程产生，在激光器中，存在一个能量增益介质，如氦氖气体或Nd：YAG晶体，这个介质被激发以产生激光。而飞秒激光通常是通过飞秒振荡器和飞秒放大器来产生的，如光纤或固体激光器，产生极短的飞秒脉冲。因此，相较于普通的激光器，其具有的特点包括：①脉冲宽度极短。脉冲宽度指激光功率持续在一定值的时间，超短脉冲使得飞秒激光能够在非常短的时间内将高能量聚焦到微小的空间区域内。②脉冲峰值功率极高。由于持续时间较短，因此即使在能量很小的情况下，也能激发出极强的瞬时功率。③覆盖频谱范围极广。

飞秒激光在微纳加工领域是利用紧聚焦的超短脉冲激光，使光能集中到微尺度焦点，产生超高能量密度，与材料发生非线性相互作用，从而引起材料的"结构改变"和"塑形"，达到材料的精确加工。相比传统的微纳加工方法，飞秒激光加工具有独特的优势。

（1）飞秒激光超短脉冲的热影响少、加工精度高　加工精度随着科技的发展和应用需求不断提高，在众多的加工方式中，激光加工具有很好的潜力，特别是当飞秒激光器问世之后。在激光加工领域，脉冲宽度直接影响着加工效果。传统的激光加工技术通常使用纳秒级激光或更长脉冲宽度的激光光源。由于光脉冲宽度较长，即使将光斑聚焦至微米级，材料加工时仍会产生较强的热影响，进而降低加工精度。相比之下，飞秒激光光源常用的脉冲宽度为几十到几百飞秒。在这种超短脉冲作用下，能量可以快速且准确地沉积到材料内部，从根本上改变了激光与材料相互作用的物理机制。在飞秒激光辐射过程中，载流子在数百飞秒内通过吸收光子能量而被激发。在这个过程中，材料的晶格基本保持原状。当脉冲激光作用结束后，通过电子-晶格散射，能量从电子转移至晶格中。自由电子与晶格之间的热传递时间取决于材料中电子-声子耦合强度，通常情况下为$1\sim100ps$，这个时间远大于电子重新达到热平衡的时间。因此，当激光的脉冲宽度小于电子-声子耦合时间时，激光辐照区域周围的热扩散几乎可以忽略不计。较短的脉冲宽度可以产生更小的热影响区域，从而实现更精细的加工。

（2）飞秒激光超高峰值功率使其可以几乎适用于各种材料　飞秒激光与材料相互作用的过程，主要涉及多光子吸收、雪崩电离和库仑爆炸等非线性过程。因此，激光的强度在整个加工过程中扮演着至关重要的角色。目前，商用飞秒激光器的脉冲宽度通常在数百飞秒量级。当能量在如此短暂的时间内被压缩，并通过紧聚焦，其峰值功率可以达到约 10^{21} W/cm²。这种极高的激光强度几乎可以超过任何材料的光学激发阈值，导致材料中的电子在一瞬间脱离电场束缚，从而促使材料对光的吸收，完成微加工。因此，几乎所有类型的材料（如金属、半导体和透明绝缘体）都可以通过飞秒激光技术进行多种形式的微加工。

（3）飞秒激光非线性吸收响应使其突破衍射极限　在利用飞秒激光加工玻璃和宽能隙晶体等透明固体材料时，电子从价带到导带的激发是通过多光子吸收等非线性过程引发的。传统的线性单光子吸收需要光子能量超过材料的带隙才能使电子从价带激发到导带。因此，光子能量低于带隙的光无法直接激发电子。然而，当入射光的光子密度极高时，电子可以通过同时吸收多个光子被激发。在这种情况下，飞秒激光脉冲与透明材料之间的相互作用仅发生在峰值强度足够引起多光子吸收的焦点附近。这一重要性质为飞秒激光在透明材料内部实现三维加工奠定了基础。

（4）飞秒激光能实现任意复杂的三维加工　飞秒激光脉冲与透明材料之间的相互作用只在激光峰值强度能够引起多光子吸收的焦点附近发生。因此，通过控制飞秒激光光强中心峰值，使其略高于被加工介质的烧蚀阈值，可以将加工区域限制在非常小的范围内。此外，使用近红外波段的飞秒激光加工能够避免大多数材料在紫外波段不透明的缺点，因此可以利用高数值孔径物镜将长波长的飞秒激光聚焦到透明材料内部。配合移动平台，进而实现真正的三维加工。

飞秒激光在三维加工中具有的独特优势源于其自身的优异特性，接下来将具体地介绍飞秒激光与介质作用的基本原理，包括非线性吸收过程、多光子电离以及雪崩电离等。

非线性吸收过程是通过多光子来吸收的。如图 7-10a 所示，在传统的线性吸收过程中，光子能量需要超过材料的带隙能量，才能够使电子从价带激发到导带。然而，在飞秒激光的作用下，如图 7-10b 所示，光子密度非常高，使得一个电子可以同时吸收多个光子。这种多光子吸收的过程是非线性的，因为吸收的光子数与产生的电子数之间不是简单的线性关

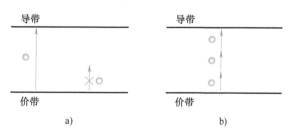

图 7-10　非线性吸收过程
a）单光子吸收的情况　b）多光子吸收的情况

系。当光子密度足够高时，一个电子可以吸收两个或更多光子，从而实现非线性的激发过程。这种非线性吸收过程是飞秒激光加工中实现精细控制和微纳加工的关键机制之一。其中非线性过程包含多光子电离、雪崩电离以及隧道电离等。多光子电离是基于飞秒激光脉冲产生的超高强度电场作用下的物理现象。通常情况下，单个光子的能量不足以克服材料的电离势，使得材料发生电离。然而，当飞秒激光的峰值功率密度非常高时，可以产生足够强的电场，使得一个电子能够同时吸收多个光子的能量，从而达到电离的阈值。在多光子电离过程中，一个电子吸收了多个光子的能量，从而获得足够的能量跃迁到导带，形成自由电子。这个过程在强电场的作用下会呈现出非线性效应，即随着光子数的增加，吸收的能量也呈指数

级增加。因此，飞秒激光的多光子电离可以实现在传统条件下无法实现的电离效果，甚至可以在透明材料等难以实现电离的材料中产生等离子体。除此之外，当飞秒激光的强功率在材料内部中产生的电场达到足够强度时，它可以将电子从原子或分子的价带中移出，形成自由电子和正离子。这个过程在电场作用下会出现电子的雪崩电离增殖，即一个自由电子被电场加速后，撞击到其他原子或分子上，使其也发生电离，从而产生更多的自由电子和正离子。这种雪崩电离效应导致材料的快速电离和等离子体的形成，是飞秒激光加工中实现高效能量传递和精细加工的重要机制之一。

了解飞秒激光与介质相互作用时的机理之后，对飞秒激光实际用于三维加工的具体流程做简要介绍。流程主要包括光束聚焦、非线性吸收和电离、等离子体形成、能量传递和加工、加工控制和优化以及加工结果分析等步骤。首先，光束经过光学系统聚焦到材料表面或内部，随后，高强度的光场引发非线性吸收过程，包括多光子吸收和雪崩电离，导致材料产生等离子体。这些等离子体将立即展开一系列复杂的二次过程，直至材料结构的修改及损伤，从而改变了材料的化学组成和光学性质。接着，飞秒激光的能量被传递给材料，引发各种加工效应，如烧蚀、折射率改变等。通过调整飞秒激光的参数，可以控制和优化加工效果，实现对材料的精确加工和微纳结构的制备。最后，对加工后的材料进行表征和分析，以评估加工质量和性能。

7.3.2　飞秒激光三维加工系统的组成与工艺

飞秒激光三维加工主要针对体积较大的材料，其通过对材料内部进行聚焦来实现飞秒激光加工，涉及材料的深度加工与体内结构制备，如微结构、微孔洞等。该技术是一种高精度加工技术，主要用于微纳米级别的加工工艺。三维加工系统由多个组成部分构成，包括激光源、光学系统、运动控制系统等，通过精密的工艺流程实现对材料的精确加工。下面将详细介绍飞秒激光三维加工系统的组成与工艺。

（1）激光源　飞秒激光系统的核心部件是飞秒激光源，它产生极短脉冲宽度的飞秒激光。常见的激光器类型包括飞秒脉冲激光器、飞秒光纤激光器、飞秒固体激光器、飞秒光学参量振荡器、飞秒二次谐波发生器。飞秒脉冲激光器能够产生飞秒级别的脉冲，脉冲宽度在几十飞秒至几百飞秒之间，常用的激光介质包括钛宝石、铒光纤等，通常用于高精度微加工、光学成像等领域；飞秒光纤激光器采用光纤作为激光介质，具有良好的光束质量和稳定性，常用于生物医学、光学成像、光通信等领域；飞秒固体激光器采用固体激光介质，如钛宝石、掺铒玻璃等，能够产生高能量、短脉冲宽度的飞秒激光，广泛应用于微纳加工、光学成像、光学测量等领域；飞秒光学参量振荡器利用光学参量振荡过程产生飞秒脉冲，能够实现调频调幅，适用于光学光谱学、激光成像等应用；飞秒二次谐波发生器能够将飞秒激光的频率倍频，产生高能量的二次谐波激光，常用于光学成像、生物医学、光学测量等领域。

通常在三维加工领域中常用飞秒脉冲激光器作为激光源，飞秒脉冲激光器包括飞秒振荡器和飞秒放大器。其中，飞秒振荡器通常采用光纤飞秒激光器或固体飞秒激光器，通过光学非线性效应产生飞秒脉冲；飞秒放大器将飞秒脉冲放大至所需的能量级别，通常采用光纤放大器或固体放大器。

（2）光学系统　飞秒激光三维加工系统中的光学系统是其重要的组成部分，它负责对飞秒激光进行精确的聚焦和控制，以实现对材料的精确加工。通常光学系统包括透镜系统、光路系统、扫描系统、探测系统、光学调制器等组件。透镜系统用于对激光束进行聚焦和调制，包括透镜组、物镜、聚焦镜等，根据加工要求和激光参数进行选择和调整；光路系统负责引导激光束，确保激光在光学系统的传输和聚焦过程中的稳定性和准确性，通常包括反射镜、偏振器、分束器等组件；扫描系统用于控制激光束的移动轨迹和加工路径。它可以是机械扫描系统或电子扫描系统，通过控制扫描镜或扫描器的运动来实现加工区域的扫描和控制；探测系统控制和监测加工过程的实时参数，如激光功率、光束质量、焦点位置等，通常包括光电探测器、干涉仪、自动对焦系统等；光学调制器用于调节激光束的功率、能量分布和光束形状，以满足不同加工需求，常见的光学调制器包括光栅、光学偏振器、空间光调制器等。

通过合理设计和配置光学系统，可以实现对飞秒激光束的准确聚焦和控制，从而实现对材料的精细加工和三维结构形成。光学系统的稳定性和精度对加工质量和效率具有重要影响，因此需要对其进行精心设计和维护。

（3）运动控制系统　飞秒激光三维加工系统中的运动控制系统负责控制加工平台或工件的运动，以实现加工路径和加工目标的精确定位和控制。这个系统通常由加工平台、运动控制器、运动传感器、运动控制软件和安全系统组成。加工平台是支撑工件的基础结构，它可以是三维移动平台、旋转台或多轴机床，其运动范围和精度对于实现精细加工和复杂结构形成至关重要；运动控制器是负责控制加工平台运动的核心设备，通常采用数控系统或运动控制卡，它可以接收来自计算机或控制软件的指令，控制加工平台的运动轨迹和速度；运动传感器用于检测加工平台的位置、速度和姿态等参数，以提供实时的反馈信息，常用的运动传感器包括编码器、光栅尺、惯性传感器等；运动控制软件是用于编程和控制加工平台运动的软件系统，它通常具有用户友好的界面和丰富的功能，可以实现加工路径规划、轨迹优化、运动轨迹仿真等功能；安全系统用于监测和保护加工过程中的安全性，防止意外事故发生，它包括紧急停止按钮、防撞传感器、安全光幕等设备。

运动控制系统的性能对于飞秒激光三维加工系统的整体性能和加工质量同样具有重要影响，因此需要进行合理的选择和优化。

在飞秒激光三维加工系统的工艺方面，主要涉及以下五个关键阶段。

（1）设计与准备　在设计与准备阶段需要对加工对象进行全面的考虑和准备工作，以确保后续加工过程的顺利进行。首先，在设计阶段，必须详细考虑加工对象的几何形状、尺寸和特定要求，包括其整体结构、微观特征和功能性要求等。然后，在准备工作中，需选择适合的材料，考虑其热传导性、光学性质和力学性能等因素，并进行必要的表面处理以去除污垢和杂质，确保材料表面的平整度和清洁度，为后续加工过程提供良好的加工基础。

（2）光学系统设置　在光学系统设置阶段，确保激光能够准确聚焦到加工区域是至关重要的。这需要仔细调整光学系统的参数，以控制光束的焦点位置、光束直径和聚焦深度等。首先，需要调整光学元件的位置和角度，如透镜、反射镜等，确保光束能够精确地聚焦到预定的加工区域。其次，通过调整聚焦镜片的位置和角度，控制光束的焦点位置和光束直径，以实现对加工区域的精细控制。同时，根据加工对象的特性和要求，调整聚焦深度，使激光能够深入到材料内部进行精细加工。通过精心的光学系统设置，可以确保激光加工过程的精确性和稳定性，从而实现高质量的加工。

（3）加工实施　通过控制飞秒激光器的参数和光束的运动轨迹，包括调整飞秒激光器的脉冲能量、重复频率和脉冲宽度等参数，以及控制光束的运动速度和聚焦深度等，可以在材料内部精细加工出各种复杂的微结构和三维形状，满足不同应用的需求。

（4）监测与检测　实时的监测和检测技术可以帮助在加工过程中及时发现并纠正可能出现的问题，保证加工质量。这可能涉及使用传感器监测加工过程中的温度、压力和材料特性等，以及使用显微镜等设备对加工结果进行检测。

（5）后处理与表征　加工完成后，可能需要进行后处理工作，如清洗、抛光和涂覆等，以改善加工表面的质量和特性。同时，使用相关设备对加工结果进行表征和分析，评估加工质量和性能，确保加工达到预期的要求。

7.3.3　激光加工技术的应用

飞秒激光加工技术作为一种重要的加工方式在多种微纳米材料加工中得到了广泛的应用，其不仅能对材料表面实现改性、刻蚀，也能在固体材料内部构建高精度的三维结构。

1. 飞秒激光在金属材料加工中的应用

飞秒激光脉冲与金属表面的相互作用动力学，导致在金属表面的烧蚀和微结构的形成。当飞秒激光脉冲撞击金属表面时，金属表面的自由电子吸收光子，由于电子-电子间的相互作用时间很短，可以假定受激电子的热化是一个瞬态过程，金属中产生了两个亚平衡系统，即热电子和冷晶格，这个瞬态的双温系统在几皮秒的时间内容通过电子-声子的相互作用逐渐趋于平衡。当晶格的温度升高到足够高时，即晶格温度高于材料的相变临界值时，就会在金属表面发生熔化和烧蚀，从而实现对材料表面粗糙度、金属特性、表面成分等的调控。通过改变飞秒激光的中心波长和脉冲宽度能够改善不同金属特性。中心波长为515nm，脉冲宽度为800fs的飞秒激光作用于铜离子前驱体溶液能制备导电性能良好的金属铜微结构，铜含量与导电性受到光强与扫描速度的影响。纳米多孔银材料的力学性能能够通过中心波长为1030nm，脉宽为800fs的飞秒激光直写辐照改善，纳米银晶粒尺寸随着激光辐照功率增大而减小。

飞秒激光能够进一步调控、制备不同形貌、功能的金属表面微纳结构，是飞秒激光在纳米材料加工中的主流应用之一，飞秒激光加工产生的纳米/微尺度表面结构可分为以下几类。

（1）激光诱导的周期和准周期结构　1965 年，Birnbaum 首次在红宝石激光烧蚀后的半导体上观察到激光诱导的周期表面结构，这通常是由于入射激光与激发的表面等离激元间相互干涉，导致表面空间周期性能量分布。在许多应用中，光栅周期的调控是至关重要的，通过改变激光波长、入射角或有效折射率能够实现对表面周期结构的可控调制。

（2）单纳米孔和纳米孔阵列　通过略高于损伤阈值的激光，具有高斯光束轮廓的飞秒激光束能够通过烧蚀在金属膜上钻出单个纳米孔，也能够得到大面积、均一性良好的微孔阵列，赋予金属表面独特的亲疏水性、耐酸碱性等。

（3）各种可控的不规则纳米结构　不规则纳米结构包括但不限于纳米空腔、纳米球、纳米线等。产生纳米结构的最有利条件是采用低激光通量和低激光照射次数的烧蚀准则，通过改变激光束参数，可以得到纳米结构和微纳米结构的各种组合。

飞秒激光制备金属表面微纳结构在多个领域得到广泛应用，因其精度高、热效应低等优势，是航空航天领域引擎喷嘴、涡轮叶片气膜孔、零件表面散热微槽等核心部件的重要加工手段；在生物医学中，飞秒激光改性的医用金属具有优异的生物相容性，在生物传感器、医用器械中有广阔的应用前景。

2. 飞秒激光在透明材料加工中的应用

飞秒激光与透明材料的相互作用是一种简单、灵活、通用且低成本的方法，可以在不需要复杂光刻工艺的情况下高效制造多维（如 3D）结构。其特征在于通过固有的多光子吸收能够有效地抑制飞秒激光-物质交互的热能，从被处理区块向周围区域扩散，从而确保了极高的加工精度，这对激光脉冲的时空特性具有极高的要求。另一方面，通过调控辐照参数，能够自由地定制透明材料的局部结构，在此过程中也发现了许多新的物理化学现象，如手性诱导、非互易写入、掺杂剂氧化或还原、离子迁移等。与其他光学微器件制造技术相比，飞秒激光对透明材料的微加工有三个优势。第一，光吸收的非线性特性能够将飞秒激光诱导的变化限制在局部体积，从而得到具有最小附带损伤和热影响区域的高质量器件；第二，飞秒激光能够在不同的透明材料衬底上制造光学微器件，最常见的有钻石、蓝宝石、玻璃等，具有广泛的适用性；第三，飞秒激光脉冲的激发比长时间脉冲的激发具有更好的准确性，从统计的角度，过长激发脉冲的光学响应要依赖于缺陷位或热电子-空穴对的数量，在飞秒激光微加工中，不需要缺陷电子来产生非线性吸收过程。飞秒激光在微光子晶体、耦合器、三位光学数据存储、生物光子元件、多色成像等方面具有巨大的应用潜力。

2012 年，基于一种创新的器件-器件互联的概念，即通过飞秒激光加工制备任意形状三维聚合物波导，并实现透明材料三维空间中的多器件间互联的方法，所制备的器件在特定的工作通信波段展现出更低的损耗和高速传输速率，飞秒激光加工能够实现在透明材料中构建目标形状器件，并实现器件间的相互连接。2022 年，利用超快飞秒激光诱导液相纳米分离技术，实现通过超快飞秒激光在超短时间内注入能量，导致强烈的积累，在玻璃体系中诱导局部的液相纳米分离，从而实现在玻璃内部的钙钛矿纳米晶体三维直接光刻。

飞秒激光技术的进步能够解决透明硬材料在激光加工中存在的能量吸收、裂纹形成等方面的巨大难题，相较于传统技术有更简单的编程顺序和更高的灵活性，这些先进的激光技术在透明硬材料的微结构、图像化、切割、颜色标记，乃至直接制备特征尺寸接近或小于 100nm、表面粗糙度值 Ra 低于 20nm 的微器件和光学元件方面都取得了快速进展。

3. 飞秒激光用于构建微通道结构

高纵横比、高质量的微通道是微流控系统的基本结构，玻璃、碳化硅（SiC）和蓝宝石具有高硬度、高透光性及优异的耐热性和耐蚀性，被视为微流控系统中适合的衬底，相较于传统微通道加工方法有工艺复杂、加工精度低、难以形成微通道等缺点，激光技术实现了非接触、高效率、高精度的微通道加工，目前主流的激光加工微通道方法有两种，分别为飞秒激光辐照辅助化学刻蚀（FLICE）和水辅助飞秒激光钻孔（WAFLD）。加工的微通道结构可分为表面微通道、二维微通道和三维微通道。通过微射流辅助烧蚀方法在少杂质、低表面粗糙度的碳化硅表面可以制备高质量、高深宽比的微沟槽，实现高质量表面微槽结构图案化与微通道构建。微孔加工是加工二维微通道最简单、高效的方法，利用飞秒激光直写加工微孔的主要方法有单脉冲打孔、冲击打孔、钻孔打孔和螺旋打孔。基于传统的激光打孔方法，研究人员通过光束整形，实现了对单个激光脉冲和脉冲延迟的自由设计，提高了激光打孔中的材料去除率和微孔的深度。三维微通道是微流体领域中重要的组成部分，采用 WAFLD 方法可以制备矩形、波浪状、螺旋状等不同形状等结构的微通道。这些先进的微通道器件被用于制造各种微流控芯片，被用于光学检测和生化反应等研究领域。

4. 飞秒激光用于超分辨率制造

目前，半导体芯片采用光刻技术生产，对光源、掩模版等设备技术具有极高的要求，也导致了纳米制造设备的价格水涨船高，是纳米器件广泛应用的经济障碍。基于超快激光与材料的相互作用，衍生了两种克服光学衍射极限的基本方法：近场光学制造和远场纳米光刻。

近场光学制造在本质上是局限于表面的，需要基于金属尖端辅助激光加工或近扫描光学显微镜协同的纳米制造技术，而三维纳米光刻则是将脉冲激光聚焦到衍射受限的光斑或耗尽区实现。一种基于光敏树脂和高数值孔径物镜与紧密聚焦飞秒激光实现双光子聚合（Two-Photon Polymerization，2PP）直接写入的方法被提出，构建的光子晶体木桩结构的棒直径能够达到300nm，棒间距为900nm。利用受激发射耗尽（STED）机制，实现在光敏聚合物中的超分辨率制造，基于STED机制能够实现52nm的加工分辨率及用于特殊光子晶体的设计。这是一种成熟的克服超分辨率中衍射极限的方法，结合飞秒激光的超分辨率加工技术在聚合物材料加工中具有优异的效果，但在其他材料中直接写入纳米结构的能力有所不足，如果能够突破材料限制，激光超分辨率加工技术将为能源、环境、生物医学应用的各种纳米器件制备铺平道路。

远场纳米光刻是一种利用聚焦光束在材料表面进行纳米级图案化的方法，其基本原理是通过光的干涉或衍射效应实现对光刻胶等材料的高精度处理。该技术不依赖于近场光学效应，可以在较大的工作距离内进行操作，因此具有较好的工艺灵活性。远场纳米光刻通常使用高数值孔径的物镜，将光聚焦到微米或纳米尺度的区域，从而实现细微的结构制造。在该过程中，采用激光脉冲或连续光源照射光刻胶，经过化学反应后可以形成所需的图案。与传统光刻技术相比，远场纳米光刻能够有效降低成本，同时简化设备要求，并减少对掩模版的依赖。然而，该技术的分辨率仍受到光的衍射极限的制约，因此，需要结合新型光源、材料和光学设计来进一步提升其纳米加工能力。

7.4 聚焦离子束技术

聚焦离子束（FIB）技术是一种常用的微纳米加工技术，通过聚焦离子束对样品表面进行刻蚀，可以实现高精度、高分辨率的加工。FIB技术的核心是利用聚焦离子束与样品表面的相互作用来实现刻蚀。离子源通常产生镓（Ga）离子等带电粒子，这些离子经过一系列的静电透镜和磁场透镜的作用，被聚焦成极细的离子束。当聚焦后的离子束轰击样品表面时，与样品原子发生碰撞，产生溅射、注入、化学反应等物理和化学过程，从而实现对样品表面材料的去除。离子束的聚焦程度决定了FIB技术的加工精度和分辨率。通过精确控制离子束的聚焦参数，可以将离子束聚焦到几个纳米甚至更小的直径，从而能够实现对样品表面的纳米级刻蚀。同时，通过控制离子束的扫描路径、扫描速度和束流强度等参数，可以精确地控制刻蚀的形状、深度和位置，实现复杂三维结构的加工。图7-11所示是一台聚焦离子束-电子束双束系统。

FIB技术能够实现极高的加工精度，达到纳米甚至亚纳米级别。这使得它能够制造出极其精细的结构和器件，满足对精度要求极高的应用需求。例如，在半导体领域，可以用于制造纳米级的晶体管结构；在纳米光学领域，可以制造出高精度的衍射光栅和光子晶体结构。高分辨率是FIB技术的另一个显著优势。由于离子束可以被聚焦到很小的尺寸，因此能够清晰地分辨出样品表面的微小细节，实现高分辨率的刻蚀。这对于制造具有复杂形貌和精细结构的微纳米器件至关重要。FIB 技术具有高度的灵活性和可控性，可以根据不同的加工需求，实时调整离子束的参数和扫描路径，实现各种形状和结构的刻蚀。无论是简单的线条、图案，还是复杂的三维结构，都能够通过 FIB 技术精确地实现。这种灵活性使得 FIB 技术能够适应各种不同的应用场景和加工要求。

FIB 技术几乎可以对所有的固体材料进行刻蚀，包括金属、半导体、绝缘体和聚合物等。这使得它在材料研究和器件制造中具有广泛的应用。例如，可以用于研究不同材料的刻蚀

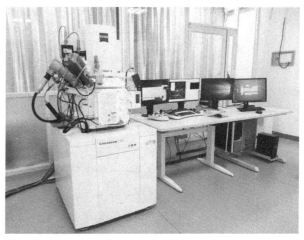

图 7-11　聚焦离子束-电子束双束系统
（Zeiss Crossbeam 550）

特性，开发新的刻蚀工艺，也可以直接在各种材料上制造器件，无需进行复杂的预处理和转换。FIB 技术的系统通常配备有扫描电子显微镜（SEM）等成像设备，能够在刻蚀过程中对样品进行原位成像和实时监测。这使得操作人员可以实时观察刻蚀的进展和效果，及时发现并纠正可能出现的问题，保证加工的质量和精度。同时，通过与计算机控制系统的结合，可以实现基于实时反馈的自动化加工，进一步提高加工的效率和可靠性。

尽管 FIB 技术能够实现高精度和高分辨率的加工，但由于离子束与样品相互作用的复杂性，刻蚀过程中可能会产生一些非预期效应，如表面损伤、再沉积和热效应等，这些都会影响加工的质量和精度。FIB 技术的加工速度相对较慢，这限制了其在大规模生产中的应用。如何提高刻蚀速度，同时保持高精度和高分辨率，是一个亟待解决的问题。随着加工尺寸的不断缩小和对结构复杂度的要求不断提高，FIB 技术在控制刻蚀的三维形状和均匀性方面面临着巨大的挑战。

7.4.1　聚焦离子束系统的基本组成

聚焦离子束系统作为一种先进的微纳加工和分析工具，在材料科学、半导体制造、生物医学等众多领域发挥着至关重要的作用。它能够实现高精度的材料刻蚀、沉积、成像和分析，而这一卓越性能的实现依赖于系统中各个组件的精密协同工作。深入了解 FIB 系统的基本组成部分，对于充分发挥其功能、拓展其应用领域以及推动技术创新具有重要意义。如图 7-12 所示为聚焦离子束系统的组成示意图。

聚焦离子束系统的基本组成部分如下：

（1）离子源　离子源负责产生离子束。常见的离子源包括液态金属离子源（Liquid Metal Ion Source，LMIS），如镓（Ga）离子源。液态金属离子源的工作原理基于场致发射现象。在强电场的作用下，液态金属表面形成一个尖锐的针尖，由于电场强度极高，金属原子中的电子被拉出，形成离子发射。镓离子源因其具有较高的亮度、较小的离子能量发散和稳定的发射性能，成为 FIB 系统中最常用的离子源之一。离子源的性能直接影响着 FIB 系统的分辨

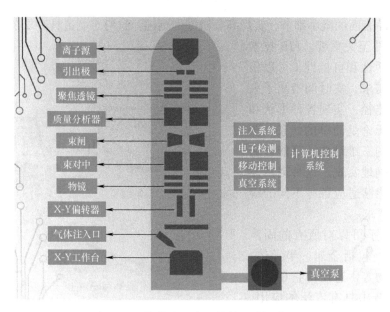

图 7-12 聚焦离子束系统的组成示意图

率和束流强度。高亮度的离子源能够产生更细的聚焦离子束，从而实现更高的加工精度；稳定的离子发射则保证了系统在长时间运行过程中的可靠性和一致性。

（2）离子光学柱 离子光学柱的主要功能是对从离子源发射出的离子束进行聚焦、整形和加速。它通常由一系列静电透镜和磁透镜组成。静电透镜通过在电极之间施加直流电压，产生静电场来控制离子束的轨迹。磁透镜则利用磁场对运动离子的作用，实现对离子束的聚焦和偏转。这些透镜的组合和精确调节可以使离子束达到所需的直径和能量分布。离子光学柱中的孔径和光阑可以限制离子束的发散角和束流大小，从而提高离子束的质量和分辨率。此外，通过调整透镜的电压和电流，可以实现对离子束的扫描和控制，以满足不同的加工和成像需求。

（3）样品台 样品台在 FIB 系统中起着承载和定位样品的关键作用。它通常具备高精度的三维移动和旋转功能，以确保离子束能够准确地作用于样品的特定位置。样品台的移动精度和稳定性对于实现精确的加工和成像至关重要。先进的样品台可以实现纳米级的位移分辨率，并且能够在较大的行程范围内保持高精度。此外，样品台还可以进行倾斜和旋转操作，以便从不同角度对样品进行加工和观察。在一些复杂的应用中，如双束（结合聚焦离子束和电子束）FIB 系统，样品台还需要与电子束系统进行协同工作，实现对样品的多方位分析和处理。

（4）探测器 探测器是在 FIB 系统中用于收集和检测各种信号的重要组件。常见的探测器包括二次电子探测器、背散射电子探测器和 X 射线探测器等。二次电子探测器主要用于收集样品表面被离子束激发产生的二次电子信号，从而获得样品表面的形貌信息。背散射电子探测器则用于检测被样品散射回来的离子，提供关于样品成分和结构的信息。X 射线探测器用于检测离子束与样品相互作用产生的 X 射线，通过对 X 射线的能量和强度进行分析，可以实现对样品元素组成的定性和定量分析。探测器的性能和灵敏度直接影响着 FIB 系统的成像质量和分析能力。高灵敏度的探测器能够检测到微弱的信号，从而提高系统的分辨率和检测限。

（5）真空系统　　真空系统是保证 FIB 系统正常运行的重要组成部分。其主要作用是维持系统内部的高真空环境，以减少离子束与气体分子的碰撞和散射，提高离子束的传输效率和稳定性。真空系统通常由真空泵、真空腔室等组成。真空泵可以分为机械泵、分子泵和离子泵等不同类型，它们协同工作，将真空腔室内的压力降低到所需的水平（通常在 $10^{-8} \sim 10^{-6}$ Torr）。良好的真空环境不仅有助于提高离子束的质量和分辨率，还可以延长离子源和其他组件的使用寿命。同时，真空系统还需要具备快速抽气和稳定维持真空度的能力，以适应不同的实验和加工需求。

（6）控制系统　　控制系统是 FIB 系统的大脑，负责协调和控制各个组件的工作。它包括硬件控制电路和软件操作系统两部分。硬件控制电路主要用于实现对电源、透镜、样品台等设备的精确控制和调节。软件操作系统则提供了用户界面，使操作人员能够方便地设置实验参数、控制离子束的扫描路径、采集和处理数据等。控制系统的性能直接影响着 FIB 系统的操作便捷性和自动化程度。先进的控制系统具备强大的计算能力和实时反馈功能，能够实现对离子束的精确控制和动态调整，提高系统的工作效率和加工精度。

7.4.2　聚焦离子束系统的基本功能与原理

FIB 系统能够精确地去除材料的特定区域，实现高精度的微纳结构制造。通过控制离子束的扫描路径和束流强度，可以在各种材料表面创建出纳米级的沟槽、孔洞和图案。利用离子束诱导化学气相沉积（ion beam induced chemical vapor deposition，IBICVD）或离子束诱导物理气相沉积（ion beam assisted physical vapor deposition，IBAPVD）技术，在特定位置沉积所需的材料，实现线路修复、纳米颗粒合成等功能。通过离子注入改变材料的电学性能、光学性能、力学性能等，如增强材料的硬度、导电性或改善其光学特性。离子束与样品表面相互作用产生的二次电子被探测器收集，形成反映样品表面形貌的高分辨率图像。这种成像方式能够清晰地显示出微观结构的细节，如表面粗糙度、颗粒分布等。背散射电子携带了关于样品成分和结构的信息，通过对其检测和分析，可以获得材料元素分布、晶体结构等方面的特征。某些材料在离子束照射下会发出特定波长的光，通过检测这种发光信号，可以实现对材料光学性质和缺陷分布的研究。结合能谱仪（energy dispersive spectroscopy，EDS）或波谱仪（wavelength dispersive spectroscopy，WDS），对离子束作用区域的元素组成进行定性和定量分析，为材料研究和失效分析提供关键数据。晶体结构分析：通过离子束与晶体的相互作用产生的衍射图案或电子通道花样，可以确定晶体的取向、晶格参数等结构信息。

聚焦离子束系统的主要原理如下。

（1）离子束的产生与加速　　离子束由离子源产生，通常采用的离子种类包括氙离子或镓离子。这些离子经过加速器加速，形成高能离子束。离子源是离子束产生的源头，其作用是将中性原子或分子转化为带电离子，并以一定的形式发射出来。电子碰撞电离：在离子源内部，通过引入高能电子束，与中性粒子发生碰撞。在碰撞过程中，中性粒子的电子被剥离，从而形成带电离子。利用强电场使中性粒子发生电离：当电场强度足够高时，中性粒子中的电子在电场作用下获得足够的能量而脱离原子核的束缚，形成离子。通过提高物质的温度，使其原子或分子的热运动加剧，部分电子获得足够的能量逃逸形成离子。

常见离子包括氙（Xe）离子和镓（Ga）离子。氙是一种惰性气体元素，氙离子具有较大的相对原子质量和电荷态，能够携带较高的能量。由于其较高的能量和较大的质量，氙离子在一些需要高能量、深穿透的应用中表现出色，如在材料改性和离子注入等领域，可实现深层物质结构的改变和性能优化。镓是一种金属元素，镓离子相对较小，具有较好的聚焦性能和较高的亮度。在需要高精度、微细加工的应用中，如半导体制造中的光刻和微电路修复，镓离子因其能够形成极细的离子束，从而实现纳米级别的精度，成为首选。

加速器是离子束产生与加速过程中的关键设备，负责将从离子源产生的低能离子加速到高能状态。通过在一系列电极之间建立电场，离子在电场中受到力的作用而加速。随着离子在电场中移动，其能量不断增加。直线加速器利用射频电场的周期性变化来加速离子时，射频腔中的电场在时间和空间上不断变化，使得离子在合适的相位下能够持续获得能量加速。离子在直线轨道上依次通过一系列加速单元，不断获得能量。利用射频电场的周期性变化来加速离子的优点是结构相对简单，加速效率较高，但设备长度通常较长。回旋加速器利用磁场使离子在圆形轨道上运动，同时通过高频电场不断加速离子，其结构较为紧凑，但对于高能量离子的加速存在一定限制。同步加速器结合了直线和回旋加速器的特点，通过强大的磁场和精确控制的电场，能够将离子加速到极高的能量。同步加速器具有能量高、束流品质好等优点，但建设和运行成本较高。使离子束具有足够的能量，以满足不同应用的需求。例如，在离子注入工艺中，需要特定能量的离子才能达到所需的掺杂深度和浓度分布。包括束流的方向性、能量分散度和发射度等。优质的束流能够提高加工精度和分析准确性。稳定的加速过程有助于减少离子束能量和强度的波动，确保其在应用中的可靠性和重复性。离子源产生的初始离子的特性，如离子种类、能量分布和束流强度等，直接影响了加速器的工作条件和性能要求。而加速器的设计和性能则决定了能够对离子束进行多大程度的能量提升和品质优化。例如，对于需要高能量、大束流的应用场景，离子源需要提供较高强度和合适能量分布的初始离子束，同时加速器需要具备强大的加速能力和良好的束流传输特性。反之，对于高精度微细加工等应用，离子源需要产生具有良好聚焦性能和低能量分散度的离子束，而加速器则需要在保证能量提升的同时，尽量减少对束流品质的不利影响。

（2）离子束的聚焦和控制　离子束通过透镜系统进行聚焦，使其能够集中在微小的区域进行加工。控制系统可以调节离子束的位置、强度和加工参数。静电透镜利用静电场对带电离子的作用力来实现聚焦。它通常由一系列带有不同电位的电极组成，通过合理设计电极的形状和电位分布，在空间中形成特定的静电场。当离子束穿过这个静电场时，会受到电场力的作用而改变运动轨迹，实现聚焦效果。静电透镜的优点是结构相对简单，响应速度快，但聚焦能力相对较弱，适用于较低能量的离子束。磁透镜则是基于磁场对运动带电粒子的洛伦兹力来工作的。当离子束穿过通电线圈中产生的磁场时，会受到洛伦兹力的作用发生偏转，从而达到聚焦的目的。磁透镜具有较强的聚焦能力，能够处理高能量的离子束，但由于需要稳定的电流源和复杂的磁场设计，其结构和控制相对复杂。

离子束的初始能量越高，其具有的动量越大，在聚焦过程中就越难以改变其运动方向，从而对聚焦效果产生影响。此外，离子束的初始发散角、束流强度分布等因素也会直接影响最终的聚焦质量。透镜的设计和精度，如透镜的几何形状、电极间距、磁场强度分布等设计参数，直接决定了其能够产生的电场或磁场分布，进而影响对离子束的聚焦能力。制造过程中的精度误差，如电极表面粗糙度、线圈绕制均匀度等，也会导致实际的电场或磁场与设计值存在偏差，影响聚焦效果。聚焦过程通常需要在高真空环境中进行，以减少离子束与气体分子的碰撞和散射。真空度的高低、残留气体的种类和含量等环境因素都会对离子束的传输和聚焦产生影响。

通过精确调节离子束在空间中的位置，使其能够准确地照射到加工目标的特定区域。这通常通过控制偏转电场或磁场的强度和方向来实现，确保离子束在水平和垂直方向上的位置精度达到纳米级别。调节离子束的电流密度或束流强度，以控制加工过程中的刻蚀速率、沉积量等参数。强度控制可以通过改变离子源的发射电流、加速电压或者在传输路径中设置衰减装置来实现，从而满足不同材料和工艺对离子束能量输入的要求。除了位置和强度，控制系统还能够对一系列与加工过程相关的参数进行调节，如脉冲宽度、扫描速度、驻留时间等。这些参数的精确控制对于实现高质量、复杂结构的加工至关重要，能够影响加工表面的表面粗糙度、形貌、残余应力等特性。

基于实时监测离子束的位置、强度等参数，并将其与设定值进行比较，通过闭环反馈算法来调整控制信号，实现精确的控制。例如，使用位置敏感探测器（PSD）监测离子束的实际位置，通过反馈电路调整偏转电场，使离子束始终保持在目标位置。计算机数字控制（CNC）：借助计算机软件和硬件平台，将加工任务转化为数字化的控制指令。操作人员可以通过图形化界面输入加工图案、参数等信息，随后，控制系统按照预设的程序自动生成控制信号，驱动离子束进行加工。随着人工智能和机器学习技术的发展，一些先进的控制算法，如模糊逻辑控制、神经网络控制等，被引入到离子束控制系统中。这些算法能够处理复杂的非线性系统，自适应地优化控制参数，提高控制的精度和稳定性。

（3）刻蚀过程　当离子束照射在样品表面时，离子与表面原子发生碰撞，导致表面原子的溶解或排除，从而实现对样品表面的刻蚀。这种刻蚀过程可以形成微米级甚至纳米级的结构。离子束通常具有一定的能量分布，这取决于离子源的类型、加速电压和束流聚焦条件等。较高能量的离子在与样品表面碰撞时能够传递更多的能量，从而产生更强烈的刻蚀效果。离子束入射到样品表面的角度对刻蚀过程也有显著影响。垂直入射时，离子的能量主要用于垂直方向的刻蚀；而倾斜入射则会导致刻蚀的各向异性，从而影响刻蚀结构的形状和轮廓。

离子与表面原子发生高速碰撞的瞬间，离子的动能迅速传递给表面原子，使其获得足够的能量并克服周围原子的束缚。这种能量传递可以通过弹性碰撞和非弹性碰撞两种方式进行。弹性碰撞主要导致原子的动量转移，而非弹性碰撞则会激发原子的内部电子态，产生热效应和化学键的断裂。

在离子束的撞击下，表面原子获得足够的能量直接从样品表面溅射出来，进入周围的真空环境。溅射出来的原子数量与离子束的能量、入射角、离子种类以及样品材料的性质密切相关。部分表面原子在碰撞过程中反冲入样品内部，形成一定深度的损伤层。随着刻蚀过程的进行，这些损伤层中的原子可能会重新扩散到表面并被溅射出去，从而间接促进了表面原子的去除。在某些情况下，离子束与样品表面的相互作用会引发化学反应。例如，当刻蚀含氧化合物的样品时，离子束可能会与氧原子发生反应，生成挥发性的氧化物，从而促进表面原子的溶解和排除。表面吸附和解吸：离子束的照射可能会改变样品表面的吸附和解吸特性。一些活性气体分子在表面的吸附可以增强刻蚀效果，而刻蚀产生的产物在表面的解吸速率也会影响刻蚀的进程。

在离子束能量较低、入射角均匀且表面化学环境相对均一的情况下，刻蚀过程往往表现出各向同性的特点，即刻蚀在各个方向上的速率大致相同。在这种情况下，可以形成较为圆润、均匀的微米级结构，如微坑、微球等。通过控制离子束的能量、入射角、化学辅助气体等参数，可以实现各向异性刻蚀。此时，刻蚀在不同方向上的速率存在显著差异，从而能够制备出具有特定形状和取向的微米级结构，如微槽、微柱等。当刻蚀结构达到纳米尺度时，量子尺寸效应开始显著影响材料的电子结构和物理性质。这为制备具有特殊光电、磁学性能的纳米结构提供了可能。

当离子束束流较高时，更多的离子在单位时间内撞击样品表面，从而加快刻蚀速率。但过高的束流密度可能会导致局部过热和表面损伤，影响刻蚀质量。离子能量决定了其穿透深度和与表面原子相互作用的强度。低能离子主要引起表面层的刻蚀，而高能离子能够深入样品内部，实现较深的刻蚀。不同晶体结构的材料具有不同的原子键合强度和排列方式，这会影响离子束与表面原子的相互作用和刻蚀速率。例如，单晶材料在特定晶向上的刻蚀速率可能与多晶或非晶材料存在明显差异。样品的元素组成和化学结合状态对刻蚀过程也有重要影响。某些元素在离子束作用下更容易发生化学反应或形成挥发性产物，从而加速刻蚀。在离子束刻蚀过程中，工作气压的变化会影响离子的平均自由程和与气体分子的碰撞概率。较低的气压有助于减少离子的散射，提高刻蚀的方向性和精度。引入适当的辅助气体，如氧气、氯气等，可以与样品表面发生化学反应，增强刻蚀效果或改变刻蚀的选择性。

7.4.3 聚焦离子束加工技术的应用

聚焦离子束加工技术作为一种强大的微纳加工工具，已经在材料科学、半导体工业、生物医学等众多领域展现出了卓越的应用价值。

（1）微纳米加工　聚焦离子束加工技术可用于制备微米级和纳米级的结构和器件，如纳米线、纳米孔、微电子器件等。利用聚焦离子束的刻蚀功能，可以在特定的材料上精确地去除不需要的部分，从而形成纳米线的形状。通过控制离子束的扫描路径和刻蚀时间，可以实现对纳米线的长度、宽度和形状的精确控制。此外，还可以结合离子束诱导沉积（ion beam induced deposition，IBID）技术，在刻蚀的同时进行材料的沉积，进一步优化纳米线的结构和性能。例如，在制备硅纳米线时，FIB 技术能够克服传统工艺难以实现的高精度和复杂形状的难题。与化学合成方法相比，FIB 技术制备的纳米线具有更好的结晶度和更少的缺陷，从而在电子传输性能方面表现更优。通过精确调节离子束的能量和剂量，可以在各种材料（如金属膜、聚合物膜等）上制造出纳米级的孔洞。对于不同的应用需求，可以制备出不同孔径、孔深和孔密度的纳米孔结构。同时，利用 FIB 的实时监测功能，可以在加工过程中对孔的尺寸和形状进行实时调整，确保达到预期的性能指标。纳米孔在生物分子检测、纳米过滤和能源存储等领域具有重要应用。例如，在生物传感器中，纳米孔可以作为检测单个生物分子（如 DNA、蛋白质等）的通道，通过测量分子通过孔时引起的电流变化来实现高灵敏度的检测。

FIB 技术在微电子器件制造中发挥着关键作用。在芯片制造过程中，可以用于修复光刻缺陷、切割电路连线以及制备纳米级的晶体管结构。通过精确的离子束刻蚀和沉积，可以实现对器件的局部修改和优化，提高芯片的性能和成品率。例如，在先进的互补金属氧化物半导体（CMOS）工艺中，FIB 技术可以用于调整晶体管的栅极长度和源漏极结构，从而优化器件的电学性能，如提高开关速度、降低功耗等。FIB 技术可以用于制造微机电系统

（MEMS）器件中的微小结构，如悬臂梁、薄膜和微通道等。通过精确的刻蚀和沉积工艺，可以实现对 MEMS 器件几何形状和力学性能的精确控制，从而满足不同的应用需求。在纳米传感器的制备中，FIB 技术可以用于构建敏感元件和微纳结构，提高传感器的灵敏度和选择性。例如，在制备基于表面等离子体共振（SPR）的纳米传感器时，可以利用 FIB 技术制造出纳米级的金属结构，增强表面等离子体波的耦合效率，从而实现对微小物理量或化学量的高灵敏检测。

（2）样品制备与修复　聚焦离子束加工技术可用于制备透射电子显微镜（TEM）样品、扫描电子显微镜（SEM）样品等，并对其进行局部修复和修改。制备 TEM 样品的关键在于获得极薄且具有代表性的样品区域，以便电子束能够穿透并提供高分辨率的内部结构信息。聚焦离子束加工技术能够实现纳米级别的精确控制，通过逐层刻蚀，可以从大块材料中精确地提取出厚度仅为几十甚至几纳米的薄片。与传统的机械研磨和电解抛光等方法相比，FIB 技术具有更高的定位精度和可控性。能够针对特定的微观结构或感兴趣区域进行有针对性的取样，避免了大面积破坏和结构失真，大大提高了样品的代表性和分析的准确性。首先，在样品表面沉积一层保护性的材料，如碳或铂，以防止在后续的刻蚀过程中对样品造成不必要的损伤。然后，利用 FIB 系统的成像功能，确定需要取样的位置和范围，并设置合适的刻蚀参数，如离子束能量、束流大小和扫描模式等。开始刻蚀时，通常采用较大的束流进行粗加工，快速去除大部分多余的材料，然后逐渐减小束流进行精细刻蚀，直至获得所需厚度的薄片。最后，使用微操作工具将制备好的 TEM 样品转移到合适的载网上进行后续的观察和分析。在材料科学研究中，通过 FIB 技术制备的 TEM 样品可以清晰地揭示纳米材料的晶体结构、位错分布、界面特性等微观信息，为理解材料的性能和失效机制提供直接证据。在生物学领域，FIB 技术可以用于制备细胞切片、细胞器等生物样品的 TEM 薄片，有助于研究细胞的超微结构和分子水平的生命活动。

SEM 主要用于观察样品的表面形貌和成分分布。FIB 加工技术在制备 SEM 样品时，可以对样品表面进行精细的刻蚀、抛光和镀膜处理，以改善表面平整度和导电性，提高成像质量。通过 FIB 刻蚀，可以去除样品表面的污染物、氧化层和损伤层，暴露出真实的表面结构。同时，还可以在样品表面制备特定的微结构，如沟槽、凸起等，用于研究表面形貌对材料性能的影响。对于导电性较差的样品，可以在其表面沉积一层导电材料，如金、铂等，以减少电荷积累和提高图像分辨率。在进行刻蚀时，根据样品的性质和观察需求，选择合适的离子束参数和刻蚀模式。例如，对于较硬的材料，可以采用较高能量的离子束和较慢的扫描速度，以获得更好的刻蚀效果。在半导体工业中，FIB 技术制备的 SEM 样品可以帮助检测芯片表面的缺陷、布线结构和杂质分布，为提高芯片的质量和性能提供重要依据。在地质研究中，FIB 技术处理后的岩石样品可以在 SEM 下清晰地显示出矿物颗粒的形态、大小和排列方式，有助于分析地质过程和岩石成因。

在实验过程中，样品可能会由于各种原因出现局部的损伤或缺陷，如在电子束照射下的结构变形、机械操作导致的划痕等。FIB 技术可以通过精确的离子束沉积和刻蚀，对这些损伤部位进行修复，恢复样品的原始结构和性能。例如，在微机电系统（MEMS）的研究中，如果器件的微小结构在测试过程中发生断裂或变形，利用 FIB 技术可以在纳米尺度上进行焊接和整形，使其恢复正常功能。有时为了验证特定的假设或研究不同结构对样品性能的影响，需要对样品进行局部的结构修改。FIB 技术能够在不影响样品整体的情况下，对特定区域进行精确的加工和改造。例如，在纳米光子学的研究中，可以通过 FIB 刻蚀在纳米结构表面制备周期性的凹槽或凸起，改变其光学特性，从而探索新的光学现象和应用。

（3）材料表征与分析　聚焦离子束加工技术可用于样品表面的刻蚀、离子植入和原位观察，以进行材料性能分析和研究。当聚焦的离子束撞击样品表面时，离子与表面原子发生碰撞，导致原子溅射和表面材料的去除。通过控制离子束的扫描路径、能量和束流强度，可以实现对样品表面的选择性刻蚀，从而暴露出内部的微观结构和层次。相比传统的化学刻蚀方法，聚焦离子束具有更高的空间分辨率和刻蚀精度，可以实现纳米级别的精确控制。同时，能够针对特定的区域进行刻蚀，避免了对周围区域的不必要损伤，为研究局部微观结构提供了可能。首先，根据研究目的和样品特性，选择合适的刻蚀参数，如离子种类（通常为镓离子）、能量（通常在几千电子伏到几万电子伏之间）和束流强度（从几皮安到几纳安）。然后，利用 FIB 系统的成像功能实时监测刻蚀过程，确保达到预期的刻蚀效果。在研究多层复合材料时，通过 FIB 刻蚀可以清晰地揭示各层之间的界面结构、结合状态以及元素扩散情况。在金属材料的研究中，能够刻蚀出特定的晶面，用于观察晶体缺陷和位错等微观结构。

离子注入是将具有一定能量的离子束注入材料表面，使其嵌入到材料的晶格中，从而改变材料的局部化学成分和物理性质。这一过程会导致材料的电学、光学、磁学等性能发生变化，为研究材料的性能调控机制提供了直接的实验手段。聚焦离子束实现的离子注入具有高度的定位准确性和剂量可控性。能够在微米甚至纳米尺度的区域内进行精确的离子注入，避免了大面积注入带来的复杂性和不确定性。首先确定需要注入离子的种类和剂量，然后设置离子束的能量和注入时间。在注入过程中，通过实时监测离子束的电流和样品的表面状态，确保注入过程的稳定性和准确性。在半导体材料中，通过注入特定的杂质离子，可以改变其导电类型和载流子浓度，从而优化器件性能。在磁性材料的研究中，注入不同的磁性离子可以调控材料的磁畴结构和磁性能。

原位观察是指在材料进行加工或处理的同时，实时监测其微观结构和性能的变化。聚焦离子束系统通常配备有高分辨率的成像探测器，能够在离子束作用的过程中，实时获取样品的图像信息，从而捕捉到材料在瞬间发生的微观结构演变和性能变化。这种实时观察的能力为理解材料的动态行为和性能变化机制提供了直观的证据。相比于传统的离线分析方法，原位观察能够避免由于样品制备和转移过程中可能引入的误差和变化，更真实地反映材料在实际工作条件下的性能表现。结合 FIB 系统的刻蚀和沉积功能，可以对样品进行逐步的加工处理，同时利用 SEM 或 TEM 的成像模式，实时记录样品的微观结构变化。此外，还可以结合其他原位测试技术，如电学性能测试、力学性能测试等，实现多参数的同步监测。在研究材料的相变过程中，通过原位观察可以直接观察到晶体结构的转变、相界面的移动以及原子的重新排列。在研究材料的疲劳和断裂行为时，能够实时观察到裂纹的萌生、扩展以及微观结构对裂纹扩展的影响。

（4）芯片修复与修饰　聚焦离子束加工技术可用于芯片的修复和局部修饰，以提高芯片的性能和可靠性。对于存在线路短路或断路等缺陷的芯片，聚焦离子束可以通过精确的刻蚀操作去除短路部分的材料，或者在断路处沉积导电材料以恢复电路连接。在刻蚀过程中，离子束的高能粒子与芯片表面的原子发生碰撞，使原子脱离表面，从而实现材料的去除。而在沉积过程中，通过引入适当的气体前驱体，离子束可以使其分解并在指定位置沉积形成导电层。相比传统的芯片修复方法，如激光修复或手工修复，聚焦离子束技术具有更高的精度和定位准确性。能够在纳米尺度上对缺陷进行修复，避免对周围正常电路造成不必要的损伤。同时，其操作灵活性高，可以针对不同类型和位置的缺陷制定个性化的修复方案。首先，利用电子束或光学显微镜对芯片进行初步检测，确定缺陷的位置和类型。然后，将芯片放入聚焦离子束系统中，通过高精度的定位平台将缺陷区域移动到离子束的作用范围内。接下来，根据缺陷的具体情况选择合适的刻蚀或沉积参数，并在实时成像的监控下进行修复操作。最后，对修复后的芯片进行再次检测，确保修复效果满足要求。在集成电路制造中，聚焦离子束技术成功修复了由于光刻误差导致的金属线路短路问题，使得芯片的良率得到显著提高。在微处理器芯片的生产中，修复了晶体管栅极的漏电缺陷，恢复了芯片的正常功能。

芯片局部修饰旨在对芯片的某些区域进行性能优化或功能添加，以满足特定的应用需求。聚焦离子束可以通过改变晶体管的沟道长度、栅极结构等参数来优化其电学性能，或者在芯片表面沉积新的材料以实现新的功能，如添加传感器、滤波器等。聚焦离子束修饰具有非接触、无污染、高选择性等优点，能够在不影响芯片整体结构和其他部分性能的前提下，对特定区域进行精确的改性。此外，由于其加工过程是在真空环境中进行的，所以可以有效避免外界环境对芯片的污染和氧化。首先，根据芯片的设计要求和性能指标，确定需要修饰的区域和具体的修饰内容。然后，在聚焦离子束系统中设置相应的加工参数，如离子束能量、束流强度、扫描速度等。在加工过程中，利用原位检测技术实时监测修饰效果，并根据需要进行参数调整。最后，对修饰后的芯片进行全面的性能测试和验证。在射频芯片的制造中，通过聚焦离子束修饰调整了电感和电容的参数，提高了芯片的工作频率和信号传输效率。在图像传感器芯片中，通过在像素区域沉积特殊的材料，改善了光吸收性能，提高了图像的清晰度和对比度。

（5）纳米器件制备　聚焦离子束加工技术可用于制备各种纳米级器件，如纳米光子晶体、纳米传感器等。

纳米光子晶体是一种具有周期性介电结构的纳米材料，能够对特定波长的光进行调控，实现光子禁带、光波导、光谐振等功能。其在集成光子学、光通信、激光技术等领域具有广阔的应用前景。利用聚焦离子束加工技术制备纳米光子晶体时，主要通过精确地刻蚀或沉积材料来构建周期性的纳米结构。相比传统的制备方法，如光刻技术，FIB 技术具有更高的分辨率和定位精度，能够制备出更小周期和更复杂结构的光子晶体。此外，FIB 技术可以实现直接写入式加工，无需复杂的掩模和光刻步骤，大大缩短了制备周期，同时提高了设计的灵活性，能够根据具体需求快速调整光子晶体的结构参数。

首先，根据设计要求选择合适的基底材料，如硅、二氧化硅等。然后，利用计算机辅助设计软件绘制出光子晶体的结构图案，并将其转化为聚焦离子束系统可识别的控制指令。在加工过程中，通过调节离子束的能量、束流强度和扫描速度，对基底材料进行逐层刻蚀或沉积，形成具有特定周期和形状的纳米结构。最后，对制备好的纳米光子晶体进行光学性能测试和优化。研究人员利用 FIB 技术成功制备出了具有高品质因子的纳米光子晶体谐振腔，实现了对特定波长光的高效囚禁和放大，为微型激光器的发展提供了关键技术支持。在集成光子电路中，FIB 技术制备的纳米光子晶体波导结构有效地降低了光传输损耗，提高了信号传输速度和稳定性。

纳米传感器是能够检测和响应微小物理量、化学量或生物量变化的纳米级器件，如纳米机械传感器、纳米化学传感器、纳米生物传感器等。它具有高灵敏度、快速响应、低检测限等优点，在环境监测、医疗诊断、食品安全等领域具有广泛的应用。聚焦离子束加工技术在纳米传感器制备中的应用主要包括构建敏感元件、制造微纳结构和集成传感器系统等方面。通过精确控制离子束，可以在纳米尺度上修饰传感器的表面形貌、调整材料的电学和光学性质，从而提高传感器的性能。FIB 技术的优势在于能够实现纳米级别的局部加工和改性，对传感器的关键部位进行精准优化，同时可以在复杂的基底上直接制备传感器，无需额外的转移和组装过程。以纳米化学传感器为例，首先选择具有良好化学稳定性和电学性能的材料作为传感基底，如石墨烯、金属纳米线等。然后，利用 FIB 技术在基底上刻蚀出纳米级的孔洞或沟槽，增加表面的活性位点和比表面积。接着，通过离子束沉积或注入技术，在传感区域引入特定的催化材料或识别分子，提高传感器对目标分析物的选择性和敏感性。最后，将制备好的纳米传感器与信号检测和处理电路集成，实现对检测信号的实时读取和分析。FIB 技术制备的纳米机械传感器能够检测到微小的力和位移的变化，在生物细胞力学研究和微纳机器人领域发挥了重要作用。在生物医学领域，利用 FIB 技术制造的纳米生物传感器可以实现对单个生物分子的高灵敏检测，为疾病的早期诊断和治疗提供了重要的工具。

参 考 文 献

［1］徐祖耀，李麟. 材料热力学［M］. 3 版. 北京：科学出版社，2005.

［2］郝士明，蒋敏，李洪晓. 材料热力学［M］. 2 版. 北京：化学工业出版社，2010.

［3］李静波，金海波. 材料动力学理论［M］. 北京：北京理工大学出版社，2017.

［4］王礼立，胡时胜，杨黎明，等. 材料动力学［M］. 合肥：中国科学技术大学出版社，2017.

［5］俞书宏. 低维纳米材料制备方法学［M］. 北京：科学出版社，2019.

［6］倪星元，姚兰芳，沈军，等. 纳米材料制备技术［M］. 北京：化学工业出版社，2008.

［7］王世敏，许祖勋，傅晶. 纳米材料制备技术［M］. 北京：化学工业出版社，2002.

［8］成会明，汤代明，邹小龙，等. 低维材料概论［M］. 北京：科学出版社，2023.

［9］张跃. 半导体纳米线功能器件［M］. 北京：科学出版社，2019.

［10］CHANG C，CHEN W，CHEN Y，et al. Recent progress on two-dimensional materials［J］. Acta physico-chimica sinica，2021，37（12）：2108017.

［11］杨玉平. 纳米材料制备与表征：理论与技术［M］. 北京：科学出版社，2021.

［12］邬洪源. 静电纺丝一维纳米纤维材料的制备及性能研究［M］. 哈尔滨：黑龙江大学出版社，2021.

［13］JI D，LIN Y，GUO X，et. al. Electrospinning. of. nanofibres［J/OL］. Nature reviews methods primers，2024，4：1［2024-10-25］. https://doi. org/10. 1038/s43586-023-00278-z.

［14］CHENG X，LIU Y，SI Y，et. al. Direct synthesis of highly stretchable ceramic nanofibrous aerogels via 3D reaction electrospinning［J/OL］. Nature communications，2022，13：2637［2024-10-25］. https://doi. org/10. 1038/s41467-022-30435-z.

［15］XU L，ZHAO X，XUN X，et. al. Omnidirectionally strain-unperturbed tactile array from modulus regulation in quasi-homogeneous elastomer meshes［J］. Advanced functional materials，2024，34（9）：2307475.

［16］李岩，颜文煅. 微纳加工基础技术与方法［M］. 北京：冶金工业出版社，2021.

［17］顾长志. 微纳加工及在纳米材料与器件研究中的应用［M］. 2 版. 北京：科学出版社，2021.

［18］唐天同，王兆宏. 微纳加工科学原理［M］. 北京：电子工业出版社，2010.